西安交通大学 本科"十三五"规划教材

普通高等教育能源动力类专业"十四五"系列教材

压水堆核电厂系统与设备

单建强 主编

单建强 吴 攀 张 博 朱继洲 编著

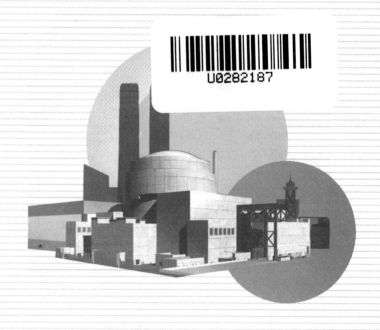

西安交通大学出版社

XI'AN JIAOTONG UNIVERSITY PRESS

图书在版编目(CIP)数据

压水堆核电厂系统与设备/单建强主编.—西安:西安交通大学出版社,
2021.3(2023.1重印)

ISBN 978 - 7 - 5693 - 1880 - 7

Ⅰ.①压… Ⅱ.①单… Ⅲ.①压水型堆-核电厂-系统-高等学校-教材
②压水型堆-核电厂-设备-高等学校-教材 Ⅳ.①TM623.91

中国版本图书馆 CIP 数据核字(2020)第 233053 号

书　　名	压水堆核电厂系统与设备	
主　　编	单建强	
责任编辑	任振国	
责任校对	李　文	

出版发行	西安交通大学出版社
	(西安市兴庆南路 1 号　邮政编码 710048)
网　　址	http://www.xjtupress.com
电　　话	(029)82668357　82667874(市场营销中心)
	(029)82668315(总编办)
传　　真	(029)82668280
印　　刷	西安明瑞印务有限公司

开　　本	787mm×1092mm　1/16　印张　17.5　字数　435 千字
版次印次	2021 年 3 月第 1 版　　2023 年 1 月第 3 次印刷
书　　号	ISBN 978 - 7 - 5693 - 1880 - 7
定　　价	43.80 元

序 言

中华人民共和国成立 70 年来,特别是改革开放的 40 年中,我国发生了翻天覆地的变化,中国核电取得了跨越式的发展。

1972 年至 1991 年,中国自行设计、建造和运营管理的第一座 30 万千瓦秦山压水堆核电厂投用,结束了中国大陆"有核无电"的历史;1978 年至 1994 年,以"借钱建设、售电还钱、合资经营"的方针,我国第一座引进外资、设备和 M310 技术的大亚湾 100 万千瓦压水堆核电站投用,填补了国内大型商用核电站空白,成功实现了中国大型商用核电站的起步,并且开始实现技术消化。此后,按照国际标准推进核电自主化进程,中核集团秦山二期(QNP-2)650MWe 压水堆核电站两台机组投产,中广核集团建成了岭澳核电站一期(LNP-1)。期间,中核集团引进俄罗斯技术在连云港建设了田湾 VVER 核电厂。

2005 年至今,我国迈入了自主创新发展的新阶段。我国核电实现"自主设计、自主制造、自主建设、自主运营",中广核集团以 CPR1000 技术、中国核工业集团以 CNP1000 技术为基础,圆满建成岭澳核电站二期、辽宁大连、浙江方家山、福建宁德、福清、广东阳江等一批核电站。与此同时,我国积极引进国际三代先进核电技术,中核集团在浙江三门、山东海阳建设两座 AP1000 压水堆核电站,中广核集团在广东台山建设单堆容量达到 175 万千瓦 EPR 压水堆核电站。

为进一步拓展我国自主设计核电技术的能力,中国核工业集团和中广核集团联手设计研发了具有自主知识产权的第三代先进核电技术"华龙一号"核电站,并在福清和防城港等地开始建设,国家电投集团则自主设计了 CAP1400,并在山东开始建设。

为迎接中国核电事业的兴起,1978 年,西安交通大学朱继洲、俞保安教授受原子能出版社之约,在时任水利电力部核电局副总工符德磻的指导与审定下,以当时法国提供的《××核电站安全分析报告》为参考,编写了《压水堆核电厂的运行》专著,1981 年正式出版。这是国内第一本全面介绍 20 世纪 80 年代先进水平、功率达 100 万千瓦的大型压水堆核电站的主要系统与设备、检测与控制、调试与安全运行技术的专著。此后,1986—1987 年,在承担的大亚湾核电站 118 名出国人员预培训任务中,《压水堆核电厂的运行》被选为主要教材;1990 年至 1996 年间,在大亚湾核电站开展全面建设的全员培训中,朱继洲教授承担了大亚湾核电站培训中心"大亚湾核电站系统与运行"(代号"320"课程)的讲授与培训教材编写;2006—2011 年,朱继洲、单建强等又承担了中广核工程公司"CPR1000

核电站建造、系统与设备、调试与运行"的培训与教材编写任务。在本世纪初，西安交通大学还承担了中核集团连云港核电站首批操作人员的培训，并承担 VVER 核电站操作员培训教材的编写，了解了 VVER 核电站的特点。

当前，中国已有 46 座核电站投入运行，12 座在建造，其中，压水堆核电站的比例高达 78%，其型号有：CNP－300，650，1000，M310，CPR1000，AP1000，EPR，VVER 等。我们在为各大核电集团输送毕业生、培训人员和承担科研任务中，充分理解了在确保核安全的前提下，各类型核电厂系统、设备的设计思路是基本相同的，而其实现方式各有千秋。随着核电安全标准的提高，EPR、AP1000、华龙一号以及 CAP1400 等三代核电技术的发展，引起了压水堆核电厂系统组成、设备设计的改变。

本书旨在编写一部能充分描述压水堆核电厂系统与设备整体特点的教材，又能反映 M310、CPR、CNP、EPR、AP1000 等各类型号核电厂的变化与不同；从核电厂正常运行系统的要求、事故发生时核电厂系统的应对功能着手，描述相应的系统与设备。全书分 12 章，内容涉及反应堆结构、主回路系统、一回路辅助系统、专设安全设施、二回路主设备及主辅系统、三回路系统、电力系统以及三废处理系统。为了体现本书的特色，且考虑到已有完善的反应堆控制等教材，本书内容基本不涵盖反应堆控制与保护的内容。本书由西安交通大学朱继洲教授负责第 1 章的编写，单建强负责第 2～8 章的编写，吴攀负责第 11、第 12 章的编写，张博负责第 9、第 10 章的编写，全书由单建强负责统稿。

本书的完成，得益于恩师朱继洲教授业已建立好的整本书的框架体系，得益于中国经济和核电技术大发展的时代，使得笔者有机会接触到各类先进核电厂的设计。另外，笔者还要特别感谢中国核动力研究设计院的张渝研究员、冉旭研究员、陈伟研究员对建立本书体系和内容给予的非常有价值的建议；感谢杜鹏、刘扬、蔡青玲、杨博文等同学在书稿插图等方面的出色工作。

笔者希望本书可作为高等学校核工程与核技术专业相关课程的教材，也可作为核电行业设计、建造、管理人员的基础培训教材。鉴于压水堆核电厂系统与动力设备的复杂性和多样性，以及笔者知识水平的局限性，本书的内容必然存在疏漏甚至不当之处，恳请读者批评指正。

单建强

jqshan@mail. xjtu. edu. cn

于浙江青田，一个山清水秀的好地方

2020 年 1 月 26 日

目　录

第1章

绪　论

1.1　世界核电的发展

第一座核电厂建成至今已有 60 多年的历史，在经历了 20 世纪 60 年代末到 80 年代中期核电大发展以后，由于 1979 年美国三里岛、1986 年苏联切尔诺贝利和 2011 年日本福岛核电厂三大严重事故的影响，核电的发展在世界范围内受到严重的挫折。也正因为这些事件，使得人类对核电有更多的反思。同时，也为迎来核电在更高水平上的发展奠定了坚实的基础。

世界核电发展按照代际来划分，可以划分为四代，见图 1-1。

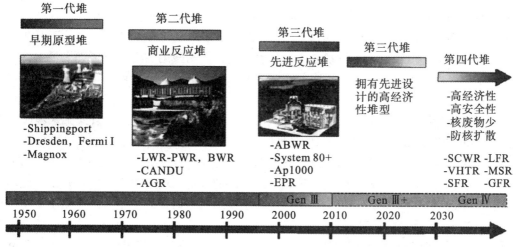

PWR—Pressurized Water Reactor，压水堆；BWR—Boiling Water Reactor，沸水堆；CANDU—CANada Deuterium Uranium Reactor，CANDU 重水堆；AGR—Advanced Gas Reactor，先进气冷堆；ABWR—Advanced Boiling Water Reactor，先进沸水堆；SCWR—SuperCritical Water Reactor，超临界水堆；LFR—Lead Fast reactor，铅冷快堆；VHTR—Very High Temperature Reactor，超高温堆；MSR—Molten Salt Reactor，熔盐堆；SFR—Sodium Fast Reactor，钠冷快堆；GFR—Gas Cooled Fast Reactor，气冷快堆。

图 1-1　核电技术发展图

20 世纪 50~60 年代可视为核电发展早期。这时期核电主要集中在美、苏、英、法和加拿大少数几个国家中，西德和日本由于第二次世界大战后巴黎协议禁止其在战后 10 年内进行核研究，因而核能技术应用起步较晚。这阶段发展的堆型可分为三种情况，一是从军用生产堆或军用动力堆转型改造过来，二是一些商用核电厂堆型的原型机组，第三则是研究探索过程中建造的一些堆型。这阶段典型的核电机组堆型包括：英国和法国建造的一批"镁诺克斯"天然铀石墨气冷堆(Gas Cooled Reactor，GCR)，苏联早期建造的轻水冷却石墨慢化堆

(Light – water Cooled Graphite Moderated Reactor，LGR)，美国早期建造的压水堆和沸水堆，加拿大早期建造的天然铀重水堆以及美国和苏联早期建造的快中子实验堆。

这一阶段建造的核电厂可称为第一代核电厂，这一代核电厂有以下一些共同点：

(1) 建于核电开发期，因此具有研究探索的试验原型堆性质；

(2) 设计比较粗糙，结构松散，尽管机组发电容量不大，一般在 300 MW 之内，但体积较大；

(3) 设计中没有系统、规范、科学的安全标准，因而存在许多安全隐患；

(4) 发电成本较高。

目前，这一代核电厂基本已退役(约 50 台机组)，这些早期开发、研究的堆型，有些成了第二代重点发展的商业核电厂堆型，如轻水堆、改进型气冷堆、高温气冷堆(High Temperature Gas Reactor，HTGR)、CANDU 重水堆和液态金属冷却快中子增殖堆(Liquid Metal Fast Breeder reactor，LMFBR)，另有一些由于当时条件所限未能发展，但其设计思想已成为第三代甚至第四代先进堆的选用堆型，如采用自然循环方式和非能动安全的沸水堆(Economic Simplified Boiling Water Reactor，ESBWR)以及快中子堆和熔盐堆等。

目前正在运行的绝大部分商用核电厂划归为第二代核电厂，这一代核电厂主要是按照比较完备的核安全法规和标准以及确定论方法考虑设计基准事故的要求而设计的。实际上，这种划分是相对的。它既是在第一代堆型(如 20 世纪 60 年代初投运的 PWR 电厂，英、法等国的天然铀石墨气冷堆电厂)基础上的改进和发展，与现在的第三代核电厂的设计概念也有交叉。目前运行的许多核电厂，特别是三里岛事件后设计的核电厂已进行了许多根本性的改进，考虑了许多严重事故的对策，也引入了一些非能动安全设计。因此，第二代核电厂只是一个包络的概念，而非绝对的划分。

第二代核电厂主要有 PWR、BWR、加拿大 AECL 开发的天然铀压力管式重水堆(CANDU 堆)、苏联开发的石墨水冷堆(LGR)、改进型气冷堆(AGR)和高温气冷堆(HTGR)以及钠冷快堆。由于发生了切尔诺贝利事故，俄罗斯、乌克兰等国关闭了一批同堆型的 LGR 机组，对正在运行的 13 台 LGR 机组进行了相应的整治和改造，同时决定停止再建采用此堆型的核电厂。改进型气冷堆是在天然铀石墨气冷堆基础上改进而成，由于其经济竞争力差，英国和法国也停止了该堆型的发展。钠冷快堆核电机组由于政治和经济的原因，其发展速度大为减缓。因此，目前全世界运行的 451 座核电厂中，占优势的堆型是 PWR、BWR 和重水堆，分别占目前总机组数的 66%、16% 和 11%。因此，水冷反应堆核电厂依然是目前核电市场的主流。

由于三里岛和切尔诺贝利事故的发生暴露了第二代核电厂设计中的一些根本性弱点。20世纪 80 年代中期开始，美国电力研究所(Electric Power Research Institute，EPRI)在美国能源部(Department of Energy，DOE)和核管会(Nuclear Regulatory Commission，NRC)的支持下，经多年努力，制定了一个被供货商、投资方、业主、核安全管理当局、用户和公众各方面都能接受的、提高安全性和改善经济性的核电厂设计基础文档，即适用于先进轻水堆核电厂设计的"用户要求文件(User Requirements Document，URD)"。随后，欧盟国家共同制定了类似的文件："欧洲用户要求文件(European Utility Requirements，EUR)"。现在，人们通常把符合 URD 或 EUR 要求的核电反应堆称作先进堆核电厂或第三代核电厂。

第三代核电的显著特性为：

(1)提高安全性，降低核电厂严重事故的风险，延长在事故状态下操纵员的宽容时间等；

(2)提高经济性，降低造价和运行维护费用；

(3)延续成熟性，尽量采用已经验证的成熟技术。

以下为第三代核电技术的具体指标：

(1)堆芯热工安全裕量：15%；

(2)堆芯损坏频率：$<1\times10^{-5}$/堆年；

(3)大量放射性向外释放频率：$<1\times10^{-6}$/堆年；

(4)机组可利用因子：$>87\%$；

(5)电厂寿期：60 年；

(6)建造周期：48~52 月。

世界各核电供货商都在按 URD、EUR 等的要求，在各自已经形成批量生产机型的基础上，做改进创新的开发研究。到目前为止，已经开发和正在开发的第三代核电堆型主要有：GE 公司的 ABWR 先进沸水堆，ABB‐CE 公司的 SYSTEM 80 先进压水堆，西屋电气公司的 AP600 和 AP1000 先进压水堆，法德联合设计的 1500 MW 电功率大型欧洲压水堆 EPR (Evolutionary Power Reactor)，俄罗斯的 VVER640(V‐407 型)和 VVER1000(V‐392 型)先进压水堆，日本和 GE 公司的先进简化沸水堆 SBWR(Simplified Boiling Water Reactor)，俄、美、法、日联合开发的 278MWth、燃气轮机直接循环、模块式氦气冷却堆(Gas Turbine‐Modular Helium Reactor，GT‐MHR)，我国的华龙一号和国和一号，等等。

2000 年 1 月，由美国能源部发起组织阿根廷、巴西、加拿大、法国、日本、韩国、南非、英国和美国共 9 个国家的高级政府代表会议，讨论开发第四代核电的国际合作问题。会后发表了联合声明，对发展核电达成了十点共识。十点共识的基本思想是：为了社会发展和改善全球生态环境，世界特别是发展中国家需要发展核电；第三代核电还需改进；核电需要提高经济性、安全性，减少废物，能防止核扩散；核电技术要同核燃料循环统一考虑。2000 年 5 月，由美国能源部再次发起组织了近百名国内外专家研讨第四代核电的发展目标，目的是研究第四代核电应具备的基本性能和特点，以便进一步研究确定第四代核电的设计概念，为第四代核电堆型的研究开发明确技术方向。会议代表通过并发表了研讨会纪要文件，提出了发展设想进度。2002 年，第四代核电国际论坛(Generation Ⅳ International Forum，GIF)对第四代核电堆型的技术方向形成共识，在 2030 年以前将开发六种"新型发电"反应堆与核燃料循环技术，即气冷快堆、铅冷快堆、熔盐堆、钠冷快堆、超临界水堆和超高温气冷堆。目前，在 GIF 的组织下，六种堆型均得到了有效的发展，必将为近期的核电技术提供强有力的支撑。

表 1‐1 给出了截至 2018 年，世界主要国家和地区的核电发展情况。全世界共有 31 个国家和地区拥有 451 座运行中的核电厂，总装机容量为 398 GW。在建的共 30 个机组，装机容量为 24 GW。[①]

---

① http://pris.iaea.org/pris/

表 1-1 世界核电现状

国家	运行中的反应堆		在建的反应堆	
	机组数量	装机容量/MWe	机组数量	装机容量/MWe
阿根廷	3	1633	1	25
亚美尼亚	1	375	—	—
孟加拉国	—	—	2	2160
白俄罗斯	—	—	2	2220
比利时	7	5918	—	—
巴西	2	1844	1	1340
保加利亚	2	1966	—	—
加拿大	19	13554	—	—
中国*	46+5	42858+4448	11+2	10982+2600
捷克	6	3932	—	—
芬兰	4	2784	1	1600
法国	58	63130	1	1630
德国	7	9515	—	—
匈牙利	4	1902	—	—
印度	22	6255	7	4824
伊朗	1	915	—	—
日本	39	36974	2	2653
韩国	25	23784	4	5360
墨西哥	2	1552	—	—
荷兰	1	482	—	—
巴基斯坦	5	1318	2	2028
罗马尼亚	2	1300	—	—
俄罗斯	35	27241	6	4573
斯洛伐克	4	1814	2	880
斯洛文尼亚	1	688	—	—
南非	2	1860	—	—
西班牙	7	7121	—	—
瑞典	8	8613	—	—
瑞士	5	3333	—	—
土耳其	—	—	1	1114
乌克兰	15	13107	2	2070
阿联酋	—	—	4	5380
英国	15	8923	1	1630
美国	98	99061	2	2234
总计	451	398240	54	55303

注：*"+"号后面的数据为我国台湾地区。

表 1-2 给出了截至 2018 年世界上正在运行和建造的核电厂的各种堆型的比例。从表中可以看出，无论是正在运行的还是正在建造的，压水堆占据绝对的优势。中国大陆已建成的核电厂中，除了秦山三期为重水堆核电厂外，其余的均为压水堆核电厂。

表 1-2 世界核电厂堆型的份额

类型	运行的反应堆		建造中的反应堆	
	机组数量	装机容量/MWe	机组数量	装机容量/MWe
压水堆	299	283783	44	46860
沸水堆	73	71492	4	5253
加压重水堆	49	24557	4	2520
气冷堆	14	7725	1	200
石墨水冷堆	13	9283	—	—
快堆	3	1400	1	470
合计	451	398240	54	55303

1.2 我国核电的发展

回顾中国核能发展的历史，虽然中国军用核工业起步较早，但是受制于整体经济和科技实力，在改革开放前，民用核工业的研究开发相对落后。不过我国自主掌握的石墨水冷生产堆和潜艇压水动力堆技术为中国核电的发展奠定了基础。20 世纪 80 年代初，中国政府首次制定了核电发展政策，决定发展压水堆核电厂，采用"以我为主，中外合作"的方针，先引进外国先进技术，再逐步实现设计自主化和设备国产化，中国的核电产业开始起步。

1991 年秦山 30 万千瓦压水堆核电站(CNP300)投用，这是中国大陆自行设计、建造和运营管理的第一座压水堆核电站，结束了中国大陆无核电的历史，标志着中国核工业的发展上了一个新台阶，使中国成为继美国、英国、法国、苏联、加拿大、瑞典之后世界上第 7 个能够自行设计、建造核电站的国家。1994 年大亚湾 100 万千瓦压水堆核电站投用，大亚湾核电站引进法国技术(M310)，作为改革开放以后中外合作的典范工程，成功实现了中国大陆大型商用核电站的起步，实现了中国核电建设跨越式发展、后发追赶国际先进水平的目标，为中国核电事业发展奠定了基础。

在具有实验性质的秦山一期核电站和开启核电商业化开端的大亚湾核电站之后，中国核电设计院在 M310 机组的基础上，自主研发了如 CPR1000、CNP600 和 CNP1000 等反应堆型号，并最终研制了具有完全自主知识产权的三代核电厂华龙一号，建设了秦山二期、岭澳、秦山三期和田湾等核电站。

经过几代核电人的艰苦奋斗，中国核电站建造运营技术已基本进入成熟阶段。虽然 2011 年日本福岛核泄漏事故发生后，中国暂停了所有核电项目审批并对现有设备进行综合安全检查，但在 2012 年 5 月 31 日，国务院常务会议审议通过《核安全检查报告》和《核安全规划》，指出中国民用核设施安全和质量是有保障的，核电也正式重启。

截至 2019 年末，中国大陆投入商业运行的核电机组共 47 台，总装机容量达到

48751.16MWe，位列世界第三，仅次于美国和法国。我国目前运行和在建的核电厂见表1-3和表1-4。

表1-3　我国运行的核电厂一览表(截至 2019 年底)

核电厂	项目	装机容量/MWe	反应堆类型	地点	首次并网
秦山核电厂	1号机组	330.00	压水堆 CNP300	嘉兴	1991-12-15
大亚湾核电厂	1号机组	984.00	压水堆 M310	深圳	1993-08-31
	2号机组	984.00	压水堆 M310	深圳	1994-02-07
秦山第二核电厂	1号机组	650.00	压水堆 CNP650	嘉兴	2002-02-06
	2号机组	650.00	压水堆 CNP650	嘉兴	2004-03-11
	3号机组	660.00	压水堆 CNP650	嘉兴	2010-08-01
	4号机组	660.00	压水堆 CNP650	嘉兴	2011-11-25
岭澳核电厂	1号机组	990.00	压水堆 CPR1000	深圳	2002-02-26
	2号机组	990.00	压水堆 CPR1000	深圳	2002-09-14
	3号机组	1086.00	压水堆 CPR1000	深圳	2010-07-15
	4号机组	1086.00	压水堆 CPR1000	深圳	2011-05-03
秦山第三核电厂	1号机组	728.00	重水堆 CANDU6	嘉兴	2002-11-19
	2号机组	728.00	重水堆 CANDU6	嘉兴	2003-06-12
田湾核电厂	1号机组	1060.00	压水堆 AES-91	连云港	2006-05-12
	2号机组	1060.00	压水堆 AES-91	连云港	2007-05-14
	3号机组	1126.00	压水堆 VVER -1000/428	连云港	2017-12-30
	4号机组	1126.00	压水堆 VVER -1000/428	连云港	2018-10-27
红沿河核电厂	1号机组	1118.79	压水堆 CPR1000	大连	2013-02-17
	2号机组	1118.79	压水堆 CPR1000	大连	2013-12-31
	3号机组	1118.79	压水堆 CPR1000	大连	2015-03-23
	4号机组	1118.79	压水堆 CPR1000	大连	2016-04-01
宁德核电厂	1号机组	1089.00	压水堆 CPR1000	宁德	2012-12-28
	2号机组	1089.00	压水堆 CPR1000	宁德	2014-01-04
	3号机组	1089.00	压水堆 CPR1000	宁德	2015-03-21
	4号机组	1089.00	压水堆 CPR1000	宁德	2016-03-29
福清核电厂	1号机组	1089.00	M310 改进型	福清	2014-08-20
	2号机组	1089.00	M310 改进型	福清	2015-08-06
	3号机组	1089.00	M310 改进型	福清	2016-09-07
	4号机组	1089.00	M310 改进型	福清	2017-07-29

续表

核电厂	项目	装机容量/MWe	反应堆类型	地点	首次并网
阳江核电厂	1 号机组	1086.00	压水堆 CPR1000	阳江	2013 - 12 - 31
	2 号机组	1086.00	压水堆 CPR1000	阳江	2015 - 03 - 10
	3 号机组	1086.00	压水堆 CPR1000	阳江	2015 - 10 - 18
	4 号机组	1086.00	压水堆 CPR1000	阳江	2017 - 01 - 08
	5 号机组	1086.00	压水堆 CPR1000	阳江	2018 - 05 - 23
	6 号机组	1086.00	压水堆 CPR1000	阳江	2019 - 06 - 29
方家山核电厂	1 号机组	1089.00	压水堆 M310 改进型	嘉兴	2014 - 11 - 04
	2 号机组	1089.00	压水堆 M310 改进型	嘉兴	2015 - 01 - 12
三门核电厂	1 号机组	1250.00	压水堆 AP1000	台州	2018 - 06 - 30
	2 号机组	1250.00	压水堆 AP1000	台州	2018 - 08 - 24
海阳核电厂	1 号机组	1250.00	压水堆 AP1000	海阳	2018 - 08 - 17
	2 号机组	1250.00	压水堆 AP1000	海阳	2018 - 10 - 13
台山核电厂	1 号机组	1750.00	压水堆 EPR	台山	2018 - 06 - 29
	2 号机组	1750.00	压水堆 EPR	台山	2019 - 06 - 23
昌江核电厂	1 号机组	650.00	压水堆 CNP650	昌江	2015 - 11 - 07
	2 号机组	650.00	压水堆 CNP650	昌江	2016 - 06 - 20
防城港核电厂	1 号机组	1086.00	压水堆 CPR1000	防城港	2015 - 10 - 25
	2 号机组	1086.00	压水堆 CPR1000	防城港	2016 - 07 - 15

表 1 - 4 我国在建的核电厂一览表(截至 2019 年底)

核电厂	项目	装机容量/MWe	反应堆类型	地点	开工时间
红沿河核电厂	5 号机组	1118.79	压水堆 ACPR1000	大连	2015 - 03
	6 号机组	1118.79	压水堆 ACPR1000	大连	2015 - 07
福清核电厂	5 号机组	1150.00	压水堆华龙一号	福清	2015 - 05
	6 号机组	1150.00	压水堆华龙一号	福清	2015 - 12
防城港核电厂	3 号机组	1180	压水堆华龙一号	防城港	2015 - 12
	4 号机组	1180	压水堆华龙一号	防城港	2016 - 12
田湾核电厂	5 号机组	1118	压水堆 M310 改进型	连云港	2015 - 12
	6 号机组	1118	压水堆 M310 改进型	连云港	2016 - 09
漳州核电厂	1 号机组	1126	压水堆华龙一号	漳州	2019 - 10
石岛湾核电厂	1 号机组	211	高温气冷堆	威海	2012 - 12
霞浦示范快堆	1 号机组	600	钠冷快堆	霞浦	2017 - 12

中国已建和在建的核电机组主要采用的堆型为压水堆，机型包括 CP 系列、AES-91、M310、CPR1000、华龙一号、AP1000、EPR 等技术；采用其他堆型的技术包括 CANDU6 重水堆、高温气冷堆等。

目前，CPR1000 是在役机组采用最多的技术，该机型基于 M310 技术，被称作"改进型中国压水堆"，其主要设备已全部实现国产化，国内公司已能制造核岛和常规岛的大部分设备。AP1000、EPR 和华龙是中国目前核电站采用的三种三代核电技术，符合 URD 和 EUR 的要求和条件。AP1000 是美国西屋电气公司开发的第三代技术，采用模块化设计和建造技术，并采用了非能动的安全系统，提高了核电厂运营的安全性，浙江三门核电厂 1、2 号机组以及山东海阳核电厂 1、2 号机组均采用 AP1000 技术。EPR 是法国阿海珐公司开发的第三代技术，单台机组发电功率可达 175 万千瓦，广东台山核电厂 1、2 号机组采用 EPR 技术，是中国目前功率最大的机组。

"华龙一号"是由中国两大核电企业中国核工业集团公司和中国广核集团在我国三十余年核电科研、设计、制造、建设和运行经验的基础上，根据福岛核事故经验反馈以及我国和全球最新安全要求，研发的先进百万千瓦级压水堆核电技术。在设计创新方面，"华龙一号"提出"能动和非能动相结合"的安全设计理念，采用 177 个燃料组件的反应堆堆芯、多重冗余的安全系统、单堆布置、双层安全壳，全面平衡贯彻了"纵深防御"的设计原则，设置了完善的严重事故预防和缓解措施，其安全指标和技术性能达到了国际三代核电技术的先进水平，具有完整的自主知识产权。

火电、水电与核电共同构成世界电力的三大支柱。根据有关数据显示，一定时期内，中国能源结构仍以煤为主，这是因为火力发电成本低、电量稳定，但是其热损失大，形成的废弃物对大气、水、土地污染严重。水力发电虽然运营成本较低，一次性投资建成后，其发电成本比火电和核电要低得多，但是开发水力发电工程的一次性投入大，由于有枯水期和丰水期的分别，造成水力发电不够稳定。核电对环境的影响主要是指在运行中对环境造成的辐射或非辐射影响。事实上核电厂在正常运行时，对环境产生的辐射剂量与来自天然辐射和医学治疗的剂量相比是极其微小的，对公众不构成威胁，且目前核电成本与火电成本相当。虽然天然铀资源有限，但从核能发展与利用的整体情况看，其后续的持续性发展的潜力并不受铀资源枯竭的限制。

通过对前面三者的比较，可知核能是一种安全、清洁、高效、经济的能源。发展核电是优化能源结构、保障能源安全、满足经济社会发展对能源需求的现实选择，是保护生态环境、实现可持续发展的重要途径，是带动核科技工业整体发展的重要举措。因此，核电对于我国不可或缺，对于满足中国电力需求、优化能源结构、减少环境污染、促进经济能源可持续发展具有重要战略意义，同时发展核电也是我国经济可持续发展的必然选择。

1.3　用户要求文件简介

自从世界上第一座大型民用核电站于 1957 年在美国希平港建成到 20 世纪 90 年代，其间三十多年的时间里，核工业界在有关核电站设计、建造、运行和退役等安全管理要求方面一直处于被动响应的地位，即在安全审批和管理上完全依赖于政府核安全当局的计划和安排，在一定程度上满足了核安全当局所提出的安全要求。

1990 年，美国电力研究所(EPRI)发表了先进轻水堆的用户要求文件(Utility Requirements Document，URD)；1994 年，欧洲几家电力公司发表了欧洲用户要求文件(European Utility Requirements，EUR)。这标志着核工业界现在正以一种积极的姿态参与核电站安全的设计和管理，这也是当前及未来核能发展所面临的客观现实的必然结果。

美国核管会(NRC)对 EPRI 的 URD 进行了全面详细的评估，并在 1992 年对此发表了一个安全评估报告。在国际上，URD 和 EUR 得到了核工业界的高度重视，自这些用户要求文件发表以来，它们已被用于好几个先进堆的设计中；有关国家的核安全管理当局对此也持积极肯定的态度。可以说，按照这些用户要求文件，设计、建造和运行未来的核电站在核工业界已达成共识，是今后先进轻水堆核电站发展的方向。

这些用户要求文件所涉及的内容非常广泛，包括核安全当局许可证审批的稳定性、电厂的可建造性、安全要求、电厂性能以及经济性等各个方面。

1.3.1　美国用户要求文件(URD)

在 1979 年美国三里岛核电站事故之后，美国核管会(NRC)对核电站的运行安全建立了广泛深入的研究计划，提出了许多新的审批和建造要求，其中包括：①由 NRC 制定并由电力公司执行的三里岛事故后的安全计划(1980 年)；② 新电站建造和设备制造的许可证审批要求(1981 年)；③ 待解决安全问题和一般安全问题的研究计划；④NRC 严重事故研究计划(Severe Accident Research Project，SARP)(1983 年)。在核工业界，为保证核电站的运行安全，也采取了相应的行动，这包括：①建立了核动力运行研究所(INPO)，以制定培训和运行标准，并根据这些标准检查核电公司的实施情况；② 在电力研究所(EPRI)建立核安全分析中心，以分析和评价各种运行事故的安全意义。

这些安全研究计划和新的审批及建造要求，大大加深了人们对核电站安全机制的认识，增强了核电站业主的安全运行意识，提高了核电站的安全运行水平。但在另一方面，由于核安全当局对核电站的安全要求层层加码，不断提出新的安全要求，使核电站的许可证审批时间和核电站的建造周期明显加长；电力公司对原来的核电站设计和运行安全系统不断增加新的设备和系统，这些都使得核电的成本大大增加，并且使核电站的运行更加复杂。这在某些情况下对安全运行甚至是不利的。

在这种背景下，美国核工业界为了总结以往的经验，为满足核安全当局所提出的各种安全要求而制定一套完整的标准设计要求，于 1985 年开始了先进轻水堆技术基准(用户要求文件)的研究计划。这个计划由 EPRI 负责组织，由美国和其他有关国家的电力公司资助，美国能源部也参与了这个研究计划。1990 年发表了先进轻水堆用户要求文件的第一个版本。这个用户要求文件同时也考虑了 NRC 于 1986 年 8 月发表的安全政策声明中有关安全目标的要求。1992 年，NRC 就 EPRI URD 发表了一个安全评估报告。

这个文件的制订是美国电力公司为引导工业界建立未来先进轻水堆的技术基准而作出的具有里程碑意义的努力。它从电力公司的角度，对未来先进轻水堆的设计提出了一个明确和完整的技术要求。这些要求吸收了世界商用轻水堆已有 30 年运行经验的成熟技术，并且强调简单、牢靠和更加容错的设计特点。该文件主要在以下两方面为核电的发展创造有利条件：

(1)为核电的发展建立稳定的管理框架，重点在于获得 NRC 对主要的执照申请和严重事故审批的认可，从而提高执照申请的成功率。

（2）对未来先进轻水堆提供完整的设计要求，从而推动核电站设计的标准化。这些设计要求有助于第一座先进轻水堆的设计、执照申请和建造顺利进行，从而使投资者承担较小的风险。

1.3.1.1 文件结构

URD 共包括三卷。第一卷是政策声明和高层设计要求，第二卷和第三卷分别描述改进型（evolutionary）和非能动型（passive）先进轻水堆的技术设计要求。整套文件包含有约14000 条详细的技术设计要求。

在第一卷中，URD 确定了先进轻水堆在许多关键设计领域的政策，包括简单性、设计裕量、人因、安全、设计基准与安全裕量、管理的稳定性、标准化、成熟技术、可维护性、可建造性、质量保证、经济性、预防人为破坏和良好的环境特性等。在高层设计要求中，对电站的总体设计、安全及投资保护、电站运行性能、设计过程及建造性，以及经济性等提出了定性和定量的要求。

第二卷和第三卷分别描述改进型和非能动型先进轻水堆完整的技术设计要求，包括高层设计要求和核电站各系统的详细设计要求。这两卷在文件结构上是相同的，每卷各包含 13章，每卷的第 1 章描述对许多电站系统都适用的共同要求，在第 2 至第 13 章中则阐述了对电站各个系统的详细设计要求。

1.3.1.2 安全政策

URD 的安全政策在概念上分为两个层次，即执照申请设计基准和安全裕量基准（见表1-5）。前者指的是为满足 NRC 对执照申请所规定的有关设计要求；而后者指的是电力公司提出的、超过 NRC 执照申请条件的额外设计要求。安全裕量设计基准反映了自 1979 年三里岛事故以来，业主对增强投资保护和严重事故保护的愿望。严重事故保护是目前 NRC的重要安全政策，这项政策要求采取必要的安全措施以保证安全壳在严重事故情况下的完整性，并将对环境的重大放射性释放的可能性限制在一个低的水平上。

表 1-5 NRC 执照申请设计基准与安全裕量基准的比较

物项	NRC 执照申请设计基准	URD 安全裕量基准
评估方法	对设计基准采用已建立的保守的方法进行评估	对设计裕量及安全裕量基准用最佳估计的方法进行评估
法规及准则	采用 NRC 已批准的法规、标准及可接受性准则	采用电力公司规定的裕量验收准则
系统设备	仅依赖安全级设备	可依赖安全级及非安全级设备
分析方法	用确定论的方法对执照设计基准事件进行分析	用确定论的方法并辅以概率论的方法进行严重事故分析
管理法规及政策	满足联邦法规及 NRC 管理导则	满足 NRC 有关严重事故和安全目标的政策声明

URD 的安全政策是通过三个相互衔接的、安全深度逐步升级的安全保护层次来实现的；

即事故遏制(第一保护层次)、防止堆芯损坏(第二保护层次)及事故后果的缓解(第三保护层次)(见表1-6)。事故遏制指的是降低安全相关初因事件的发生频率及其严重性;防止堆芯损坏指的是在初因事件已发生的条件下,通过有关系统和专设的安全设施阻止事故向堆芯损坏的方向发展;而事故后果的缓解指的是在发生堆芯损坏的情况下,通过电厂内的事故管理措施(包括有关安全设施及事故管理程序),保证安全壳的完整性,将放射性向环境的释放量控制在低水平。

表 1-6 先进轻水堆的安全基础

安全保护层次	NRC 执照设计基准	URD 安全裕量基准
事故后果缓解	对安全壳及相关系统,应满足: ①LOCA 设计基准; ②修改的 TID214844 源项	对严重事故工况下安全壳的性能设计,应考虑: ①超过 NRC LOCA 的设计裕量; ②真实的源项
防止堆芯损坏	对安全系统,应满足如下的 NRC 管理要求: ①执照申请要求的事故分析(主要是单一故障准则); ②防止超过燃料元件的管理限值	为增强电厂的投资保护程度,有关安全系统的设计应当考虑: ①真实的事故序列(多重故障); ②防止燃料元件损坏的额外裕量; ③显著改进的人机界面
事故遏制	对于事故遏制措施,应满足 NRC 在以下方面所提出的管理要求: ①设计安全裕量; ②在役巡视及检查; ③反应堆冷却剂系统的完整性	对增强事故遏制的性能,在有关系统的设计上应考虑: ①加大设计安全裕量; ②系统设计的简单性; ③提高系统和部件的可靠性

1.3.2 欧洲用户要求文件(EUR)

EUR 计划发起于1992年,1994年发表了 EUR 的第一个版本并送有关部门审评,1995年11月发表了 EUR 的修改版本。就内容而言,EUR 与 EPRI URD 是类似的。事实上,编制 EUR 的主要单位在此之前已参与了 EPRI URD 的研究工作。EUR 反映了欧洲电力公司对欧洲未来轻水堆所应具备的设计技术基准的见解和立场。

EUR 在文件的结构上与 EPRI URD 不同。EUR 共包括四卷。第一卷是政策声明和高层设计要求,这与 EPRI URD 是相同的;第二卷描述核岛的一般要求;第三卷描述具体核岛设计的特定要求;第四卷则描述常规岛的一般技术设计要求。

EUR 现已应用于欧洲好几个核电站项目的设计中,例如法德合作的欧洲压水堆核电站(European PWR,EPR),欧洲非能动式压水堆核电站(European Passive PWR,EPP)和欧洲简化沸水堆核电站(European Simplified BWR,ESBWR)。

1.3.2.1 事故状态类别

EUR 将电厂设计中要考虑的事故工况分为两个类别,即设计基准工况(Design Basis Conditions,DBC)和设计扩展工况(Design Extension Conditions,DEC)。DBC 可能会对电厂的安全构成威胁,在电厂的设计中,必须通过确定论的安全分析表明电厂对这些事件的响应能够满足事先确定的技术规范,包括核安全法规中提出的有关安全要求及其接受准则。

按照发生频率(f)的估计值,将 DBC 分为四个类别,即①正常工况;②事件($f>10^{-2}$);③发生频率低的事故($10^{-2}>f>10^{-4}$);和④发生频率非常低的事故($10^{-4}>f>10^{-6}$),其中第③和第④类 DBC 即是通常所说的设计基准事故(DBA)。

DEC 包括多重故障(complex sequences)和严重事故两个部分,多重故障和严重事故都可能导致明显的放射性释放。多重故障不涉及堆芯的损坏。在 DBC 中仅考虑单一故障。

EUR 中 DBC 和 DEC 的安全设计思想,与 EPRI URD 中由执照设计基准(Licensing Design Basis,LDB)和安全裕量基准(Safety Margin Basis,SMB)所构成的安全基础框架在概念上基本上是等同的。DBC 和 LDB 都是针对核安全当局的许可证审批要求的;而 DEC 和 SMB 则是业主为了防止严重事故的发生,对电站提出的更高的设计要求。DEC 或 SMB 可以使业主对电站的运行获得比 DBC 或 LDB 更大的安全裕量,从而更有把握防止严重事故的发生,并使业主的投资得到更加充分的保护。从评估方法来说,在 DBC 和 LDB 中主要是应用保守的分析方法,而在 DEC 和 SMB 中则要求采用最佳估计方法。

1.3.2.2　定量安全要求

在 EUR 中,对正常运行工况提出了两类定量安全要求,即业主安全限值(utility limit)和设计目标(design target)。业主限值是业主确定的必须满足的设计要求(一般以辐射剂量或放射性释放量的形式给出);设计目标是比业主限值要求更高的设计要求。表 1-7 列出了 EUR 对正常运行工况所提出的主要定量安全要求。

表 1-7　EUR 正常运行工况下的定量安全要求

	安全参数	业主限值	设计目标
放射性排放	液态(除氚)释放量/ GBq	100	10
	惰性气体释放量/ TBq	800	50
	气态卤素与碘释放量/ GBq	30	1×10^6
人员辐射剂量	个人剂量/ mSv·a^{-1}	50[①]	5
	集体剂量/ (man Sv)GW^{-1}	—	0.7

注:①5 年平均为 20 mSv/a。

对 DEC、EUR 提出了如下的释放限值要求:

(1)在放射性物质通过安全壳释放早期,在 800 m 以外的地方,将采取应急防护行动的必要性降低到最小的程度。

(2)在放射性物质通过安全壳释放的后期,在距反应堆约 3 km 以外的地方不需采取随后的防护行动(涉及临时避迁的行动)。

(3)在放射性物质通过安全壳释放的后期,在距反应堆 800 m 以外的地方不需采取长期的防护行动。

另外,EUR 提出了如下的概率安全目标:

(1)堆芯累计损坏频率:$<10^{-5}$/(堆·年);

(2)超过上述释放限值要求的累计频率:$<10^{-6}$/(堆·年)。

1.4 压水堆核电厂系统构成与布置

1.4.1 压水堆核电厂系统构成

压水堆核电厂的系统和设备通常可以分为两大部分,如图 1-2 所示。

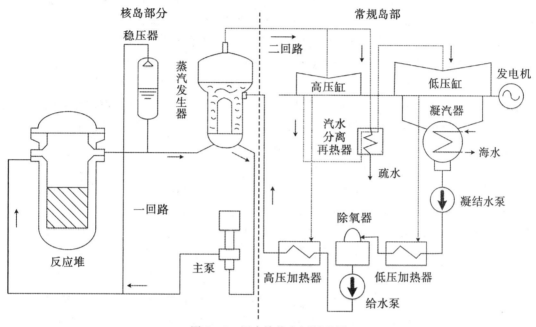

图 1-2 压水堆核电厂原理图

(1)核的系统和设备部分,又称核岛。

(2)常规的系统和设备部分,又可称作常规岛。

1.4.1.1 核岛系统

一回路主系统由反应堆、主泵、稳压器、蒸汽发生器和相关管道组成。反应堆外壳是一个耐高压容器,通常称为压力容器或压力壳,其内安装着由许多核燃料组件构成的堆芯。一回路主系统由多个环路对称地并联在压力容器接管上构成,每个环路有一台主泵和一台蒸汽发生器。在其中一个环路上装有一台稳压器,以维持一回路运行压力。

此外,还有一些安全和辅助系统,这些系统按照它们的功能大体上可以分为以下三类。

专设安全系统——在反应堆发生大量失水事故时可以自动投入,阻止事故的进一步扩大,保护反应堆的安全,同时防止放射性物质向大气环境扩散。包括安全注入系统、安全壳喷淋系统、辅助给水系统和安全壳隔离系统等。

核辅助系统——保证反应堆和一回路正常启动、运行和停堆,包括化学和容积控制系统、硼和水补给系统、余热排出系统、反应堆和乏燃料水池冷却和处理系统、设备冷却水系统等。

三废处理系统——回收和处理放射性废物以保护环境,包括废液处理系统、废气处理系统和固体废物处理系统。

1.4.1.2 常规岛系统

压水堆核电厂的常规岛包括那些与常规火力发电厂相似的系统及设备，可划分为汽轮机回路、循环冷却水系统和电气系统三大部分。

1. 汽轮机回路

汽轮机回路主要设备有汽轮机、汽水分离再热器、凝汽器、凝结水泵、低压加热器、除氧器、主给水泵和高压加热器等。这个循环回路的流程原理与火力发电厂基本相同，只是由核岛部分的蒸汽发生器代替了火电厂的锅炉。蒸汽发生器的出口蒸汽进入汽轮机带动发电机发电，然后排入凝汽器，在凝汽器中被循环冷却水冷凝成凝结水。凝结水由凝结水泵经低压加热器加热后送入除氧器中进行除氧，再由给水泵经高压加热器加热后送入蒸汽发生器作为给水产生蒸汽。由于蒸汽发生器传热管把一、二回路的水隔离开，这个汽水循环回路中的水和蒸汽是不带放射性的。高、低压加热器的加热热源分别由汽轮机的高压缸和低压缸中间级抽汽提供。

由于核电站汽轮机的进口蒸汽为饱和蒸汽，高压缸的排汽含有较多的水分，为防止或降低湿蒸汽对汽轮机叶片的冲蚀作用，在高压缸和低压缸之间设置了汽水分离再热器，以分离高压缸排汽中水分并加热，使进入低压缸的蒸汽变为过热蒸汽。

为了在汽轮机大负荷瞬变或汽轮机紧急跳闸时反应堆能维持适当负荷而得到有效的冷却，另外设置了蒸汽旁路系统，主蒸汽可由主蒸汽集管直接通往凝汽器和除氧器。

2. 循环冷却水系统

亦称三回路，其主要功用是向凝汽器供给冷却水，确保汽轮机凝汽器的有效冷却。它是个开放式回路，循环水从开放水源中抽取，流经凝汽器管路之后，循环水又流回开放水源。对于内陆核电站，循环冷却水可以是封闭循环，通过冷却塔向大气排放热量。

3. 电气系统

电气系统包括发电机、励磁机、主变压器、厂用变压器等。发电机出线电压经主变压器升压后与主电网相连。在正常运行时整个厂用设备的配电设备由发电机的出线经过厂用变压器降压供电，当发电机停机时则由主电网经过主变压器反向供电。若此时主电网失电，则由另一外部电网经过辅助变电器向厂内供电。当上述电源均故障不可用时，则由备用的柴油发电机组向厂内应急设备供电，以保障核电站设备的安全。

1.4.2 典型压水堆厂房布置

压水堆核电厂布置有核电机组(可以多台)，以及与各核电机组有关的辅助厂房、附属厂房及公用建筑物，分为核岛、常规岛和电厂配套设施三部分。

1.4.2.1 核岛主要厂房

1. 反应堆厂房

反应堆厂房又称安全壳，是一个带有准球形穹顶的圆柱形预应力钢筋混凝土结构，可承受绝对压力约 0.5 MPa 的内压。其内主要有反应堆和其他一回路主要设备(主泵、蒸汽发生器、稳压器等)以及部分专设安全系统和核辅助系统设备。

2. 燃料厂房

燃料厂房是一个平顶方形混凝土结构，其内主要有乏燃料水池，用以贮放堆芯中卸出的乏燃料。

3. 核辅助厂房

核辅助厂房夹在机组的反应堆厂房之间，为共用厂房。厂房主要布置核辅助系统（如化学容积控制系统、硼和水补给系统等）、废物处理系统及部分专设安全系统设备。

4. 电气厂房

电气厂房位于反应堆厂房和汽轮机厂房之间，其内布置有主控制室和各种仪表控制系统及供配电设备。另外，蒸汽发生器的蒸汽管道和给水管道也穿过该厂房，使核岛和常规岛联系起来构成一个整体。

此外，核岛还包括柴油发电机厂房、连接厂房、辅助给水贮存箱等。

1.4.2.2　常规岛主要厂房

常规岛厂房主要由汽轮机厂房和辅助间以及联合泵站所组成。汽轮机厂房容纳二回路及其辅助系统的主要设备，如汽轮机、发电机、凝汽器、除氧器、给水泵等。毗邻的建筑物还有通风间、润滑油传送间、变压器区等。

联合泵站位于循环冷却水的取水口处，其内主要设置循环水泵和旋转滤网，为汽轮机组的凝汽器提供冷却水源。

1.4.2.3　电厂配套设施（BOP）

此类设施数目较多，它们既不属于核岛也不属于常规岛，甚至也不一定同核岛、常规岛系统有直接联系，但要保证核电站的安全运行它们又是必不可少的。这些设施包括检修车间、现场实验室、废物辅助厂房、除盐水生产车间、主开关站等。

1.5　核电设备安全功能与分级

核电厂的系统、设备和构筑物对于电厂安全的作用比一般常规系统设备和构筑物更大，因而提出了设备的安全功能以及按其对安全的重要性分级的概念。这种安全功能分级称为"安全等级"。划分安全等级的目的是提供分级设计标准。对于不同安全等级的设备规定不同的设计、制造、检验、试验的要求。这样既提高了核电厂安全性，又避免了对某些设备要求过严的现象。

1.5.1　安全功能及分析方法

核电厂安全的基本目标是限制居民和核电厂工作人员在电厂所有运行工况和事故工况下所受到的射线照射。为保证必要的安全性，执行安全功能的系统应具有下列功能：

（1）为安全停堆和维持其安全停堆状态提供手段；

（2）为停堆后从堆芯导出余热提供手段；

（3）在事故后为防止放射性物质的释放提供手段，以确保事故工况之后的任何释放不超过容许极限。

为实现上述要求，在国际原子能机构的安全导则 50 - SG - D1 和我国国家核安全局在1986 年发布的安全导则中均规定了 20 种安全功能项目。主要内容有：在完成所有停堆操作后，将反应堆维持在安全停堆状态；将其他安全系统的热量转移到最终热阱；维持反应堆冷却剂压力边界的完整性；限制安全壳内的放射性物质向外释放等。

为了对每项功能按其对安全的重要性分级，可以采用确定论和概率论两种分级方法。确定论法常对那些对安全有重要作用的、其损坏会导致严重放射性释放事故的系统、设备和构筑物提出各种要求。这些要求带有强制性而不需要直接考虑损坏的几率或减轻事故后果的作用。概率论法则根据需要某一安全功能所起的作用几率以及该安全功能失效的后果来评价其安全重要性。此法在确定各系统、设备和构筑物的安全重要性的相对值时特别有用。

大多数国家同时采用两种方法，通过对各种堆型所作大量假想事故分析的研究成果，可评价发生假想事故时执行某安全功能的概率以及该安全功能失效的后果。

1.5.2　安全分级

1.5.2.1　安全一级

安全一级主要包括组成反应堆冷却剂系统承压边界的所有部件。

安全一级包括反应堆冷却剂系统中主要承压设备：反应堆压力容器、主管道以及延伸到辅助系统并包括第二个隔离阀的连接管道（内径大到破损后正常补水系统不能补偿冷却剂的流失）、反应堆冷却剂泵、稳压器、蒸汽发生器的一次侧和控制棒驱动机构的壳体。

安全一级设备选用的设计等级为一级，质量为 A 组。美国联邦法规规定，必须按实际可能的最高质量标准来设计、制造、安装及试验。具体地说应符合美国机械工程师协会（ASME）规范第Ⅲ篇（核动力装置部件）第一分册中关于一级设备的规定。

1.5.2.2　安全二级

安全二级主要指反应堆冷却剂系统承压边界内不属于安全一级的各种部件，以及为执行所有事故工况下停堆、维持堆芯冷却剂总量和排出堆芯热量及限制放射性物质向外释放的各种部件。例如如下一些部件：反应堆冷却剂系统承压边界部件中非核一级设备和部件（如余热排出系统、安全注入系统及安全壳喷淋系统等）；构成反应堆安全壳屏障的设备和部件（如安全壳及隔离贯穿反应堆厂房的流体系统的阀门和部件，二回路系统直至反应堆厂房外第一个隔离阀的部分，安全壳内氢气控制监测系统及堆芯测量系统的设备和部件）。

1.5.2.3　安全三级

安全三级主要指下述一些系统的设备：

(1)为控制反应性提供硼酸的系统；

(2)辅助给水系统；

(3)设备冷却水系统；

(4)乏燃料池冷却系统；

(5)应急动力的辅助系统；

(6)为安全系统提供支持性功能的设施（例如燃料、压缩空气、液压动力、润滑剂等系统设施）；

(7)空气和冷却剂净化系统；

(8)放射性废物贮存和处理系统。

1.5.2.4　安全四级

核岛中不属于安全一、二、三级的设备为非核安全等级。非核安全级的设备设计制造应按非核规范和标准中较高的要求执行，必要时，还应附加与安全的重要性相适应的补充设计要求。

两个不同安全等级的系统的接口，其安全等级应属于相连系统中较高的安全等级。

1.5.3　抗震分类

在设计上要满足承受一定地震载荷要求的机械设备和电气设备，被定义为抗震设备。

我国的核安全法规将抗震类别分为三类，即抗震Ⅰ类、抗震Ⅱ类和非抗震类(NA)。

抗震Ⅰ类指的是核电厂中损坏会直接或间接造成事故工况、用来实施停堆或维持安全停堆并排除余热的构筑物、系统和设备。抗震Ⅰ类设备包括安全一级、二级、三级和 LS 级及1E 级的电气设备。

所有与安全有关的厂房和土建构筑物都是抗震Ⅰ类的，在设计上要满足能承受安全停堆地震载荷的要求。其他部件和设备也可按其对安全的重要程度所需抗震能力来校核。

抗震Ⅰ类表明设备的设计要满足能承受安全停堆地震(SSE)引起的载荷要求。安全停堆地震是在分析核电厂所在区域和厂区的地质和地震条件，分析当地地表下物质的特性的基础上所确定的可能发生的最大地震。安全停堆地震通常由当地历史上发生过的最大地震再加上一个适当的安全裕量后确定。

抗震Ⅱ类表明设备的设计要满足能承受运行基准地震(OBE)引起的载荷要求。

1.6　核电厂运行模式

以 CPR1000 为例，核电厂可以将机组正常运行的状态按照热力学和堆物理的特性划分为六个"运行模式"。这六个运行模式是：反应堆功率运行模式(RP)、蒸汽发生器冷却正常停堆模式(NS/SG)、余热排出系统冷却正常停堆模式（NS/RRA①）、维修停堆模式(MCS)、换料停堆模式(主回路系统)和反应堆完全卸料模式(RCD)。针对不同的运行模式，有不同的运行限值和条件。在某一时刻机组处于何种运行模式，主要根据当时主回路系统的温度、压力、水位、功率水平等特征参数来确定。

1. 反应堆功率运行模式(RP)

本运行模式包括具有如下特性的反应堆工况：

(1)一回路满水，稳压器处于两相状态；

(2)一回路冷却剂平均温度介于 291.4 ℃ 和 310 ℃ 之间；

(3)一回路系统压力调节至 15.5 MPa；

(4)余热排出系统与一回路系统间处于隔离状态；

---

① RRA 为法系核电厂的余热排出系统代码。

（5）反应堆临界或处于逼近临界阶段；

（6）慢化剂的温度系数必须是负数（例外情况，在堆芯重新装料后为了首次临界而进行零功率物理试验时，慢化剂的温度系数可以是正数）。

图1-3标明了各种运行模式下主回路系统的温度和压力范围。

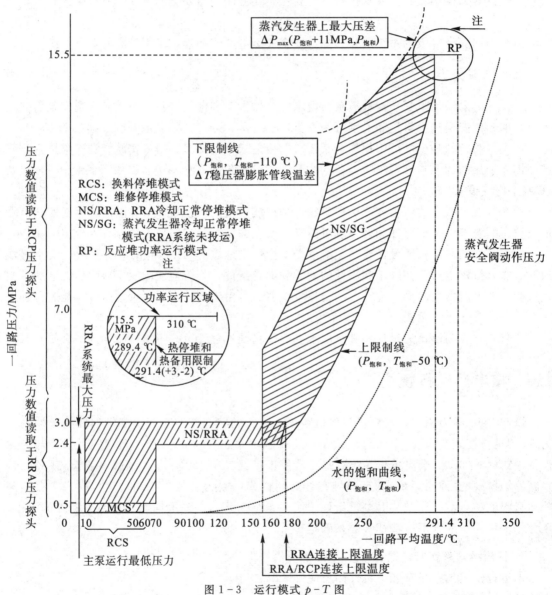

图1-3　运行模式 p-T 图

2. 蒸汽发生器冷却正常停堆模式（NS／SG）

本运行模式包括具有如下特性的反应堆工况：

（1）一回路满水，稳压器双相状态；

(2)一回路冷却剂的硼浓度在热停堆所需要的硼浓度至 2.5 mg/g 之间；如果 $2.4\ \mathrm{MPa} \leqslant p \leqslant \mathrm{P11}^{①}$ 或 $160\ ℃ \leqslant T \leqslant \mathrm{P12}^{②}$，则一回路冷却剂的硼浓度在冷停堆所需要的硼浓度至2.5 mg/g 之间；

(3)一回路冷却剂平均温度介于 160 ℃ 和 291.4（+3，−2）℃ 之间；

(4)一回路压力在 2.4~15.5 MPa；

(5)余热排出系统与一回路系统间处于隔离状态。

3. 余热排出系统冷却正常停堆模式（NS/RRA）

本运行模式包括具有如下特性的反应堆工况：

(1)一回路满水，稳压器处于单相或两相状态；

(2)一回路冷却剂的硼浓度在冷停堆所需要的硼浓度至 2.5 mg/g 之间；

(3)一回路冷却剂温度介于 10 ℃ 和 180 ℃ 之间；

(4)一回路压力在 0.5~3.0 MPa；

(5)余热排出系统与一回路系统连接（至少余热排出系统的入口隔离阀门已经打开）。

4. 维修停堆模式（MCS）

本运行模式包括了如下特性的所有反应堆标准工况：

(1)一回路水位为高于余热排出系统最低工作水位；

(2)一回路冷却剂的硼浓度在 2.3~2.5 mg/g；

(3)一回路冷却剂温度介于 10 ℃ 和 60 ℃ 之间；

(4)一回路压力为小于或等于 0.5 MPa，一回路系统封闭或打开；

(5)余热排出系统与一回路系统相连接。

5. 换料停堆模式（主回路系统）

本运行模式包括具有如下特性的反应堆工况：

(1)反应堆厂房反应堆水池内水位必须高于或等于：

①15 m，如果反应堆厂房反应堆水池内水闸门尚未就位；

②19.3 m，如果反应堆厂房反应堆水池内水闸门已就位。

(2)一回路冷却剂的硼浓度在 2.3~2.5 mg/g；

(3)一回路冷却剂温度介于 10 ℃ 和 60 ℃ 之间；

(4)反应堆压力容器的顶盖已被打开；

(5)余热排出系统与一回路系统相连接；

(6)至少还有一组燃料组件处于反应堆厂房内。

6. 反应堆完全卸料模式（RCD）

本运行模式包括了反应堆厂房内没有任何燃料组件的反应堆工况。

---

① P11 是指一个允许信号，其产生的条件为稳压器内的压力低于 13.9 MPa，此时允许手动打开稳压器安全隔离阀，允许手动闭锁低温低压和稳压器低水位安注注射信号。

② P12 是指一个允许信号，其产生的条件为当冷却剂平均温度低于设定值，此时允许闭锁在关闭状态的汽轮机旁路阀。

习　题

基础练习题

1. 定义核电技术的分代的基本原则是什么？
2. 说明用户要求文件的主要内容。
3. 设备安全分级的主要内容是什么？并针对每一级举出 1~2 个例子。
4. 以 CPR1000 为例，说明核电厂运行模式的内容与特点。

拓展题

1. 通过查询资料，说明从 20 世纪 60 年代开始，核电在世界能源中的角色。
2. 通过查询资料，说明第四代先进核能技术的堆型及其特点。

第 2 章

压水堆结构

经过 60 多年的发展与改进，压水堆的设计技术已趋成熟。一个现代典型压水堆的本体结构如图 2-1 所示，它由压力容器（包括压力容器筒体及顶盖）、下部堆内构件、反应堆堆芯、上部堆内构件、控制棒驱动机构等组成。简单地说，反应堆堆芯是核电厂的心脏，是系统的热源和放射源，压力容器、上部堆内构件和下部堆内构件起到为堆芯提供支撑、为冷却剂提供流道的作用，控制棒驱动机构则为反应堆的控制棒控制提供驱动力。需要指出，由于对反应堆安全性要求的提高，第三代核电的堆内中子通量测量装置的通道普遍由反应堆底部

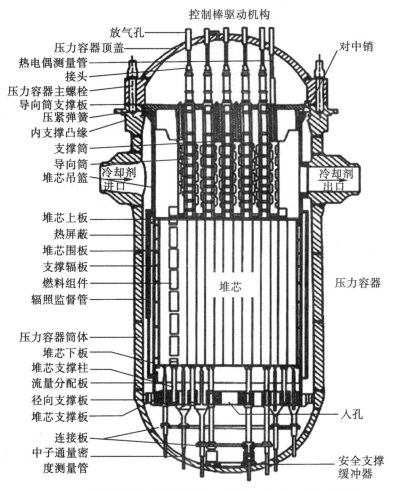

（a）堆内中子通量测量装置由底部插入的压水堆本体结构

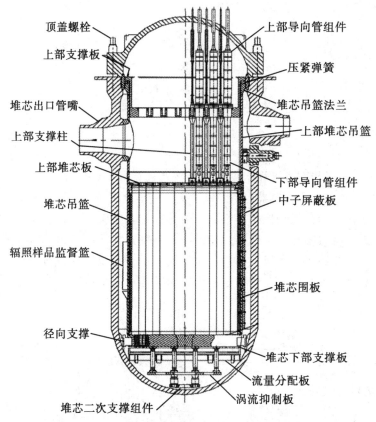

顶盖螺栓
上部支撑板
堆芯出口管嘴
上部支撑柱
上部堆芯板
堆芯吊篮
辐照样品监督篮
径向支撑
堆芯二次支撑组件

上部导向管组件
压紧弹簧
堆芯吊篮法兰
上部堆芯吊篮
下部导向管组件
中子屏蔽板
堆芯围板
堆芯下部支撑板
流量分配板
涡流抑制板

（b）堆内中子通量测量装置由顶部插入的压水堆本体结构

图 2-1　压水堆的本体结构

插入(图 2-1(a)，如 CNP650，1000，CPR1000 等)改为由反应堆顶部进入(图 2-1(b)，如华龙一号，EPR，AP1000 等)，因此后来均取消了底部的中子通量贯穿件，在顶盖上增加了中子通量测量的进入通道。

　　轻水冷却剂从压力容器上部的进口接管进入，先沿着堆芯吊篮与压力容器内壁之间的环状间隙向下流，在这过程中冷却吊篮和压力容器壁，到达压力容器底部后，改变方向向上流经堆芯，带走核裂变反应产生的热量，高温的冷却剂从压力容器的出口接管流出堆外，在蒸汽发生器里把二回路给水加热成蒸汽。

2.1　压水堆堆芯

2.1.1　概述

　　堆芯又称活性区，是压水堆的心脏，可控的链式裂变反应就在这里进行。因此，堆芯既是核电厂高功率热源的释放地，又是强放射性产生的地方，确保堆芯的安全和完整性是核电厂运行的关键。

　　现代压水堆的堆芯是由上百个横截面呈正方形(目前绝大多数的核电厂)或六角形(如

VVER 核电厂)的结构尺寸相同的无盒燃料组件构成的(如图 2-2)。燃料组件按一定间距垂直坐放在堆芯下栅格板上,使组成的堆芯近似于圆柱状。堆芯的重量通过堆芯下栅格板及吊篮由压力容器法兰支承。堆芯的尺寸根据压水堆的额定功率和燃料组件装载数而定,功率较小(1800 MWth)的压水堆,堆内装的燃料组件少,堆芯直径约为 2.5 m,大型压水堆(3800 MWth 左右)堆芯直径可达 3.6 m;堆芯的高度等于燃料组件棒中核燃料的长度,通常在 3.6 m 和 4.3 m(12 ft 和 14 ft)左右。

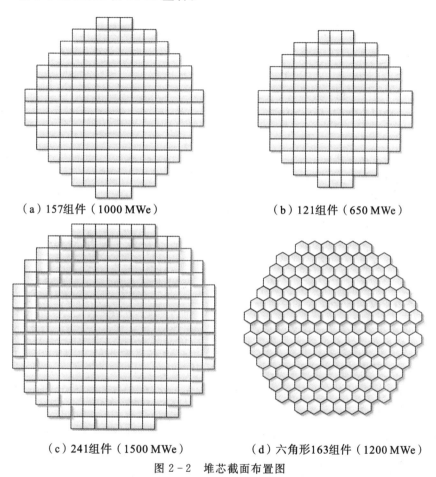

（a）157组件（1000 MWe） （b）121组件（650 MWe）

（c）241组件（1500 MWe） （d）六角形163组件（1200 MWe）

图 2-2 堆芯截面布置图

2.1.2 堆芯布置方案

大型核电厂一般采用非均匀浓缩度的分区装载方案,例如对于传统的三区装料方式,沿堆芯的径向分三区配置不同富集度的燃料,具有最高富集度的燃料元件装在最外区,其他富集度的燃料元件装在内区,这样做的目的是展平径向功率分布,避免中心区出现较高的功率峰值。换料时卸出使用最久的组件,其他组件向内移动,新燃料组件放在外围。

表 2-1 是一个由 157 个燃料组件组成的反应堆堆芯的具体构成。

表 2 - 1　反应堆堆芯(157 个燃料组件)的具体构成

	组件数	第一次装载的富集度
第一区　1/3	53	1.8%
第二区　1/3	52	2.4%
第三区　1/3	52	3.1%

在压水堆的一个运行周期后,取出中心部分燃耗最深的燃料组件,第二区的燃料组件移入中心,再将最外区燃料组件移至第二区,而把新的富集度为 3.25% 的燃料组件补充在外围区域,装在各区的燃料组件仅仅是其燃料棒内芯块的浓缩度有所不同,而结构上都是相同的。这样,经过一个运行周期,堆芯按燃料富集度分成三区的压水堆中,大约有三分之一的燃料组件需要更换,而每个燃料组件在反应堆堆芯内的时间一般是三个运行周期。

采用这样的燃料分布方式可以展平堆芯功率,获得较高的燃耗深度,提高核燃料的利用率;从第二循环开始,新装入的燃料组件的富集度为 3.25%,高于首次装料,这是因为经过一段时间的运行,堆芯内累积了会吸收中子的裂变产物,需要增加后备正反应性。但其不足之处主要是中子泄漏率较高,导致压力容器中子注量率较大,不利于压力容器的安全和延寿;中子利用率较低,导致换料周期较短,燃料循环成本较高。

现在很多核电厂采用合理的"内-外"式换料策略,将这些中子价值高的新燃料组件置于堆芯内区,从而实现低泄漏燃料管理。其优点就在于:

(1)降低压力容器中子注量,有利于延长压力容器使用寿命;

(2)减少换料大修次数,降低大修成本;

(3)降低放射性废物产生量和人员受照量。

这种低泄漏的燃料管理方案引发的问题就是径向功率峰因子比较高。这就要求在燃料组件中的芯块材料、反射层方面做一些改进。

2.1.3　燃料组件

燃料组件是压水堆最重要的堆芯部件。早期压水堆的燃料组件是有盒的,所以那时的燃料组件叫做元件盒。从 20 世纪 60 年代后期开始,压水堆普遍采用了无盒、带棒束型控制棒组件的燃料组件,这种型式的燃料组件的优点是:减少了堆芯内的结构材料,冷却剂可以充分交混,改善了燃料棒表面的冷却。

一般燃料组件内的燃料棒按正方形排列,常用的有 14×14、15×15、16×16 及 17×17 等几种型式。这里主要介绍按 17×17 排列的燃料组件,其他几种排列的燃料组件的组成情况可参见表 2 - 2。

现代大型压水堆核电厂所采用的 17×17 型燃料组件如图 2 - 3 所示。燃料组件由燃料棒、上管座、下管座、弹性定位格架、控制棒导向管、中子注量率测量管等组成。

每一个组件中总共有 289 个棒位(见图 2 - 4),其中 24 个棒位放控制棒导向管,最中心的 1 个棒位放中子注量率测量管,其余 264 个棒位放燃料棒。组装时,由 24 根控制棒导向管,把弹性定位架与上管座、下管座连成一体,成为燃料组件的骨架。同时,沿燃料组件的高度,在燃料棒需要侧向支撑的位置上,将格架固定在导向管上,264 根燃料棒由骨架来定位、支撑，并保持棒的间距。

表 2-2 压水堆核电厂堆芯燃料组件类型

	方形							六角形
燃料棒径/mm	ϕ10.75			ϕ10		ϕ9.5		ϕ9.15
包壳壁厚/mm	0.65	0.65	0.70	0.7	0.57	0.57	0.64	0.685
芯块直径/mm	ϕ9.25	ϕ9.28	ϕ9.18	ϕ8.43	ϕ8.19	ϕ8.19	ϕ8.05	ϕ7.57(带中心孔ϕ1.5)
棒间距/mm	14.12	14.3	143	13.3	12.32	12.6	11.7	12.75
棒排列	14×14	15×15	16×16	15×15	16×16	17×17	18×18	—
燃料棒数	179	204	236	204	235	264	300	311
组件尺寸/mm	197.2	214	229.6	199.3	197.7	214	229.6	对边长度：234 对角长度：331

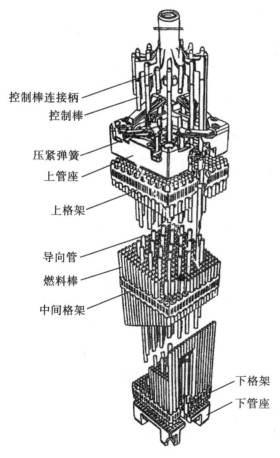

控制棒连接柄
控制棒
压紧弹簧
上管座
上格架
导向管
燃料棒
中间格架
下格架
下管座

图 2-3 17×17 型燃料组件(内插控制棒组件)

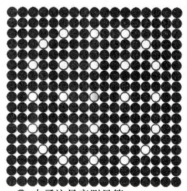

○ 中子注量率测量管
○ 控制棒导向管
● 燃料棒

图 2-4 17×17 燃料组件截面图

2.1.3.1　燃料元件棒

燃料元件棒由二氧化铀陶瓷芯块及经过冷加工和消除应力的锆合金包壳组成，见图2-5。

芯块在包壳内，叠装到所需要的高度，然后把一个压紧弹簧和隔热片放在芯块上部，用端塞压紧，再把端塞焊到包壳端部，端塞设计成便于燃料组件的组装与修理的形式，端塞有一圈径向槽，便于专用抽拔工具夹紧燃料棒。

包壳中留有足够的空间和间隙，用于补偿包壳和燃料芯块不同的热膨胀，以及芯块的辐照肿胀，亦可作为容纳裂变气体的膨胀室。上端塞带有一个小孔，用于制造时往包壳内充氮加压至2.0 MPa，以减少包壳蠕变和增加燃料棒的导热性能和可靠性。用氮气加压后，用熔焊将小孔封死。包壳内的压紧弹簧，可以防止运输与操作过程中芯块的窜动。

燃料芯块是圆柱体，由稍加富集的二氧化铀粉末冷压成形再烧结成所需密度。每一片芯块的两面呈浅碟形，以减小燃料芯块因热膨胀和辐照肿胀引起的变形。

在一个燃料组件的264根燃料棒中，所装填的二氧化铀芯块的富集度都是相同的。

为了有效配合低泄漏燃料管理方案的实施，降低径向功率因子，在一些燃料棒中加入了钆，成为钆棒，不同组件中钆棒的数目可以不一样，如含0、8、20和24根钆棒。

燃料包壳容纳燃料芯块，将燃料与冷却剂隔离开，并包容裂变气体。它是防止放射

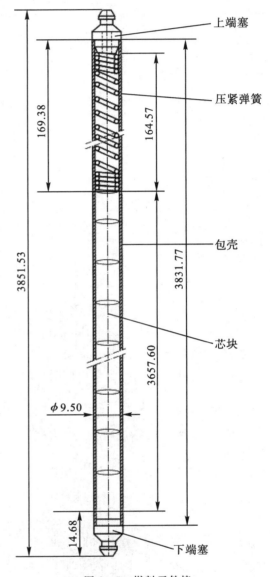

图2-5　燃料元件棒

性外逸的第一道屏障。压水堆的包壳材料普遍采用锆基合金，Zr的优点是：

（1）几乎不吸收中子；

（2）具有良好的机械性能（抗蠕变性和良好的延展性）；

（3）只有很少的氚穿过Zr管被扩散出；

（4）正常运行时，与水不发生反应；

（5）熔点高（1800 ℃）。

但Zr在温度达820 ℃后开始发生锆水释热反应并产生氢气，其反应式为：

$$Zr+2H_2O\rightarrow ZrO_2+2H_2$$

Zr 与水在 950 ℃时反应显著，以后每升高 50 ℃反应热增加一倍，在 1200 ℃以上时包壳可能会完全损坏，所以在失水事故时必须及时限制包壳温度上升，以免第一道防护屏障被破坏。

早期的核电厂普遍采用 Zr-4 合金作为包壳材料。为了能够进一步延伸燃料的燃耗，提升包壳材料的抗腐蚀、抗辐照增长性能，国际上也在不断改进锆合金材料。如法国的 M5 合金，其主要成分为 Zr，其他含 Nb：0.8%～1.2%，O：0.9%～1.6%，以及 Fe、Cr、S 等杂质。经过分析，其腐蚀量是 Zr-4 合金的 1/3；吸氢量是 Zr-4 合金的 1/6；辐照生长是 Zr-4 合金的 1/2；热蠕变是 Zr-4 合金的 1/3。美国的 ZIRLO 合金也具有类似的性能。

2.1.3.2　定位格架

弹性定位格架是燃料组件中极为重要的部件，它是由冲有插槽的合金条状带插配在一起后，经钎焊而成的，在每个燃料棒位内的六个支承点上，用指形弹簧对燃料棒施加夹紧力，它们既可以把燃料棒夹持住，保持必要的间距，不使它横向移动；又允许燃料棒在轴向滑动，即容许燃料棒可在轴向自由膨胀，以防止由于热膨胀产生棒的弯曲，见图 2-6。

位于活性区的定位格架的条带有突出的搅混翼，以利于在高热流密度区加强冷却剂的混合。根据搅浑翼的形式不同，带搅浑翼的定位格架可以分为分离式（split）和旋涡式（swirl）两类。分离

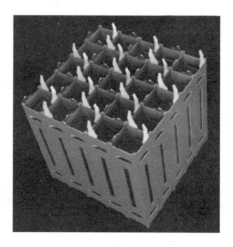

图 2-6　定位格架示意图

式搅浑翼在每个条带交叉处装有两个叶片，而旋涡式搅浑翼在每个条带交叉处装有四个叶片，如图 2-7 所示；燃料组件上、下两端两个弹性定位格架的条带上没有混流翼，而其他方面完全与前一种相同。带搅混翼的定位格架的个数取决于燃料棒的长度，对于 12 ft（3.6 m）的组件，往往设计有 6 个定位格架，而 14 ft（4.2 m）的则有 8 个定位格架。

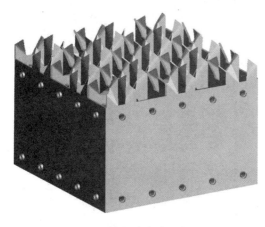

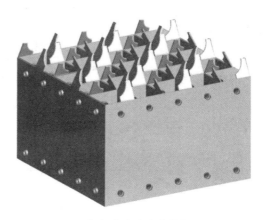

（a）旋涡式定位格架　　　　　　　　　　　　（b）分离式定位格架

图 2-7　旋涡式和分离式定位格架示意图

为了进一步强化棒束 CHF，增强核反应堆的经济性，目前先进的核燃料组件普遍在堆芯高度方向的中后段，在带搅混翼的定位格架之间加上中间搅混格架。比如，法国 AFA3G 组件设计包含有 3 个跨间搅混格架（MSMG），美国的 ROBUST 组件设计包含有 4 个跨间搅混格架。

图 2-8 给出了法国的 17×17 的 AFA3G 型燃料组件。

2.1.3.3 上下管座

上、下管座是燃料组件骨架结构的顶部和底部连接构件。

上管座结构如图 2-9 所示，它由上孔板、侧板、顶板、4 个板式弹簧和相配的零件所组成。上孔板是一块正方形不锈钢板，上面加工了许多长方形流水孔和对应控制棒导向管的圆孔，控制棒导向管上端就固定在上孔板上。顶板是中心带孔的方板，以便控制棒束通过。

顶板的两个对角上设有两个定位销孔，与堆芯上栅格板的定位销相配，以便燃料组件顶部与上栅格板定位和对中。另一个角上有一个识别孔，以确认燃料组件的方位。四个板式弹簧通过锁紧螺钉固定在顶板上，弹簧的一端向上突出燃料组件，其下部弯曲朝下，插入顶板的键槽内。在上部构件装入堆内时弹簧被堆芯上栅格板压下，产生足够的压紧弹力以抵消冷却剂的水流冲力。

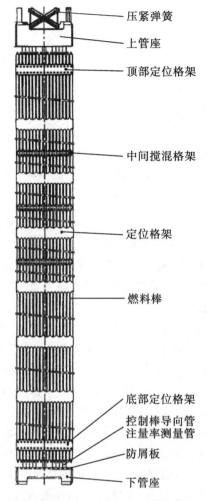

图 2-8　17×17 AFA3G 型燃料组件

右侧标注（从上到下）： 压紧弹簧、上管座、顶部定位格架、中间搅混格架、定位格架、燃料棒、底部定位格架、控制棒导向管、注量率测量管、防屑板、下管座

下管座是一个正方形箱式结构，由四个支撑脚和一块方形多孔的肋板组成。肋板上钻有一些流水孔，冷却剂从下管座的水腔通过肋板向上流入燃料组件内部。肋板上侧装了防异物板，防止杂物进入堆芯，损坏燃料组件。

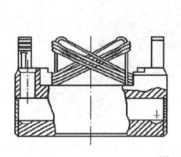
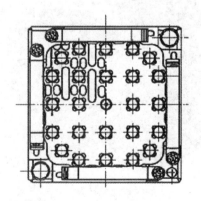

图 2-9　上管座

2.1.3.4　控制棒导向管

控制棒导向管是燃料组件整体的一部分，它插在没有燃料棒的位置上，与弹性定位格架固定在一起，成为燃料组件的骨架。导向管一般由与包壳同样的材料制成（如锆-4合金），上下具有两种不同的直径，上部直径大，即具有较大的横截面，当反应堆要停闭时可以让控制棒快速插入；在正常运行时，管内有一股小流量冷却剂流过。在占导向管全长约1/7的下部，直径略为减小，当控制棒快要全部插入时，可以起缓冲作用。导向管的两个不同直径之间的过渡段做成锥形，其上部开有流水孔，在正常运行时，冷却剂由此进入；当反应堆停闭控制棒下插时，让缓冲段的冷却剂由此处流出。控制棒导向管与弹性定位架间的固定，是用专门机械对导向管局部进行胀管来实现的。

中子注量率测量导向管是一根上下直径相同的锆合金管，它用像控制棒导向管一样的方法固定到弹性定位格架上。

2.1.4　控制棒组件

堆芯的反应性可以用以下两个方法来加以控制：

（1）依靠棒束型控制棒组件的提升或插入，来实现核电厂启动、停闭、负荷改变等情况下比较快速的反应性变化。

（2）调整溶解于冷却剂中硼的浓度来补偿因燃耗、氙、钐毒素、冷却剂温度改变等引起的比较缓慢的反应性变化。

压水堆早期普遍采用十字形的控制棒，现代的压水堆都已改用棒束型控制棒组件，如图2-10所示。每个棒束型控制棒组件都带有一束圆形吸收棒，各个吸收棒通过导向螺母固定在带有蛛脚状径向翼板的连接柄上，连接柄的中央是一个圆筒，圆筒的内部有环形槽，可与控制棒驱动机构的驱动轴相连，当控制棒驱动机构通过驱动轴带动连接柄上下运动时，棒束型控制组件中的各根吸收棒就在相应的控制棒导向管内上下移动。在连接柄的圆筒下端，装有螺旋形弹簧，当控制棒组件快速下插时，弹簧可起缓冲作用。

长棒束控制棒组件，亦称长棒，它与冷却剂含硼量的调节相结合，可以控制和调节堆芯反应性，其中用作停堆的叫停堆棒组，用于补偿堆内部剩余反应性或控制运行时各种扰动因素的叫调节棒组。

长棒束控制棒组件又可分中子吸收能力强的"黑棒束组件"和中子吸收能力弱的"灰"棒束组件两种。黑棒束控制棒组件的24根吸收棒是在不锈钢包壳的全长上封装有80%Ag-15%In-5%Cd

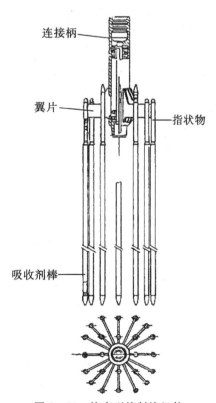

图2-10　棒束型控制棒组件

合金的吸收杆，其两端用塞块焊住，吸收杆和包壳之间留有径向间隙，允许吸收杆有径向和轴向的热膨胀。灰棒束控制棒组件则由多根 Ag-In-Cd 吸收棒和多根对中子吸收较差的不锈钢棒组成。灰棒束组件中 Ag-In-Cd 吸收棒和不锈钢棒的根数取决于电厂的设计。比如，CPR1000 的设计采用了 8 根 Ag-In-Cd 吸收棒和 16 根不锈钢棒；而 AP1000 则采用了 12 根 Ag-In-Cd 吸收棒和 12 根不锈钢棒。

　　与十字型控制棒相比，棒束型控制棒组件由于其中子吸收体在堆芯内分散布置，所以堆芯通量不会有显著畸变，也提高了吸收体单位体积和单位重量吸收中子的效率；同时，棒束型控制棒组件提升后，留下的水隙较小，不再需要带有挤水棒，这样就简化了堆内结构，缩短了压力容器的高度。

2.1.5　可燃毒物组件、阻力塞组件和中子源组件

　　压水堆棒束型控制棒组件是和加硼的冷却剂一起使用的。若冷却剂中硼浓度过高会造成慢化剂温度系数出现正值，不利于反应堆的安全运行，压水堆冷却剂中含硼浓度必须限制在一定数值。

　　当一个新的压水堆放入第一炉燃料时，由于它的过剩反应性特别大，要依靠控制棒组件和调整冷却剂硼浓度来补偿掉全部过剩反应性，保证堆内不出现正慢化剂温度系数是十分困难的。为了解决这个问题，在新的堆芯中，须装入一定数量的可燃毒物组件，补偿掉一部分过剩反应性。可燃毒物组件的构造如图 2-11 所示，它是由 24 棒组成的棒束，棒束中可以有不同数目的可燃毒物棒，如 12 根、16 根或 20 根，其余为阻力塞棒，所有棒由连接板连成一个整体。压水堆运行时，可燃毒物组件插入未放控制棒组件的燃料组件中。可燃毒物棒的结构与控制棒组件的吸收棒相

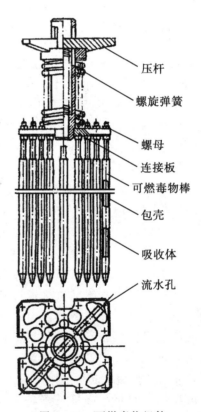

压杆
螺旋弹簧
螺母
连接板
可燃毒物棒
包壳
吸收体
流水孔

图 2-11　可燃毒物组件

似，可燃毒物是以 SiO_2 及 B_2O_3 为基体的硼玻璃管，装在不锈钢包壳内，其两端用焊接密封。可燃毒物组件只在第 1 炉料时使用，第一次换料时用长柄工具抽出，放入乏燃料组件水池内储存，然后进行处理。

　　AP1000 采用了分离的可燃毒物棒-通水环状可燃毒物组件（ Wet Annular Burnable Absorber，WABA）设计。WABA 由环状的、薄壁的氧化铝芯块组成基体相，芯块内包含有碳化硼作为弥散相。包壳和基体材料能够改善中子的经济性。环状芯块放入两根同心的锆合金管内，两端用两个铅合金端塞塞住并与管子进行焊接。在端塞上开有通水孔，允许冷却剂

从内管中流过,提高了可燃毒物栅元的热中子注量率。在内管与外管之间的环状空间内预充有一定压力的氮气以提高可燃毒物棒的结构稳定性。

阻力塞组件装在没有控制棒组件或可燃毒物组件,以及可燃毒物组件取走后的燃料组件导向管中,以限制导向管中所通过冷却剂的旁通流量,让大部分冷却剂去冷却燃料元件。

阻力塞组件的连接板和可燃毒物组件的连接板相似,阻力塞棒由实心的不锈钢杆做成。在堆芯内,阻力塞组件固定在燃料组件上管座内,坐在管座上孔板上。阻力塞棒进入导向管上部,连接板上带有弹簧,由堆芯上板压紧。

反应堆初次运行之前或长期停堆之后,堆芯内中子很少,此时如果启动,堆芯外核仪表无法探测到堆内的中子注量率水平。为了安全启堆,必须随时掌握反应堆次临界程度,以避免发生意外的超临界。为此,堆芯内装有中子源组件,这些中子源经次临界增殖后产生足够多的中子数,使源量程核仪表通道能探测到堆内中子水平(要求计数率大于 $2\ s^{-1}$),以克服测量盲区。中子源组件插在堆芯靠近源量程核仪表探测器的燃料组件内。

中子源组件的棒束由源棒、可燃毒物棒和阻力塞棒组成,连接板和可燃毒物组件连接板一样,源棒包壳材料与控制棒组件吸收棒的包壳材料相同,均为不锈钢。

中子源组件源棒有初级源和次级源两种。带有初级源棒的中子源组件只用于堆芯初次装料及首次启动,初级源早期一般用钋-铍(Po-Be)源,后来采用锎(Cf)源,锎的半衰期较长,达 2.638 a;次级源采用锑-铍(Sb-Be)光中子源,它们原先并不放出中子,锑在堆内活化后,放出 γ 射线,轰击铍产生中子,每根源棒可装锑-铍 530 多克,在满功率运行两个月后,所达强度可允许停堆 12 个月再启动,次级源寿命约为 5 满功率年。

次级中子源产生中子的反应式如下:

$$^{123}_{51}Sb + n \rightarrow ^{124}_{51}Sb$$

$$^{124}_{51}Sb \xrightarrow{60\ 天} ^{124}_{52}Te + \beta + \gamma$$

$$^{9}_{4}Be + \gamma \rightarrow ^{8}_{4}Be + n$$

中子源组件结构与可燃毒物组件基本相似。

2.2　下部堆内构件

2.2.1　下部堆内构件的功能及组成

下部堆内构件的功能是:

(1)把堆芯重量传给压力容器法兰;

(2)确定燃料组件下端的位置;

(3)承受控制棒组件在事故落棒时的重力,并把重力传给压力容器法兰;

(4)确定压力容器内及堆芯内冷却剂的流向;

(5)降低压力容器壁所受的放射性剂量。

为了实现这些功能,下部堆内构件有堆芯吊篮和堆芯支承板、堆芯下栅格板、流量分配孔板、堆芯围板(或围筒)以及二次支承组件等,如图 2-12 所示。

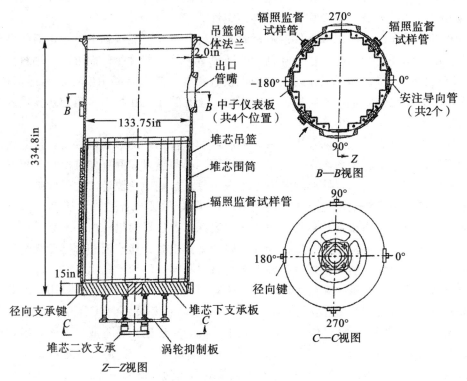

图 2-12　下部堆内构件

注：1 in＝2.54 cm。

2.2.2　部件描述

堆芯吊篮是一个不锈钢圆筒，上端带有法兰，下端焊在堆芯支承板上。上端的法兰上设有流水孔、辐照样品孔和定位键孔；筒体上有与冷却剂出口管嘴相对应的孔。

吊篮下端外壁径向焊有 4 个起导向作用的定位键，它与压力容器内壁上焊接的键槽相配合，使吊篮径向定位，并允许吊篮的轴向膨胀。吊篮中部内壁上也有 4 个定位键，为堆芯上栅格板定位。

堆芯结构的自重、燃料组件预紧力、控制棒动态载荷、水力和地震加速度引起的垂直向下载荷，由堆芯下支承板传递给堆芯支承结构，再通过吊篮筒体传递给由压力容器法兰支承的吊篮筒体法兰。吊篮筒体承受地震加速度、冷却剂横向流和振动引起的横向载荷，由吊篮筒体通过下部径向支承将载荷分配给压力容器壁和压力容器法兰。燃料组件引起的横向载荷通过与吊篮筒体壁直接连接的堆芯下支承板和堆芯上板上的燃料组件定位销传递给吊篮筒体。

堆芯支承板是一块锻制件，堆芯组件的全部重量由它承担。吊篮上部法兰吊挂在压力容器内壁的凸肩上。因此，堆芯支承板所承受的重量通过吊篮法兰传递给压力容器内壁的凸肩。

在堆芯外侧，装有围板和固定在吊篮上的辐板。围板包围着堆芯，燃料组件是方的，而堆芯吊篮是圆的，没有围板的话，堆芯周围就出现空隙，一部分冷却剂流量将会绕过堆芯而旁路。

在假想事故中堆内构件发生跌落事故时，利用能量吸收装置能减少作用于反应堆压力容器上的动态载荷，能量吸收装置就是堆芯二次支承。此外，堆芯二次支承还能把垂直方向的载荷均匀地传递给反应堆压力容器；由于堆芯的跌落受到限制，因此限制了控制棒从堆芯抽出的相对位移量，并且还能保证控制棒顺利下插。

下腔室涡流抑制板安装在反应堆下腔室，用于抑制由反应堆冷却剂在这里转向而引起的流动涡流。抑制板由堆芯下支承板上的支承柱支承。

为了屏蔽由堆芯射出的中子和 γ 射线，降低反应堆压力容器的辐照损伤，可以采用不同的设计。

1. 热屏蔽

以 CPR 和华龙为例，热屏蔽是厚约 70 mm 的不锈钢板，以环绕的形式布置在吊篮外侧。

2. 中子衬垫 (NEUTRON PANELS)

中子衬垫是四块厚度约 70 mm 的不锈钢板，对称地布置在吊篮外侧。热屏蔽和中子衬垫都可以有效地减少堆芯的快中子对压力容器的注量值。中子衬垫对于堆内流体的阻碍作用小于热屏蔽，且其对中子注量率的展平效果优于热屏蔽。中子衬垫可以有效减小快中子注量峰值。

3. 强反射层

以 EPR 为例，强反射层位于吊篮内部，由 12 块不锈钢结构组成。由键和环来固定，8 根贯穿整体的销杆来协助定位。每块板上面都钻有冷却孔，由一定旁路流量来冷却。最上面的一块有销钉，与堆芯上栅格板对应咬合。最下面一块有销孔与下部支承板的销钉对应。强反射层的作用是除了降低中子泄漏外，还可以起到展平径向功率分布和固定燃料元件的作用。

在吊篮外侧装有一个辐照样品架，每个样品架可放置 2 支辐照样品监督管，管内装有反应堆材料和焊接材料的试样(图 2-13)。换料时，可用特殊工具通过吊篮法兰上相应孔道将辐照样品取出，以测试压力容器材料经受长期、大剂量中

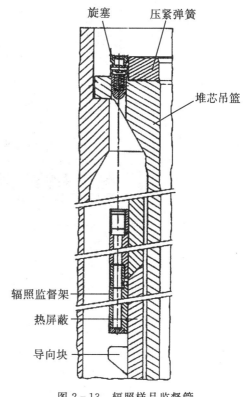

图 2-13　辐照样品监督管

子辐照后机械性能的变化，确保压力容器可继续服役，而不会发生脆性断裂。

2.3　上部堆内构件

2.3.1　上部堆内构件的功能及组成

上部堆内构件有堆芯上栅格板、控制棒导向管、支承筒和堆芯上支承板等部件，它们有

以下功能：固定燃料组件上端的位置；当控制棒组件被提起时，承受因冷却剂横向流动而引起的力；作为控制棒组件与驱动轴的导向，保证控制棒组件能顺利地在燃料组件内上、下移动。

在每个堆运行周期更换燃料时，上部堆内构件被整体卸出。

压水堆上部堆内构件的构成如图 2-14 所示。

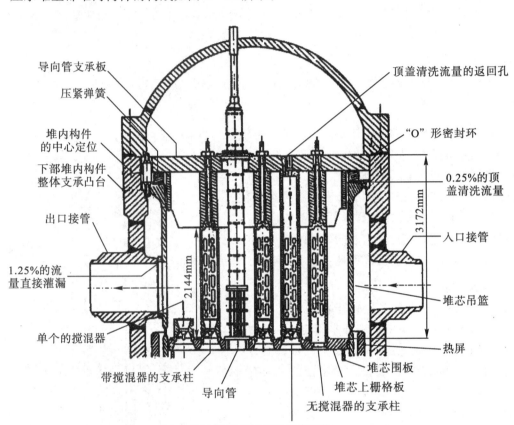

图 2-14　上部堆内构件

2.3.2　部件描述

导向筒支承板是主要承力部件，通过压力容器顶盖和压紧弹簧压紧下部堆内构件，通过堆芯上栅格板将堆芯部件压紧。

上栅格板是一块圆形板，在它的上表面对应每个控制棒导向筒的位置开有 2 个定位销孔，以便与导向筒准确定位。在对应每个燃料组件的位置上有流水孔，下表面有 2 个销钉，堆芯安装时，这些定位销插入燃料组件的上管座对角线上的两个孔内，使燃料组件定位。上栅格板的边缘开有 4 个定位键槽，与吊篮内壁对应的定位键配合定位。

支承柱把导向筒支承板和堆芯上栅格板连成一个整体，通过这些支承柱把冷却剂的上冲载荷由堆芯上栅格板传递到导向筒支承板上，然后传递给压力容器法兰。这两块板之间的空间构成了堆芯出口冷却剂腔室。

支承柱为中空结构，周边有流水孔，冷却剂可流通。除了外围的燃料组件以外，在每一个不带控制棒的燃料组件位置上都有一个支承柱，上面没有支承柱的燃料组件则位于容器出口接管的前面。

堆芯吊篮法兰和导向筒支承板之间有一个压紧弹簧，它是一个不锈钢圆环，其作用一是补偿法兰加工误差，二是为堆内下部构件提供足够的压紧力。

控制棒导向筒的个数与控制棒组件相同。它允许控制棒组件(包括星形架和 24 根吸收棒)在其内上下运动，为控制棒组件提供定位和导向。

导向筒分为上部导向筒和下部导向筒两部分，二者的法兰背靠在一起，通过螺钉固定在导向筒支承板上，底部两个定位销插在堆芯上栅格板的对应定位销孔中。

上部导向筒是圆筒结构，下部导向筒是方筒结构。

上部堆内构件还为燃料组件出口的测温热电偶和堆内中子注量率测量的信号引线设有专门的信号引出管线。

2.4　压力容器

2.4.1　概述

压力容器是压水堆的主要设备之一，它主要是用来包容和固定压水堆的堆芯和堆内构件，并把核裂变反应限制在其内部进行。

压水堆压力容器是一个很庞大的设备，为了保证冷却剂在高温时不沸腾，压力容器一般要能承受 15.5 MPa 左右的工作压力，设计压力须达 17.2 MPa，要经得起强的快中子流和 γ 射线的辐照，压力容器是不能更换的，它的设计寿期一般为 30~60 年，因此压水堆压力容器的设计和制造，是一项很重要的工作。

压水堆压力容器的典型构造由筒体组合件(包括法兰环，接管段，筒身，冷却剂进，出口接管等)、顶盖组合件、底封头和法兰密封结构组成。压力容器的尺寸与堆的容量，与电厂功率大小有关，表 2 - 3 列出它们之间的关系。

表 2 - 3　压力容器尺寸与电厂电功率大小的关系

电厂功率/MW	600	900	1300	1800
内径/cm	335	399	439	490
筒体重/t	183	260	318	483
顶盖重/t	37	54	72	119
总重/t	232	329	411	632

2.4.2　压力容器结构

不同电厂压力容器的总体结构大致相同。但在具体方面，还是有些区别。比如相较于第二代核电站，由于反应堆安全性要求的提高，第三代核电站的堆内中子通量测量装置的通道由反应堆底部进入改为由反应堆上部进入，因此 CAP1400、AP1000、EPR 和华龙一号均取消了底部的中子通量贯穿件，在顶盖上增加了中子通量测量的进入通道。不同电厂由于环路数的不同，也会导致与进出口接管数目及位置不同。对于安注系统采用直接安注的核电厂，则需要在压力容器上留有直接安注的接口。

图 2-15 所示是典型压水堆核电厂的压力容器。反应堆压力容器是一个圆柱形筒身段、过渡环、半球形底封头及可拆卸带法兰半球形上封头构成的圆柱形结构。筒身段包括两部分，上筒体(接管)和下筒体(活性段)。下筒体和半球形底封头之间用一个过渡环连接。上筒体、下筒体、过渡段和半球形底封头由低合金钢制造，内部堆焊奥氏体不锈钢。从上自下依次为上筒体、下筒体、过渡段和半球形底封头，每个部件之间采用焊接进行连接，压力容器主冷却剂进出管嘴、直接注入管嘴(如果有的话)和堆内构件吊篮支承均位于上筒体(接管段)，压力容器封头由顶盖和法兰制成。上封头为控制棒驱动机构、堆内测量提供了安装孔和支承，为压力容器放气管和一体化顶盖组件提供了支承。

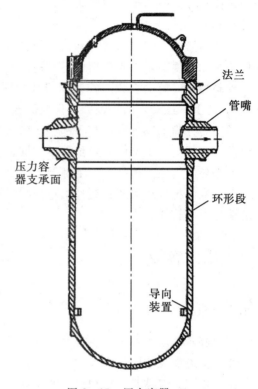

图 2-15   压力容器

压力容器在堆芯顶部以下的位置没有贯穿孔，这样排除了压力容器泄漏导致失水事故的可能性。堆芯在压力容器内的位置尽量靠下，这样可以缩短失水事故再淹没时间，堆内构件下端由压力容器上的径向支承键来限制其水平运动。通过采用压力容器上部球形封头和法兰一体化的顶盖锻件，减少了焊缝数量和在役检查时间。

2.4.3 压力容器的密封

压水堆换料时，压力容器顶盖必须打开，所以压力容器顶盖和筒体的连接既要密封可靠，又要求便于装拆，为此，压力容器顶盖与筒体采用 58 个双头螺栓连接，双头螺栓不仅制造方便，上紧时还可减小法兰环所承受的弯矩，另外还采用具有球形支承端的高紧固螺母和球面垫圈。同时，压力容器顶盖和法兰间，广泛采用了两个同心"O"形环来保证密封；"O"形环放在上法兰的两个槽中，下法兰是平面(不开槽)，密封面堆焊了不锈钢，需保证加工精度。"O"形密封环的结构型式有自紧式、充气式和弹簧式。

(1)自紧式的金属"O"形环一般是由管径 10～15 mm、壁厚约 1.27 mm 的不锈钢管或因科镍合金管弯曲制成的大圆环，环的接头处对焊相接，环的内侧开有 12 个小孔，在这些小孔中，放进固定销，把环固定在压力容器顶盖上，同时，由于环的内腔与压力容器内部相连，当压力容器内介质的压力升高时，"O"形环内腔的压力也同样增加，起自紧作用。

（2）充气式"O"形密封环是在金属环的空腔内充入一定压力的惰性气体，当压力容器中介质温度和压力升高时，"O"形环腔内气体温度和压力也随之增加，可以提高环的密封性能。

为了保证压力容器的密封，通常内环采用自紧式金属"O"形环，外环采用充气式金属"O"形环；或内外"O"形环均采用自紧式。

（3）弹簧式"O"形环用因科镍-600管子制成，管子外表面涂有 0.3 mm 银层，管内装有直径约 0.6 mm 的钢制弹簧，环的外侧有开口，这种结构形式密封环的优点是回弹量较大，可以达到 0.5 mm，而保持密封所需要的最小回弹量约为 0.3 mm，其结构如图 2-16 所示。

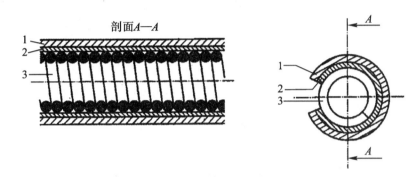

1—密封"O"形环（镀银层）；2—中间"O"形环；3—螺旋弹簧。

图 2-16　弹簧式"O"形环

2.4.4　压力容器的保温层

反应堆压力容器保温层的功能是减少反应堆的热损失，减小反应堆压力容器的壁面温差，降低反应堆压力容器壁面的热应力和保证反应堆压力容器的环境条件。保温层设置在反应堆压力容器外侧，包容了整个反应堆压力容器。保温层为空气腔型金属反射式。保温层需要满足的一般设计要求有：

（1）保温层应达到良好的绝热效果，有效地减少反应堆压力容器的热损失；

（2）保温层在正常运行工况下应保证结构的完整性，在使用寿期内，其绝热性能应满足设计规定的要求；

（3）保温层设计应尽可能满足被保温设备的在役检查可达性要求，可拆装的保温层要求装拆方便。

保温层的热性能要求有：

（1）经由保温层的额定热损失应不大于 175 W/m²；

（2）整个保温层平均热损失应不大于 235 W/m²（不包括无保温部分的热损失，但包括保温层接头释热和紧固件的热损失，并考虑材料老化影响的裕量）。

压力容器的保温层不能拆卸，在将压力容器放入堆坑之前在现场安装。

2.4.5　压力容器的支承

反应堆压力容器的支承是反应堆冷却剂系统主设备支承之一，它在反应堆堆坑内缘支承反应堆压力容器；承受反应堆本体及其相关设备和介质的重量，以及所支承的设备在各类工况下产生的载荷，并将这些载荷传递给反应堆堆坑混凝土基座。

反应堆压力容器支承是一个环形梁式支承，如图 2-17 所示。它由上、下两个环形法兰、内外两层圆形腹板和若干筋板焊接而成。支承环中间是空腔，外腹板开有 6 个通风口，三进三出，运行时通风冷却以满足混凝土基础的温度限制。在每个通风口的方位设有调整垫板，反应堆压力容器的 6 个进出口接管支垫分别支承在调整垫板上，调整垫板允许径向移动以补偿压力容器热胀冷缩产生的径向伸缩。反应堆压力容器支承的主要结构材料为 16MND5 钢锻件、Mn 钢锻件和 15MnNi 钢板材。

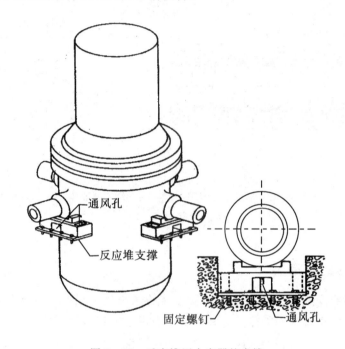

通风孔

反应堆支撑

固定螺钉　　　　通风孔

图 2-17　反应堆压力容器的支撑

2.4.6　压力容器材料

反应堆压力容器是核岛的关键设备，且在使用寿期内无法更换，因而其使用寿命决定着核电站的寿命。

压力容器为厚壁大型焊接结构，在使用中要长期承受高能中子的辐照损伤，其结构和使用条件要求压力容器材料应具有优良的焊接性和抗辐照性能。有害杂质元素含量是影响压力容器材料焊接性和抗辐照性能最重要的因素。辐照对压力容器材料韧性的影响主要与快中子注量和材料的辐照敏感性有关。要使压力容器达到运行寿命，并可能延寿，需减小材料的辐照脆化现象。

制造压力容器的材料，目前广泛采用含锰钼镍的低合金钢，如板材用 SA533B 钢，锻件用 SA508Ⅱ或 SA508Ⅲ钢。这一类低合金钢的优点是具有较高的强度极限和屈服极限，有良好的塑性和冲击韧性，以及良好的焊接性能和抗中子辐照性能。但是，它的抗腐蚀性能较差，所以压力容器各段拼焊以后，必须在其内壁堆焊两层厚度共为 6~8 mm 的不锈钢或因科镍合金覆盖层。

为了保证压力容器的制造质量,需要做到:

(1)在液态及固态时对压力容器材料进行化学成分分析,控制铜、硫、磷等杂质含量,如:

$w(Cu) \leqslant 0.05\%$、$w(S) \leqslant 0.005\%$、$w(P) \leqslant 0.008\%$、$w(Ni) \leqslant 0.8\%$、$RTNDT \leqslant -20℃$

(2)通过严格控制有害元素含量(如 Cu、S、P、As、Sn、Sb、Co、V、B、H、O、N、Ni 等),可提高压力容器材料的综合性能特别是塑韧性和抗辐照性能,增加压力容器材料的韧性贮备量,提高安全裕度,延长使用寿命。

(3)压力容器寿命又与其材质(包括焊材)可承受的快中子注量率有关。而焊材承受快中子辐照能力比母材差。因此,为延长压力容器寿命,在快中子注量率最高的堆芯活性段筒体采用整体锻件,避免该区有焊缝是非常有效的措施。还可减少每次换料大修期间、压力容器在役检查的时间及相应费用,增加了压力容器寿命。

2.5　控制棒驱动机构

压水堆的控制棒驱动机构布置在压力容器顶盖上,其驱动轴穿过顶盖伸进压力容器内,与控制棒组件的连接柄相连接。为了防止高温高压的冷却剂泄漏,控制棒驱动机构的钢制密封罩壳由专用设备焊接在压力容器顶盖的管座上,并须经着色试验及水压试验,保证连接处有可靠的密封。

控制棒驱动机构的传动形式有磁力提升型、磁阻马达型和其他型式,长棒控制棒驱动机构采用磁力提升型,它们能让控制棒靠重力下落,短棒控制棒驱动机构一般用磁阻马达型,棒可以步进运行,但是不能靠重力落入堆芯。

图 2-18 所示是销爪式磁力提升型控制棒组件驱动机构。这种驱动机构由驱动轴组件、销爪组件、密封壳组件、运行线圈组件和位置指示器组件组成。

驱动轴组件的驱动轴是一根加工精度及光洁度要求很高的杆轴,杆轴的中段带有环形沟槽,能让销爪驱动它和把它保持在所需要的位置。为了保证位置的准确性,加工时必须保证环形槽槽间的尺寸误差和累计误差不超过允许值;杆轴的上段是控制棒位置指示器铁芯的上光杆,杆轴下段光杆通过可拆接头与控制棒组件上端相连接。

销爪组件有两种:一种是传递销爪组件,一种是夹持销爪组件,如图 2-19 所示。每种销爪组件均有三个沿圆周均布的钩爪,它们通过连杆机构与衔铁连接。当电磁铁吸合衔铁时,三个钩爪就会收拢,并与驱动轴组件杆轴中段上的环形沟槽相啮合;当电磁铁线圈断电时,三个销爪又会迅速张开。由于钩爪与环形沟啮合和脱开过程中均不承载,所以钩爪与环形沟槽的接触表面磨损很小,连杆机构也不容易损坏。这就保证驱动机构进行上百万次动作而不发生故障。

运行线圈组件是由传递线圈、夹持线圈和提升线圈组成的,它们均装在密封壳的外面。只要按规定要求改变这些线圈的通电程序,就可使密封壳内部的销爪组件动作,带动驱动轴组件,而使控制棒组件上升或下降,运行线圈的允许温度在 200 ℃ 左右时,需采用强迫通风冷却。

运行线圈的供电电缆穿过一根管子,管子垂直安装于线圈罩上,管子的长度与密封罩壳相同,其顶部是插座密封壳组件的主体,是一个圆柱形的壳体,它与压力容器顶盖上相应管座的连接，应保证密封。在密封壳体的上部，装有位置指示器的套管，该套管上端设有排气装置，在冷却剂系统充水建立压力时，它能把堆内空气排走；当停止运行，系统降压后，也可由此排气。控制棒位置指示器的测量原理是基于同心的一次线圈和反映驱动杆运动的二次线圈之间的磁场强度随控制棒位置的不同而改变，当连接控制棒组件的驱动轴上下运动时，驱动轴上光杆就在装位置指示器的密封壳套管内移动，引起线圈中感应电压的变化，指示出控制棒组件的位置。

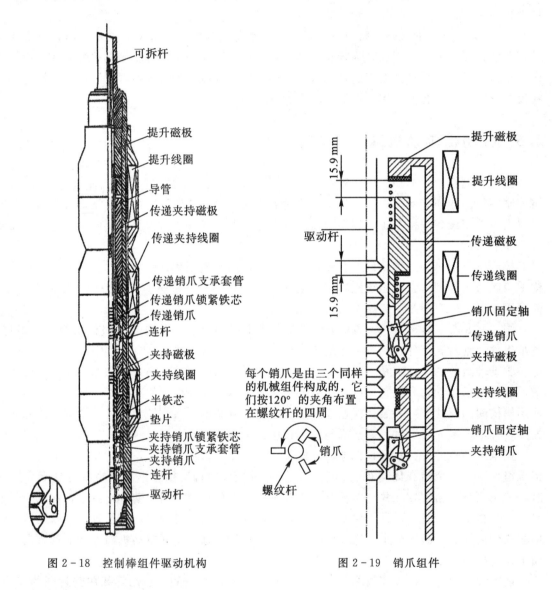

图 2-18　控制棒组件驱动机构　　　　　图 2-19　销爪组件

2.6　堆芯测量系统

　　堆芯测量系统实时连续测量反应堆堆芯中子注量率分布、燃料组件出口以及反应堆压力容器上封头腔室内反应堆冷却剂温度以及反应堆压力容器水位。堆芯测量系统由中子注量率测量子系统、温度测量子系统和反应堆压力容器水位测量子系统组成，如图 2-20 所示。

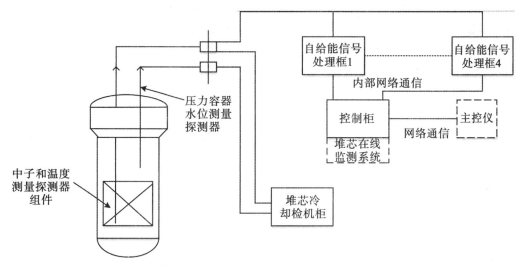

图 2-20　典型压水堆核电厂堆内监测系统

2.6.1　堆芯中子注量率测量子系统

中子注量率测量子系统实时测量堆芯中子注量率并将通量数据与从电厂计算机信息和控制系统接收到的电厂其他数据相结合，由数据处理软件确定测得的三维功率分布，从而完成以下功能：

(1)验证与燃耗相对应的功率分布是否符合设计要求；

(2)监测各燃料组件的燃耗；

(3)验证堆外核仪表的校准系数；

(4)探测堆芯发生异常情况时的反常现象。

该子系统能够验证用于设计和事故分析的某些设计参数。当怀疑控制棒错放、燃料装载错误等情况时，该子系统也可用于证实或探测某些错误或异常工况。

堆芯中子注量率测量的方法主要有：活化测量法、裂变室测量法和自给能探测器测量法。

压水堆堆内中子注量率活化测量法是由球体注量率测量系统用气体将金属小球(直径约1.6 mm)从堆芯上部送入各个燃料组件的导向管中，所有小球在堆芯同时辐照数分钟后送到堆外，由探测器测量其活性，测量一遍约需数小时，有的国家的压水堆现在还继续采用着这种方法。

裂变室中子通量测量采用小型裂变室(见图 2-21)，它可在压水堆活性区内不锈钢导管内移动，裂变室直径 4.70 mm、长 27 mm，电极上涂有铀-235，充有氧气，用 A1203 绝缘。小型裂变室由直径为 1 mm 的同轴电缆引出，因裂变室与长 3.6 m 的燃料元件棒相比很小，它在堆芯内移动时，所引起的注量率畸变可忽略不计。

裂变室对中子的灵敏度为 $10^{-17}(1\pm15\%)\,\mathrm{A/(n/(cm^2\cdot s))}$，它的测量范围是 $10^9\sim1.4\times10^{14}\,\mathrm{n/(cm^2\cdot s)}$。

有一些压水堆的堆芯通量测量系统开始采用先进的自给能探测器。这类探测器受到辐照时，它的电极由于发射电子而产生正电荷，因此，它不需要任何外加电源。自给能探测器的主要工作机理又可分作三种：①基于(n，β)反应的β流探测器；②基于(n，γ)反应的内转换中子探测器；③自给能γ探测器(受γ辐射后发射康普顿电子和光电子)。

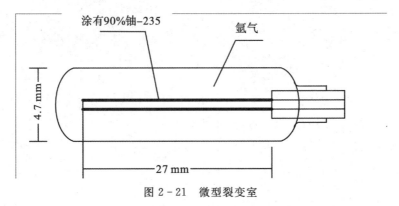

涂有90%铀-235

氩气

4.7 mm

27 mm

图 2-21 微型裂变室

β流自给能探测器的基本原理如图 2-22 所示。当探测器在中子场中受辐照时，其发射体吸收中子后放出高能β粒子。β粒子以一定概率逃脱发射体并穿越绝缘体，空间电荷电势峰被收集体收集，这样发射体带正电，探测器输出一小电流，在平衡状态下，探测器发射体单位时间衰变放出的β粒子数等于发射体的中子俘获率，而发射体的中子俘获率又正比于探测器处的中子注量率。因此，在平衡状态下，探测器输出的小电流正比于其周围的中子注量率，测这一小电流就可测出中子注量率。

和裂变电离室相比较，自给能探测器的优点是结构简单，所需的电子设备较少；易于安装，寿命长，耐辐照和高温；尺寸小巧，可以大量插入堆芯而不会过分干扰堆芯特性。但它的响应时间较长，因此它较适宜用于测绘堆芯内中子注量率分布。自给能探测器带来的另一个显著的好处是不需要在压力容器底部开孔，降低了严重事故下压力容器下封头的失效概率。

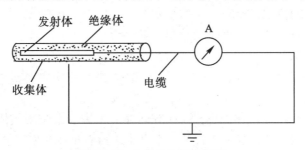

发射体　绝缘体

A

收集体

电缆

图 2-22 β流自给能探测器

2.6.2 温度测量子系统

温度测量子系统监测反应堆燃料组件出口以及反应堆压力容器上封头腔室内反应堆冷却剂的温度，由此计算得出反应堆冷却剂最高温度和平均温度，并验证径向功率有否倾斜，或检测控制棒组件有否失步；此外，该系统还根据主回路系统压力和安全壳大气绝对压力计算反应堆冷却剂饱和温度，并由此计算出反应堆冷却剂的最低过冷裕度。

吸取三里岛核电厂事故教训，温度测量子系统具有 0～1200 ℃的测量范围，能够在设计基准事故和严重事故工况下进行连续的温度测量，使得运行人员了解堆芯温度和堆芯过冷裕度的变化趋势。温度测量是冗余的，属于事故后监测参数，包括堆芯冷却监测机柜在内的所有设备分为 A 系列和 B 系列，实现了电气隔离和实体隔离。

燃料组件出口温度的测量采用不锈钢铠装镍铬-镍铝热电偶，冷端放在反应堆堆坑外面的补偿小室内。热电偶穿过压力容器顶盖，通过上部堆内构件的套管，达到堆芯上板，用连接板固定在所选定燃料组件的冷却剂出口处，以测定燃料组件出口的平均水温，参见图2-23。

一个 1000 MW 级的压水堆一般设有 40 对热电偶，集中放在 4 个管柱内。这 4 个管柱通过压力容器顶盖的套筒插到压力容器中。在套管突肩内放了一个筒状部件，热电偶的导向套管就在这个筒状部件上，采用锥形压紧密封。热电偶在堆顶有可拆装的双极铬铝接头。所采集的测量信号被送到自动记录仪和计算机。

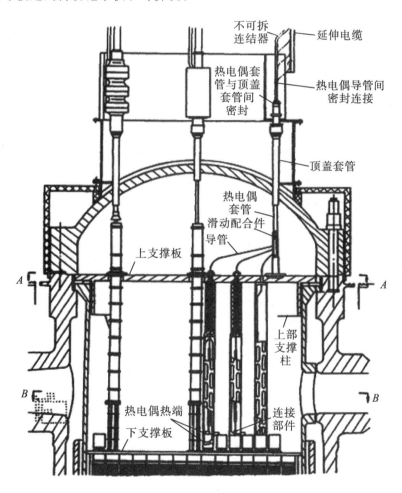

图 2-23 堆内温度测量系统

2.6.3 反应堆压力容器水位测量子系统

反应堆压力容器水位测量子系统的功能是提供反应堆压力容器内关键点是否被冷却剂淹没的信息，当水位低于一些关键点时向操作员提供相应的提示信息。水位测量子系统能够在设计基准事故下对水位关键点进行持续监测，使得运行人员了解反应堆冷却剂覆盖情况。水位测量是冗余的，属于事故后监测参数，设备分为 A 系列和 B 系列，实现了电气隔离和实体隔离。

压力容器水位测量原理如图 2-24 所示。压力容器总差压 Δp 与水位 h 的关系为

$$h = \frac{\Delta p - \rho_v g H}{(\rho_1 - \rho_v) g}$$

式中，Δp 是压力容器顶部与底部之间测出总压差；H 为堆内水位静压力加冷却剂泵运行引起的动压力，修正测量值时应考虑管内流体重量及环境条件。

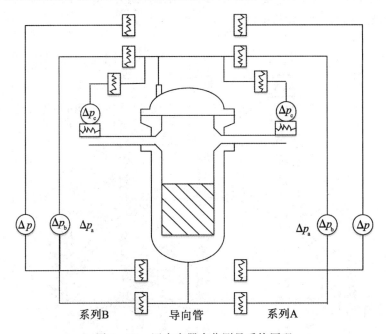

图 2-24　压力容器水位测量系统原理

2.7　运行中的问题

压水反应堆堆芯内冷却剂流动流程为：由压力容器进口接管进入，沿着压力容器和堆芯吊篮间环腔向下，流入压力容器下封头处的下腔室，然后通过堆芯支承板，流量分配孔板和堆芯下栅格板上升流经堆芯，在堆芯内升温后通过上栅格板流过堆芯，最后经出口接管流出反应堆。

图 2-25 示出冷却剂在堆内的流向。其中有部分冷却剂流不进堆芯，即存在着一定的旁通流量；从压力容器和吊篮的环形空间直接流向出口接管的约为总流量的 1.25%，通过堆芯围板而旁流的流量大约为 0.5%，有 0.25% 的冷却剂要用于清扫压力容器顶盖。

核电厂运行时，应注意压力容器的密封，以及反应堆内压力与温度的控制。

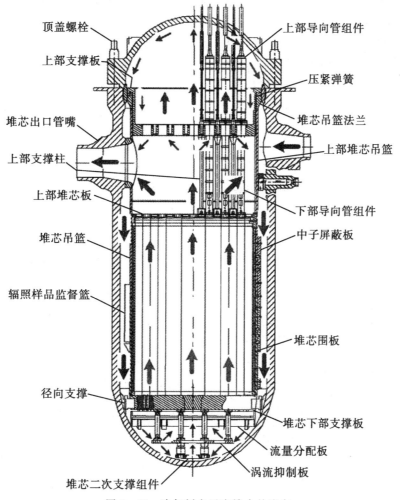

图 2-25 冷却剂在反应堆内的流向

2.7.1 压力容器泄漏的探测

在压水堆正常运行情况下，一回路水的总流量为 68520 t/h，在堆芯中水的流速达 4.8 m/s。一回路水对堆芯的冲力大约等于堆芯本身重量的 4/3，依靠上部堆内构件的作用，防止了燃料组件的"向上飞"。

如前所述，压力容器依靠两个金属密封环来保证密封，在压力容器的两道密封环之间及外环的外侧装有两个泄漏回收连接管，以收集和探测泄漏，压力容器泄漏的探测系统见图 2-26。在正常工况下，密封处没有任何泄漏，因而连接管中也没有流体，这时，阀 2VP 与阀 3VP 开启，1 号连接管是通的；阀 1VP 开启，2 号连接管是通的。在瞬态工况下（如一回路的加热或冷却），在同时满足泄漏量低于 20 L/h 和达到稳定工况时，即停止泄漏的条件下，才允许内密封暂时的泄漏。

压力容器泄漏的探测主要用温度测量，在压力容器内部，水温约为 320 ℃，压力容器外为环境温度；如果有水泄漏，温度测量传感器就会记录到一个高于环境的温度，即连接管中温度的显著升高对应于密封有泄漏,传感器测到的信号传送到控制室自动记录仪,红色报警信号显示:"压力容器密封泄漏,温度高";当温度高于 70 ℃时,报警信号灯亮。泄漏水流入一个与透明管相连的容器中,用目测方法监督水位变化,以此测量该容器的充满时间,泄漏水最终可排放到一回路疏排水系统。泄漏情况下,应关阀 3VP,使得 1 号连接管隔离,由外环起密封作用。当第二道密封环也损坏时,只能从水蒸气的漏逸和硼的沉积来加以辨别。

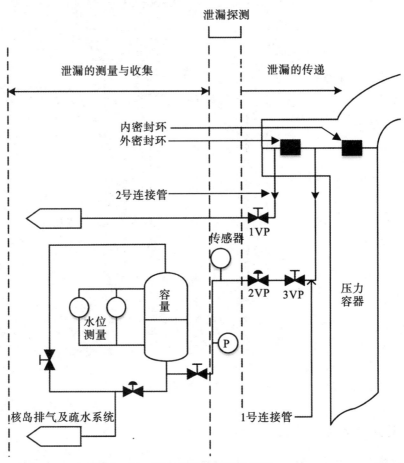

图 2-26　压力容器泄漏探测系统

2.7.2　压力-温度运行曲线

压水堆堆内结构部件和压力容器的材料应该具有如下的特性:①高的机械强度;②吸收中子少;③良好的抗腐蚀性能;④耐放射性辐照,不易脆化;⑤价格低。因此,所有堆内结构部件都使用奥氏体不锈钢,堆压力容器则选用含锰钼镍的低碳铁素体钢。

金属表面的缺陷要扩展为裂痕所需的功称为冲击韧性。铁素体钢的冲击韧性随温度的上升而增大,它的变化情况如图 2-27 所示,从图可以看出,对于给定的形状和应变率,金属的韧性在转变温度点猛然上升。脆性断裂只发生在低于一定能量水平的温度下,而发生脆性断裂的最高温度称为无塑性转变温度 NDTT。因此,规定决不能在转变温度以下加工钢材，同时，应按照使用温度规定金属的应力限值和相应的压力。在某种金属的转变温度点，其应力限值曲线参见图 2-28。若把应力值转化成压力容器内水的压力，就可得出压力容器的运行曲线图(图 2-29)，图中有两条曲线，允许运行区的上部曲线受制于压力容器的强度随温度的变化，下部曲线是由于对一回路主泵的限制以及对堆芯内出现水沸腾的限制。

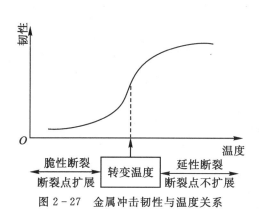

图 2-27　金属冲击韧性与温度关系

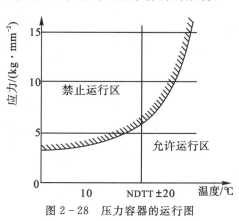

图 2-28　压力容器的运行图

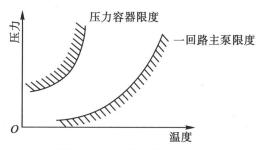

图 2-29　压力容器运行区域

　　由于在强放射性辐射作用下，钢材的转变温度会提高。因此，在运行图上，随着反应堆运行年份的增加，即压力容器的"老化"，压力上部限制曲线会朝高温区平移，如图 2-30 所示。从图上可以看出，在反应堆正常运行 5 年后，把压力提高到 15.0 MPa，运行温度需要在 140 ℃；而在正常运行 20 年后，压力仍为 15.0 MPa 时的运行温度须提高到 195 ℃，因此，反应堆越"老化"，压力容器钢材所受辐照注量(n/cm^2)(即压力容器单位表面积受中子撞击的次数)越多，它的允许运行区就越窄。

　　图 2-30 标明了对应于冷却速度的两条曲线。当系统降温冷却时，在压力容器内部表面形成的热应力和在压力作用下的机械应力将叠加在一起，所以一定要限制压力，使对压力容器金属造成的总应力不超过其允许限度。所以，一回路冷却过程中，和升温工况相比，其允许运行区比稳定运行工况时是缩小了。在压水堆运行时，压力容器金属受辐照情况是通过装在容器内辐照试样来监测的，这些试样根据事先编好的监测程序取出并进行分析，以测定压力容器的受辐照情况及估计其转变温度的变化。

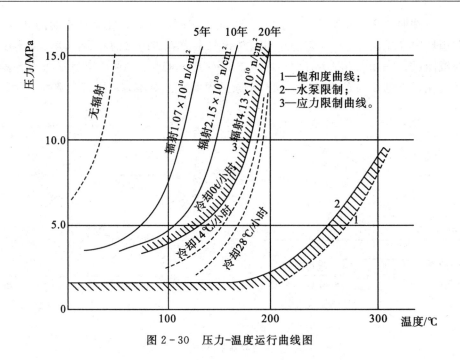

图 2-30 压力-温度运行曲线图

习 题

基础练习题

1. 压水型反应堆由哪几大部分组成？

2. 堆芯内有多少燃料组件？试述燃料组件的构成。

3. 第一循环堆芯内有哪些功能组件？

4. 可燃毒物和中子源组件的功能是什么？

5. 如何保证压力容器顶盖和本体之间的密封？

6. 结合 CPR1000 和华龙一号的特点，说明压力容器底部和顶盖各有哪些贯穿件？

7. 控制棒驱动机构由哪几部分组成？

8. 结合图 2-30 说明辐照后压力容器材料运行区域的变化。

拓展题

1. 通过查询资料，说明 CPR1000、华龙一号、AP1000 和 EPR 的堆芯布置特点。

第 3 章

主回路系统与设备

根据核电厂的功率大小和设备制造厂的生产能力,一回路主系统一般由一个反应堆和二至四个并联的闭合环路组成。这些闭合环路以反应堆压力容器为中心作辐射状布置,每个闭合环路都由一台或两台冷却剂泵、一台蒸汽发生器和相应的管道及仪表组成。另外,还有一个稳压器和卸压箱组成的压力调节回路,与一回路主系统某个环路中的热管段相连接,用于一回路主系统的压力调节和超压保护。

3.1 一回路主系统

3.1.1 系统功能

一回路主系统,又可称为压水堆冷却剂系统,其主要功用是由冷却剂将堆芯中因核裂变产生的热量传输给蒸汽动力装置并冷却堆芯,防止燃料元件烧毁。

实现这一功能可以有很多种布置方式,各个电厂的设计也各有特色,但总的来说,目前压水堆核电厂主回路的布置方式主要有两种,一种是目前主流的由轴封主泵作为循环动力的主回路系统,如 CNP650、1000、M310、CPR1000、EPR、华龙一号等堆型;另一种则是AP1000 系列主导的以屏蔽泵为循环动力的主回路。由于轴封主泵和屏蔽泵的特性的不同,也导致核电厂主系统以及辅助系统的设置会有较大的区别。

3.1.2 主回路系统流程

3.1.2.1 轴封泵为循环动力的主系统流程

轴封主泵为循环动力的一回路主系统的典型流程如图 3-1 所示,图 3-2 是一个带有三个环路的一回路主系统布置图。

压水堆采用除盐除氧的含硼水作为冷却剂,并兼作慢化剂,高压、大流量的冷却剂在堆芯吸收了核燃料裂变放出的热量,从反应堆压力容器的出口流出,经热管段进入蒸汽发生器传热管,将热量传给传热管外二回路侧的给水,产生蒸汽,推动汽轮发电机组发电;冷却剂由蒸汽发生器传热管流出,经过渡段进入冷却剂主泵,经主泵升压后,又流入反应堆。每个环路中,位于反应堆压力容器出口和蒸汽发生器入口之间的管道称为热段(Hot Leg),主泵和压力容器入口间的管道称为冷段(Cold Leg),蒸汽发生器与主泵间的管道称为过渡段。过渡段成 U 形结构,可以自由膨胀,以此抵消在运行过程中产生的热应力。

带有放射性的冷却剂始终循环流动于闭合的一回路主系统各环路中,与二回路系统是完全隔离的，这就使核蒸汽供应系统产生的蒸汽是不带放射性的，方便了二回路系统设备的运行与维修，并且可以对压水反应堆采用调节冷却剂中含硼浓度的方法，配合控制棒组件来控制堆芯的反应性变化。

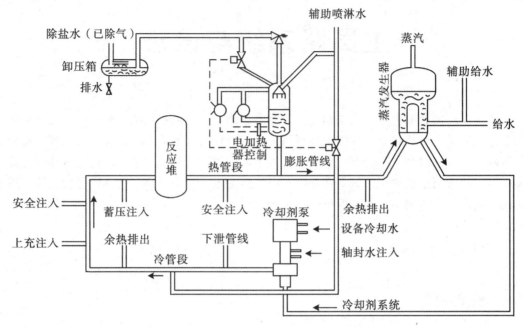

图 3-1　轴封泵为循环动力的一回路主系统流程图

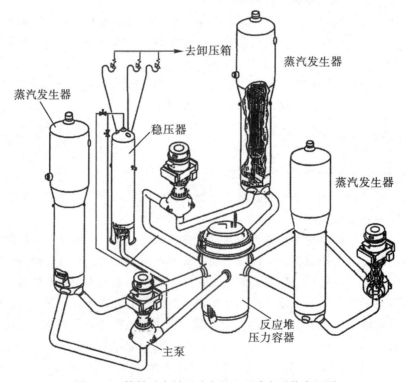

图 3-2　轴封泵为循环动力的一回路主系统布置图

3.1.2.2　屏蔽泵为循环动力的主系统流程

以轴封泵为动力的主回路系统设计会存在以下潜在的风险：

轴封泵的正常运行需要轴封水以保证泵的密封，见3.3节。轴封问题已成为引发现有核电厂反应堆冷却剂泄漏的潜在原因之一。由于轴密封需要大量的外部系统支持，一旦出现全厂停电，所有支持系统可能失去作用，轴密封部位即成为冷却剂泄漏的潜在根源。

在发生小破口失水事故后，会在 U 形过渡段存在环路水封(Loop Seal)，使系统循环流量中断，从而引起堆芯裸露的风险。

尽管安全分析表明，以上事故可以利用相关事故处置导则得到有效处置。为了从根本上解决这些风险，AP1000 采用了屏蔽泵为循环动力的主回路系统设计。从目前核电厂设计建造的情况看，大功率屏蔽泵的制造和运行经验需要进一步积累。

AP1000 反应堆的一回路保留了现役压水堆的大部分设计特点，并增加了若干改进型设计以提高系统的安全性和可维修性。一回路系统设有 2 个分别带有 1 个热段和 2 个冷段的热传输回路(见图 3-3)、1 台蒸汽发生器以及与之直接相连的 2 台反应堆冷却剂屏蔽泵(见3.3.2节)，取消了原先泵与蒸汽发生器之间连接的 U 形过渡段管道。一回路系统的支承结构得到简化，可减少在役检修量和提高可维修性。反应堆冷却剂系统压力边界提供了一道阻止反应堆内产生的放射性发生泄漏的屏障，能够保证在电厂整个运行寿期内保持高度的完整性。

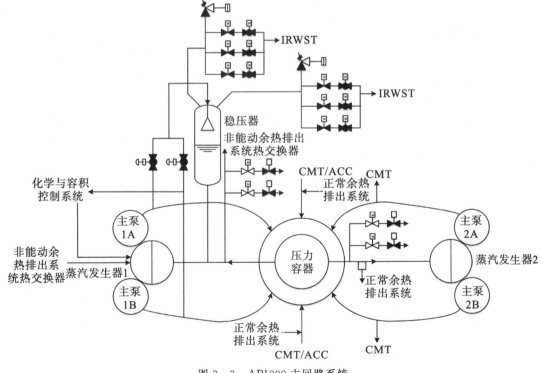

图 3-3　AP1000 主回路系统

3.1.3　主回路主要参数

一回路主系统中冷却剂的工作压力，目前一般取 14.7 ~ 15.7 MPa，常用的是

15.5 MPa;提高冷却剂工作压力有利于二回路蒸汽参数的提高，但是受到各主要设备特别是压力容器的技术上和经济上的限制。这里的工作压力是指一回路的平均压力，因为压水堆运行时，回路中各处的压力是略有差异的，通常以稳压器内蒸汽压力为准。

冷却剂在反应堆进口处温度一般为 280～30 ℃，反应堆出口的温度为 310～330 ℃，出口的温升一般为 30～40 ℃；蒸汽发生器进口处的温度和反应堆出口温度相同（考虑热损失很小），蒸汽发生器的出口温度比反应堆进口温度低 0.1～0.3 ℃，这是由于冷却剂通过冷却剂泵后温度略有升高的缘故。

一回路主系统中冷却剂的流量较大，当单个环路的电功率为 300 MW 时，可达 15000～24000 t/h，用单位热功率所需要的流量来表示，一般为每 10 MW 热功率冷却剂流量在160～250 t/h范围。

当前，压水堆发展的趋势是不断提高单个环路的功率，近年来所设计制造的压水堆，单个环路所产生的电功率已可达 300 MW 左右。如能加大蒸汽发生器等主要设备的容量，单个环路产生的电功率可以达到 580～650 MW。这样就降低了核电厂每千瓦的造价和每度电价格，在经济上是有利的。在相同堆功率的情况下，单个环路功率提高后，就可以减少环路的数目，减少相应的设备和部件，降低设备投资和维修费用。但是，由于冷却剂泵容量的限制，1150～1300 MW 电功率的压水堆虽然可以由两个环路组成，每个环路中仍需要两台冷却剂泵并联工作。我国典型压水堆核电厂的功率和一回路参数见附录一。

3.2　蒸汽发生器

3.2.1　蒸汽发生器功能

作为连接一回路与二回路的设备，蒸汽发生器在一、二回路之间构成防止放射性外泄的第二道防护屏障。由于水受辐照后活化以及少量燃料包壳可能破损泄漏，流经堆芯的一回路冷却剂具有放射性，而压水堆核电站二回路设备不应受到放射性污染，因此蒸汽发生器的管板和倒置的 U 形管是反应堆冷却剂压力边界的组成部分，属于第二道放射性防护屏障之一。

蒸汽发生器是一回路冷却剂将核蒸汽供应系统的热量传给二回路给水，使之产生一定压力、一定温度和一定干度蒸汽的热交换设备。

蒸汽发生器的本质就是一台能在二回路产生蒸汽的热交换器。蒸汽发生器类型的选取取决于一回路流体的运行参数。压水堆核电厂的蒸汽发生器有两种类型：一种是带汽水分离器的饱和蒸汽发生器，一种是产生稍过热蒸汽的直流式蒸汽发生器，在近代核电厂中，以前者应用较广。饱和蒸汽发生器根据布置，又可以分为立式 U 形管饱和蒸汽发生器和卧式 U 形管饱和蒸汽发生器。目前运行的压水堆核电厂中，立式 U 形管饱和蒸汽发生器居多。

3.2.2　U 形管蒸汽发生器的运行原理

饱和蒸汽发生器采用自然循环的模式来驱动二次侧水流动，其原理见图 3 - 4。在这类蒸汽发生器里，循环回路由下降通道、上升通道和连接它们的套筒缺口及汽水分离器等组成。下降通道是套筒和蒸汽发生器筒体之间的环腔，上升通道由套筒内侧和传热管束之间的通道组成。

在循环回路中下降通道内流动的是单相的冷水，上升通道内流动的是温度较高的汽水混合的热水，形成两根温度和密度都不相同的水柱。在同一系统压力下，冷水柱与热水柱两者的密度差形成自然循环的驱动力，驱动冷水沿下降通道向下流动，而汽水混合物则沿上升通道向上流，从而建立起自然循环，冷水柱和热水柱在蒸汽发生器的上部集水箱中接触，进行汽-水分离，未汽化部分的水流再循环进入冷水柱。

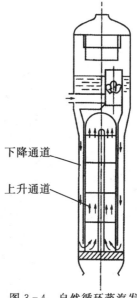

图 3-4 自然循环蒸汽发生器运行原理

3.2.3 立式 U 形管饱和蒸汽发生器

压水堆典型的饱和蒸汽发生器见图 3-5。每台生产的蒸汽可供发出 260～340 MW 电功率，一座电功率为 900～1000 MWe 的压水堆核电厂需要三台这样的蒸汽发生器。每台可产生的蒸汽量为 1600～2000 t/h，饱和蒸汽压力为 5.5～7.5 MPa，总高度 19～22 m，总重量达 300～400 t。

图 3-5 所示的是立式 U 形管自然循环蒸汽发生器，它由外壳-水室、管束和管板、蒸汽干燥装置等组成。来自反应堆一回路系统的冷却剂由下封头进口管嘴进入进口水室，然后通过 U 形管束将热量传递给二回路侧工质，冷却剂在流出 U 形管束后通过出口水室，再从下封头出口管嘴流出，由冷却剂泵输送回反应堆。二次侧流程如下：给水由给水泵输送，进入蒸汽发生器后通过给水分配环在管束套筒与壳体之间的环腔下降，与来自汽水分离装置的疏水汇合，成为再循环水向下流动，通过管板二次侧表面与管束套筒之间的缺口进入并横向冲刷管束，然后折流向上。由于吸收了来自一回路冷却剂的热量，再循环水达到饱和并逐渐汽化，汽水混合物在向上流动并离开管束弯管区后进入旋流式叶片分离器，汽水混合物中大约 80%～90%的水量被分离后成为疏水进入再循环，其余带有细小水滴的蒸汽继续向上，在经过重力分离后进入二级分离器，即人字形干燥器，进一步降低蒸汽的湿度。蒸汽出口管嘴中装有蒸汽限流器，流出的蒸汽送往汽轮机做功。

图 3-6 为典型立式自然循环蒸汽发生器剖面图。其主要部件的特点如下。

1. 外壳-水室

蒸汽发生器外壳由铁素体钢板制成。它的下端与管板连接，上端通过一个锥体过渡段与容纳蒸汽干燥装置的直径更大的筒体相连接。

一回路水室为半球形底壳，或称下封头，它焊接在管板上，用一块因科镍隔板分隔成一回路冷却剂进、出口两个水室，水室内表面堆焊不锈钢覆盖层。

上封头通常为标准椭球形，蒸汽出口管嘴中有若干个小直径文丘里管组成的限流器，用于在主蒸汽管道破裂事故时限制最大蒸汽流量，从而限制蒸汽发生器二次侧部件和一回路系统的冷却速率，并可防止反应堆在紧急停堆后又重返临界。

上筒体设有给水管嘴并与给水环管相连。给水环管上设有若干倒置 J 形管，各 J 形管间孔距是非均匀的，其目的是获得给水流量沿环形管道的最佳分配。EPR 的蒸汽发生器设计采用了带轴向节能器结构，为了保证轴向节能器功能的实现，将 J 形管替换为偏转板（deflecting sheet）。AP1000 蒸汽发生器给水由给水环顶部的喷嘴流出，该喷嘴由 200 多个小直径孔组成。该结构可以防止二回路中较大的松动件流入蒸汽发生器二次侧,从而对管束造成损伤。

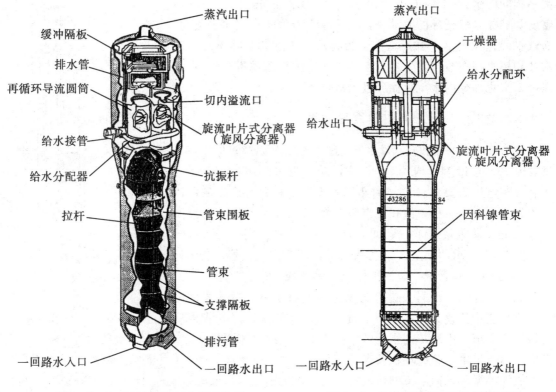

图 3-5 立式饱和蒸汽发生器结构图　　　图 3-6 立式饱和蒸汽发生器剖面图

2. 管束和管板

管束的材料采用因科镍,倒 U 形排列,管内流动的是一回路冷却剂水,这些管子经胀管后焊接在管板上,为了达到足够的机械强度,管板厚度有专门的设计要求,用具有优良的塑韧性及淬透性的低合金高强度钢锻造而成,管板的一回路流体一侧覆盖有因科镍合金。管子按正方形栅格布置,管子的间距以隔板来维持,在管束的整个长度上设有 7～8 块隔板,隔板之间用拉杆来固定;在管束拱形部分,采用支撑杆固定以避免运行中由于流体流动诱发振动导致管束损坏。管束的外围有钢制围板套住,给水在这个围板和蒸汽发生器外壳的内侧间和再循环水混合后向下流动,通过围板底部,在高于管板上表面约 30 cm 处的空隙折向上流而冲刷管束。

3. 蒸汽干燥装置

水与管束接触后,在倒 U 形管束的管外空间上升时被加热汽化,对带有大量水分的水-蒸汽混合物的干燥分为两个阶段进行:首先,水-蒸汽混合物离开管束后先通过 16 个并联的旋流式叶片分离器(图 3-7);然后,从分离器出来的蒸汽通过人字形波纹板干燥器(图 3-8),将残余的水分除去,在干燥器盘内收集的水被排放到给水分配环上方的环形空间,并在那里与旋流式叶片分离器除去的水会合。经干燥后有了一定干度的饱和蒸汽(其额定湿度为 0.25%)汇集于顶部,从蒸汽出口管引出,经二回路主蒸汽管通往汽轮机。

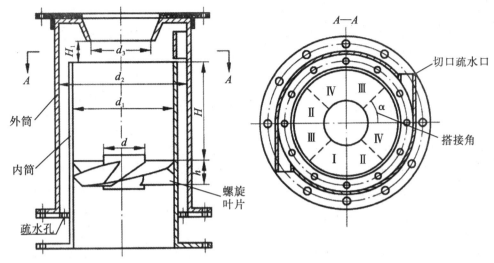

图 3 - 7　旋流式叶片分离器

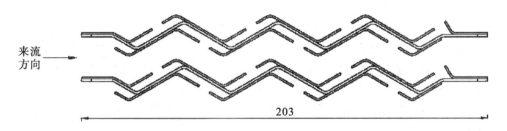

图 3 - 8　波纹板干燥器

3.2.4　带轴向节能器的 U 形管蒸汽发生器简介

考虑到给水在 U 形管蒸汽发生器蒸发段向上流动的过程中，同时受到向上流动的一次侧水和向下流动的一次侧水的加热，因此热段传热管的平均传热温差要明显高于冷段传热管的平均温差。为了增加传热效率，在一些核电厂（如 EPR、CANDU 等）特设置了轴向节能器。

轴向节能器的主要原理是把水引向管束的冷端，把 90％的再循环水引至热端（见图 3 - 9）。为了做到这一点，在标准自然循环 U 形管设计的下水流的冷段加一个双层围板将给水引至管束的冷端，并在二次侧设一个隔板将管束的冷端和热端分开。除这两个特征以外，蒸汽发生器的内部给水分配系统只包括冷侧管束管板覆盖的 180°范围。

与常规蒸汽发生器相比，这一设计改进增加了 0.3 MPa 的蒸汽压力，饱和蒸汽压力能够达到 7.8 MPa 而且电厂效率能达到 36％左右。

3.2.5　卧式蒸汽发生器

卧式蒸汽发生器的优点是可以避免立式蒸汽发生器常见的管板位置腐蚀产物的大量沉积，液位波动较小，储水量较大。缺点是占地面积较大。

用于俄罗斯 VVER 核电厂的单壳卧式蒸汽发生器本体如图 3 - 10 所示，其热交换管束浸在水下的热交换装置,它由容器(7)、传热管束、一回路冷却剂集流集管(14,15)、主给水分配装置(8)、应急给水分配装置(11)、蒸汽分离孔板(12)和水下均汽板等组成。

容器本体由锻造壳体、冲压成形的椭圆形封头及锻造接管等组成;蒸汽发生器内部的传热管规格为 $\phi 16 \times 1.5$ mm,总共 10978 根,传热管被弯曲成 U 形盘管状,并按垂直 38 mm、水平 23 mm 的间距水平地交错排列。盘管与集流管的连接方式采用全深度液压胀管,液压胀管后在靠近集流管的外表面处用机械胀完全去除间隙。盘管的端部与集流管的内表面相焊接,其焊接深度不小于 1.4 mm。

集流管用于为传热管分配冷却剂、收集并排出冷却剂。容器一次侧设计压力为 17.64 MPa,二回路的设计压力 7.84 MPa;一次侧入口压力为 15.7 MPa,冷却剂流量 21500 m³/h。二次侧蒸汽压力为 6.39 MPa,蒸汽产量 1470 t/h。

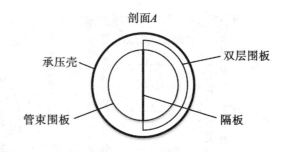

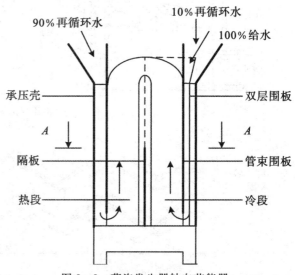

图 3-9 蒸汽发生器轴向节能器

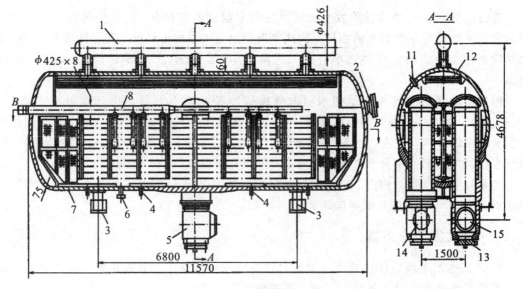

图 3-10 卧式蒸汽发生器

3.2.6 **直流式蒸汽发生器**

在少数压水堆核电厂中采用了直流式蒸汽发生器,在这种蒸汽发生器内,无水的再循环,出口处得到的通常是过热蒸汽,有较高的热效率。它的传热管为直管式,且不带汽水分离器、蒸汽干燥器等装置,易于制造和组装,见图 3-11。但它的严重缺点是二回路侧水容量小,对水质要求高;一旦给水中断,二回路侧容易烧干,不能把一回路热量传出去,核蒸汽供应系统的安全性较差,从而引起事故。这个缺点在三里岛核电厂事故中得到了完全的

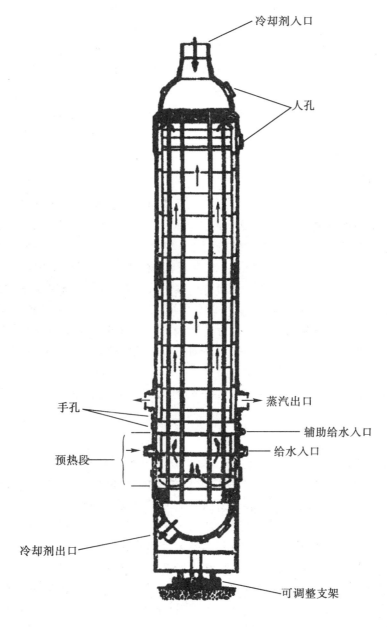

图 3-11 直流式蒸汽发生器

体现。

3.2.7　蒸汽发生器的运行

3.2.7.1　水位的保持

蒸汽发生器的水位，是指在蒸汽发生器筒体和管束外套筒之间的环形部分中测得的水位，也就是冷柱的水位。核电厂正常运行时，蒸汽发生器必须保持正常的水位，若水位过低，蒸汽发生器二次侧水量过少，会引起一回路冷却不充分，管束因温度升高有可能破裂；同时，使蒸汽进入给水环，从而在给水管道中有产生汽锤的危险，蒸汽发生器的管板还将受到热冲击，若水位过高，将导致流向汽轮机的蒸汽湿度过大。

调节水位，是依靠控制给水流量调节系统的进水流量阀门而实现的，可以通过改变汽动给水泵转速来调整集水管和集汽管间的压力差，而以测得的压力差与负荷变化的整定值进行了比较。

蒸汽发生器的给水，在正常工况时由给水流量调节系统供给。在核电厂启动蒸汽发生器需充水、压水堆长时间处于热备用或冷停堆状态，或给水流量调节系统发生故障等工况下，则由辅助给水系统提供给水。

3.2.7.2　限制管子的腐蚀

蒸汽发生器是压水堆核电厂的主要设备，也是核电厂运行中发生故障最多的设备之一。大多数故障是由于各种腐蚀使 U 形传热管或传热管与管板接头处发生泄漏。防止泄漏的措施之一是选用合适的传热管材。早期的核电厂中，广泛采用 18-8 型奥氏体不锈钢作为传热管材，由于这类材料在含氯（Cl^-）、氧（O_2）或含游离碱（OH^-）的高温水中对应力腐蚀敏感，特别是凝汽器用海水冷却时，凝汽器泄漏会造成蒸汽发生器严重的氯离子应力腐蚀。后来，压水堆核电厂已广泛采用因科镍 Inconel-690（16Cr-72Ni）作传热管材，提高镍含量可以大大提高材料耐氯离子应力腐蚀能力，但运行情况表明，在含有一定量氯（Cl^-）和氧（O_2）的高温水中，含镍（Ni）量较高的 Inconel-690 对晶间应力腐蚀敏感，因此，也有采用含镍量中等的因科洛依 Incoloy-800 作为传热管材的。

压水堆核电厂蒸汽发生器运行过程中发生的典型故障示于图 3-12，其主要类型有以下几种。

1.　一次侧的腐蚀

运行着的压水堆核电厂的蒸汽发生器中，因科镍-690 传热管的一次侧腐蚀破裂已成为一个越来越突出的问题，绝大多数发生在 U 形管弯头的顶部和直段与弯管的过渡区，在胀管段发生破裂的也不少。一次侧破裂形式为晶间应力腐蚀破裂，这种腐蚀与其他应力腐蚀一样，当介质浓度、拉伸应力、材料的敏感性达到一定程度时就会发生。主要的应力是传热管在制造和装配时产生的残余应力，压应力和热应力也起着重要的作用，而温度、溶解于介质中的氢气或化学物质，则是应力腐蚀的主要环境因素。

防止应力腐蚀的措施有：对所有传热管进行热处理，如将电加热元件插入 U 形弯头内进行现场消除应力处理，或将加热元件置于管板下面和壳体外侧，将整个管板加热到 610 ℃，以消除残余应力和改善金相组织；减少胀管过渡区和胀管区应力的方法可采用内表面散射喷丸或旋转喷丸，喷丸在管内表面产生的压应力必须与管壁的拉应力保持平衡，以提

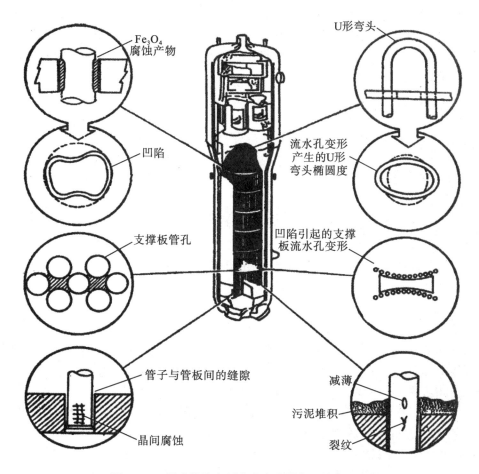

图 3-12　压水堆核电厂蒸汽发生器典型的腐蚀问题

高一次侧抗腐蚀的能力。

2. 二次侧晶间腐蚀和晶间应力腐蚀

运行中蒸汽发生器传热管的各个部位都发现了晶间腐蚀，即在因科镍-690 晶界发生的腐蚀，其中最主要的部位是传热管-管板缝隙（制造形成的环状缝隙）、传热管-支撑板缝隙处和管板上泥渣淤积处的管段；晶间应力腐蚀与晶间腐蚀的主要区别在于前者明显与应力有关，加大工作应力、施加动载荷或存在高的残余应力都是促使晶间应力腐蚀发生和发展的主要原因。

与防止一次侧应力腐蚀类似，进行热处理、改善材料的金相组织可降低对晶间应力腐蚀的敏感性；改善缝隙内环境是防止晶间腐蚀和晶间应力腐蚀最直接的方法，改善措施包括降低温度、添加 pH 中性剂、进行冲洗或浸泡以消除腐蚀性物质、控制水质中污染物含量等。

3. 微振磨损

蒸汽发生器传热管作小振幅振动，导致防振架处管子管壁减薄而破裂。

防止微振磨损的措施是更换防振架，当管子外壁缺陷深度大于 40% 标称壁厚时应进行**堵管**。从图 3-12 上还可以看出，蒸汽发生器的故障中，还可能发生的缺陷是凹陷和耗蚀。

凹陷是指碳钢支撑板或者管板的腐蚀产物对于管束的挤压作用造成的管子的变形。腐蚀产物的堆积直接导致在支撑板交界处传热管发生塑性变形，并引起支撑板变形以致破裂。耗蚀是在二次侧的一种局部侵蚀现象，表现为局部管壁减薄，其造成的原因是由于磷酸盐泥渣在滞流区沉积，而对传热管造成的化学侵蚀。

3.2.8　蒸汽发生器的主要参数

我国目前在运行的大型压水堆核电厂蒸汽发生器的主要设计参数及结构尺寸见附录二。

3.3　冷却剂泵(主泵)

冷却剂泵又称主泵，用于驱动高温高压放射性冷却剂，使其循环流动，连续不断地把堆芯中产生的热量传送给蒸汽发生器，它是一回路主系统中唯一高速旋转的设备。

压水堆核电厂冷却剂泵目前有两种设计，一种是转子密封泵，或称屏蔽泵；另一种是立式单级离心泵，泵的轴封是受控泄漏式的。

3.3.1　轴封泵

压水堆核电厂的冷却剂主泵应具有足够大的冷却剂输送流量，使冷却剂流经反应堆堆芯时把热量传出。因而，在正常运行时，每台泵的流量约为 24000 m^3/h，转速为 1500 r/min，热态时，消耗功率 6.6 MW 左右，其主要参数见附录三。

主泵应在一回路的压力(15.5 MPa)和温度(300 ℃)下工作，所以设置有特殊的轴封和热屏；主泵位于一回路蒸汽发生器和堆芯之间的冷管段上。

立式离心式轴封泵包括三个部分：水力机械部件、轴封部件和电动机驱动部件。图 3-13(a)是大型压水堆核电厂用立式单级离心轴封泵的剖面图，(b)图为其原理图。

1. 主泵的水力机械部件

泵壳为镍-铬奥氏体不锈钢铸件，为满足水力性能好、强度高、便于加工和探伤的要求，其形状近似于圆球形。进入导管由不锈钢制成，它上端固定在导叶(扩散器)上，下端对准泵壳吸收管嘴的中心，将一回路水引入叶轮进口；叶轮装在泵轴上，泵轴是不锈钢锻件，叶轮和导叶均是不锈钢铸件，叶轮有 7 个叶片，直径 833 mm，重 565 kg，泵壳由整体铸钢件制成。

主泵轴承用作主泵轴导向，以避免安装在轴末端的叶轮形成的悬臂过长，这是一种具有石墨轴瓦的径向轴承，由来自化学和容积控制系统的轴封水的一部分水起润滑作用。在泵壳和主泵轴承之间，设有热屏，它由一组同心的、12 层奥氏体不锈钢蛇形管构成，它的作用是阻止来自温度为 300 ℃的一回路水的热流沿着泵轴上升，以避免轴承和水力机械部件的轴封受到损坏，蛇形管内有来自设备冷却水系统的温度为 35 ℃的水流动。这样，正常工况时，保证热屏以上处温度维持在 90 ℃左右，在主泵运行和主泵停运而一回路温度高于 90 ℃时，必须对热屏供水，为此，设有热屏出口水温和流量测量系统及报警信号。

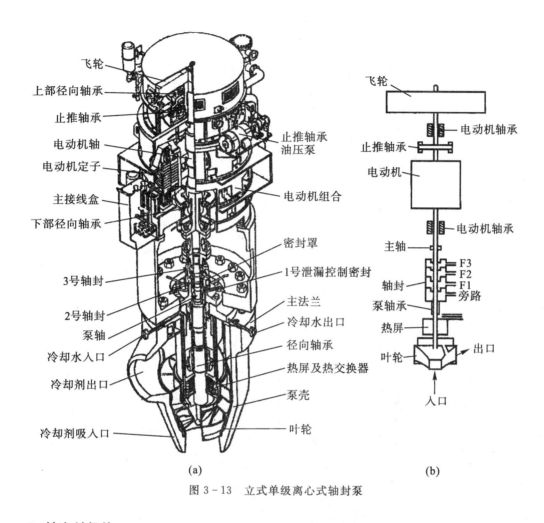

图 3-13　立式单级离心式轴封泵

2. 轴密封部件

轴密封部件结构如图 3-14 所示。

轴密封部件是主泵的关键部件，其性能的好坏直接影响到泵的安全工作，而轴封的寿命又决定了泵的检修周期。压水堆轴封泵的轴封结构的特点是采用了三道串联、可以控制泄漏的轴封，将 15.5 MPa 的一回路压力过渡到大气压，而又避免了一回路水泄漏到外界环境中去，三道轴封属于两种类型，第一道轴封是带有光滑表面可控泄漏流体动态型轴封，它由一个固定在轴上的旋转动环和另一个不能转动的浮环组成，这两个不锈钢环的内表面覆盖着一层氧化铝，并经精密加工成光滑的"镜面"。当核电厂正常运行时，一回路处于加压状态；来自化学和容积控制系统上充泵的轴封水流程的具有足够压力的水，使第一道轴的两环之间形成一层极薄的、约为 10 μm 的水膜，轴封的前后压差约为 15.4 MPa，轴封前的最小工作压力为 2.3 MPa，这对应于轴封前后最小差压 1.9 MPa，其正常泄漏量为 12 L/min（约 700 L/h），在正常运行时，第一道轴封泄漏流量的绝大部分通过位于轴封以上的管嘴，返回到化学和容积控制系统。

第二道轴封和第三道轴封是同一类型的，它们是用弹簧组压紧的表面摩擦型的轴封，以

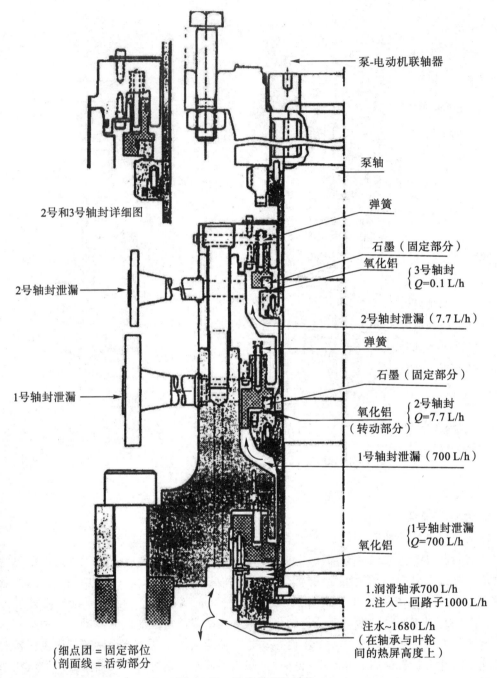

图 3-14 轴密封部件结构

18-8 不锈钢制成的旋转环的摩擦面上覆盖一层氧化铝,石墨环通过弹簧压紧在氧化铝上,并与泵的静止部分联成一体。第二道轴封的作用为阻挡第一道轴封的泄漏。而当第一道轴封发生事故时,第二道轴封应能承受一回路的压力,并保持一段时间(如 30 min)以便反应堆停闭。正常工况时,第二道轴封前的压力为 0.45 MPa,泄漏流量为 7.6 L/h,泄漏水被送至核岛排气及疏水系统的排水箱。第三道轴封的作用是阻挡第二道轴封的泄漏,轴封前后的压差约为 0.02 MPa，它的泄漏流量特别小，为 0.1 L/h，可满足对轴封的湿润。来自硼和补给水系统的流量为 10 L/h 的除盐水，可保证对第三道轴封的清洗，避免在轴封处有硼酸的结晶，泄漏水也送到核岛排气及疏排水系统。

连接到第一道轴封上的测量仪表包括温度和压力测量元件。所涉及操作和控制的主要是第一道轴封的泄漏水返回到化学和容积控制系统的隔离阀。在第二道和第三道轴封之间有一根安装在第二道轴封泄漏管上的垂直管子，这是一根平衡管，使第二道轴封有 0.02 MPa 不变的背压，这就使第三道轴封有恰当的湿润。所以，这根平衡管又称作第三道轴封湿润蓄水管。

正常运转时，管内水位高出第三道轴封约 2 m，这就能保持 0.02 MPa 的背压，水流经过管子后，通过一个可流过固定流量的孔板流向核岛排气及疏排水系统。第二道轴封泄漏水流向平衡管的流量通过控制室中的流量指示仪进行监督，该仪表接有一个报警信号。平衡管的水位在现场显示，并连接一个水位高报警信号和一个水位低报警信号。如果第二道轴封损坏，泄漏流量立即增加，管内水位上升，"水位高"报警信号灯亮；如果第三道轴封损坏，进入管内的流量即减小，水位下降，"水位低"报警信号灯亮，这种情况下，硼和除盐水系统能提供除盐补给水。

3. 电动机驱动部件

冷却剂泵电动机是三相 6.6 kV、1500 r/min 直接启动式电动机，正常运行功率约 6~7 MW，整个电动机驱动部件配有两个轴承和一个止推轴承，顶部有一个惯性飞轮，电动机轴是垂直安装的，可由一短轴把主泵与电动机连接起来。

电动机为鼠笼式感应电动机，定子采用高硅含量的钢片，转子由叠放在一起的高硅含量钢环制成，电动机用气腔内的空气冷却，以避免温度过高。在电动机出口，通过热交换器冷却此受热空气，该热交换器由设备冷却水系统的水来冷却。

电动机驱动部件共有两个油润滑径向轴承和一个双向止推轴承。电动机下部是飞溅润滑轴承。轴承箱内贮存的油由设备冷却水系统的水进行冷却，水再流经专用的冷却器。电动机配有下部轴承温度测量、轴承箱中油位测量、电机机身振动测量、轴位移和转速测量等仪表。电动机上部轴承与金斯伯利(Kingsbury)型双向止推轴承合成一体，双向止推轴承有以下两个作用：正常运转时，流体作用在泵上的动力推力大于泵的重量，止推轴承因而受到一股大约 45 t 的力而向上紧贴；在启动和停运时，泵的重量超过了流体的推力，止推轴承这时受一般约 25 t 的力而向下紧贴。止推轴承和上部轴承浸泡在油中，通过飞溅润滑保证正常运行，此油由设备冷却水系统冷却。在启动或停止主泵时由一台辅助高压润滑油泵使整个装置"浮起"，即靠油注射器和 8 块止推瓦，把止推轴承顶起来。因此，在主泵启动前 2 min，辅助高压润滑油泵立即运行，在主泵完全启动至少 50 s 后，辅助高压油泵才能停运；在主泵需停运之前，也应开动辅助高压油泵，该泵以 9.0 MPa 的额定压力运行，运转时最小压力为 4.2 MPa，电动机配备有温度测量和轴承箱内的油位测量仪表。

电动机轴的顶端装有重约 6 t 的惯性飞轮，它由高性能钢制成并经严格检验，在电源中断情况下能延长泵的转动时间达数分钟，这段时间是确保紧急停堆安全所必需的。惯性飞轮还设有防逆转棘轮装置，以防停运的主泵反转(因一回路其他环路的主泵在运转而造成)。设置在惯性飞轮上的常规的棘轮装置，位于一个固定的齿环中，其棘爪在约 60 r/min 的转速下因离心力而缩进去，容纳棘爪的固定环配有阻尼装置。

3.3.2 屏蔽泵

屏蔽泵由水力部件和电机部件两部分构成，如图 3-15 所示。

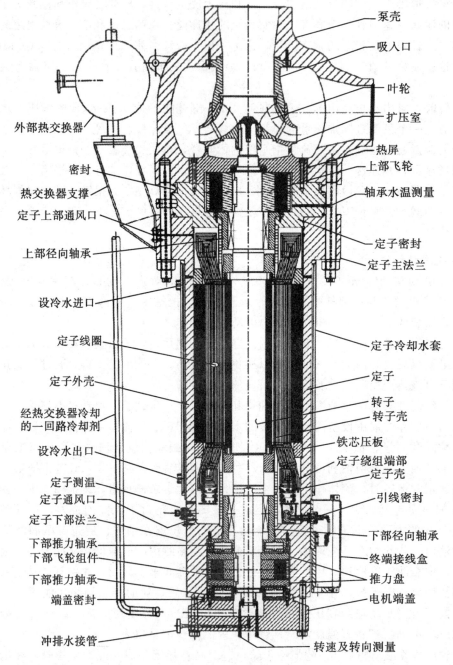

图 3-15 屏蔽泵示意图

水力部件主要由泵壳、叶轮和导叶等部件组成，其结构与轴封泵基本一致。泵和电机之间由热屏来隔离堆芯冷却剂的高温。

AP1000 屏蔽电机主要部件包括以下几部分。

1. 轴承

屏蔽电机泵装有三个轴承,两个径向轴承和一个双向推力轴承,都在主电机一侧,轴承采用水润滑方式。在转速达到一定值(20 r/min)时,轴和轴承之间就会形成水膜,由于水膜的存在,轴和轴承不会受到磨损。

从承载条件来看,关键在于推力轴承。屏蔽电机泵轴系质量约 12700 kg,静态时轴系质量作用于双向推力轴承的下表面,运行条件下水力作用于轴上的力是向上的,此时,轴系自重成为平衡载荷,通过改变叶轮平衡孔的尺寸还可以调节转子的轴向力。

2. 屏蔽套

为将电机的定子绕组和转子与一回路冷却剂介质完全隔绝开来,设置两个屏蔽套,即定子屏蔽套和转子屏蔽套。屏蔽套材料是耐腐蚀、非磁性金属 Hastelloy C276 合金。电机组装后定子屏蔽套和转子屏蔽套之间的间隙为 4.83 mm。定子屏蔽套的直径为 559 mm,厚度为 0.39 mm,直径的公差控制在 ±0.076 mm。屏蔽套只承担密封功能,屏蔽套的背部支承承担其机械力。屏蔽套的背部支承由三部分组成:中段铁芯(包括槽楔)以及两端支承筒。

3. 飞轮

飞轮结构由电机上下的两个飞轮组件组成。飞轮的材料采用重钨合金,在有限体积实现高转动惯量,以保证反应堆冷却剂泵惰转特性。

上部飞轮组件采用热套装的预应力方法,用外套环将 12 块扇形钨合金固定在不锈钢内轮毂上,其外部包有屏蔽套以防止应力腐蚀,最后将飞轮固定在屏蔽电机的主轴上。

下飞轮组件采用与推力盘的组合结构。

4. 定子绕组及冷却

由于屏蔽电机的损耗高,发热量大,定子屏蔽套使定子成为一个封闭区域。造成定子铁芯和绕组的冷却只能靠温度梯度产生的热传导散热。绕组端部由于散热困难,是温度场中的热点。由此可见,屏蔽电机的冷却措施及温升控制是保证正常运行的关键。作为解决措施,一方面屏蔽电机绕组采用较高的绝缘等级(N 级,200 ℃);另一方面,通过有效的冷却来降低电机各部分的温度。

除了由迷宫式密封(在转子与热屏之间的位置)阻隔泵壳腔内的高温冷却剂和电机腔内的低温冷却剂进行热交换外,电机冷却功能由两个冷却回路来实现:

(1)外置热交换器冷却回路。外置热交换器的壳侧为屏蔽电机腔内的反应堆冷却剂水,管侧为设备冷却水,以此来冷却屏蔽电机腔内的反应堆冷却剂水。

(2)通过流经电机定子冷却外套的设备冷却水来冷却电机定子绕组发出的自热量。

通过冷却回路的有效工作使电机腔内的冷却剂温度保持在 80 ℃以下,定子绕组中的最高温度不大于 180 ℃,以此保证绕组绝缘的性能和寿命。

3.3.3　轴封泵的运行

轴封泵是功率非常大的设备,为保证核电厂的安全,确保它能可靠地运行,在冷却剂泵的启动和停止时,必须遵守的基本原则如下。

启动前一回路必须有足够的压力，以便可以：

(1)防止主泵气蚀。如果压力不足，泵内空穴现象的产生将引起气蚀。因此，只有在吸入水头达到允许值(2.3 MPa)的条件下，才能使泵投入运行，必须遵循图 3-16 中规定的运行条件。

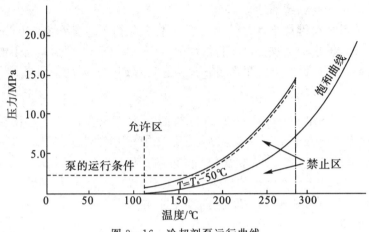

图 3-16　冷却剂泵运行曲线

(2)保证第一道轴封的分离。由于第一道轴封是可控泄漏流体动态型轴封，只有一回路压力大于 2.3 MPa 时，它才能被"抬起"，冷却剂泵才能运转，对应的第一道轴封的内压差 $\Delta p = 1.9$ MPa，相应的轴封泄漏流量应大于 50 L/h。

对第一道轴封，由于低压和过低的泄漏量不能保证泵轴承的正常润滑，因此必须打开第一道轴封的旁路管线。只要第一道轴封泄漏量低于 180 L/h，旁路管线就一直开着。

轴承和推力轴承要有正常油压和油位，为此，冷却剂泵启动前 2 min 就必须使高压油泵运转，并且在冷却剂泵启动 50 s 以后才允许停止，所提供的油压通常必须为 9.0 MPa(必须高于 4.2 MPa，在 4.2～10.0 MPa)。

由于启动时载荷极大，因此每次只能启动一个电动泵组，每天最多启动次数限于 6 次，如冷却剂泵在停止后再次开动，则必须待电动机定子冷却后才能启动。

冷却剂泵启动时，有关其他系统应具备的条件是：

(1)化学和容积控制系统在每台泵的热屏入口处必须有一股 1.8 m³/h 的注入流量；

(2)由设备冷却水系统冷却的热交换器必须供水，因而设备冷却水系统必须处于工作状态；

(3)硼和补给水系统必须可用，以保证对平衡管进行补水和冲刷第三道轴封。

3.3.4　主泵的主要参数

主泵的主要参数见附录三。

3.4　稳压器

稳压器是对一回路压力进行控制和超压保护的重要设备，它担负着以下功能：

（1）一回路系统在稳态运行时，各种扰动因素会使冷却剂温度发生变化。当一回路系统上充下泄出现不平衡（或有泄漏）时，又会使冷却剂容积发生变化。在封闭的一回路系统内任何温度和容积的变化都会影响到压力，如果压力过高，会危及设备的安全；压力低于额定压力较多时，则反应堆堆芯内产生大量沸腾，有导致燃料熔化的危险。稳压器能使压力波动限制在很小的数值范围，例如 ±0.2 MPa 内。

（2）在变动工况运行时，冷却剂温度分布及平均温度随负荷变动而变化，使冷却剂收缩或膨胀，造成一回路压力波动，稳压器能使压力波动值限制在 ±1.0 MPa 或更小的允许范围内。

（3）当出现某种事故引起一回路压力急剧升高时，稳压器上的安全阀组能提供超压保护。

稳压器有气罐式和电热式两种类型。气罐式稳压器是在水容积上部用压缩空气或高压惰性气体作为压力调节的手段。由于压缩空气或高压惰性气体易泄漏，又易溶于水而沾污冷却剂，而且所需气体空间大，结构笨重，所以气罐式稳压器只在早期的核电厂中采用。在现代大功率的核电厂中，已由电加热式稳压器来代替。

3.4.1　稳压器的描述

现代压水堆核电厂通常采用立式圆筒形的电加热式稳压器。不论压水堆冷却剂系统中环路数目的多少，只需要设置一台稳压器。图 3-17 是一台用于 900 MW 压水堆核电厂的电加热式稳压器。稳压器由上、下封头和圆柱形直立筒体焊成，筒体材料选用和压力容器相同的低合金碳钢，内壁堆焊不锈钢覆盖层。稳压器上部是蒸汽空间，顶端装有可降温降压的喷雾器，上封头装有喷雾器接管，与冷却剂系统的冷管段相接。稳压器下部是水空间，电加热器浸没在水中，用来升温升压。底部为支承裙筒，它支承稳压器并保护电加热棒的端子，裙筒四周有一些开口，以保证电加热棒电源接头的通风。筒体上设有维修用人孔，以及搬运用的吊耳。

稳压器以波动管与压水堆一回路系统中某一个环路的热管段相连，稳压器的封头中装有隔板和一个栅栏，用以阻止一回路冷却剂直接上冲到水汽交接面。波动管路上装有一个温度探测器，在控制室中可接收到温度测量信号和波动管温度低报警信号。

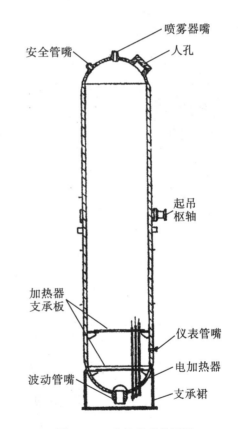

图 3-17　电加热式稳压器

电加热器由几十根电加热棒组成，每根电加热棒套管中有镍铬合金电热元件，用氧化镁作绝缘，套管上端用端塞焊封，下端为一密封连接插塞，它即使在套管破裂时也是密封的，通过焊在稳压器壳体内贯穿底部的套管安装在稳压器中，布置在以底部中轴线为轴心的 3 个同心圆上，分为两组，一组为通断式加热组件，主要用于启动时的瞬态过程，另一组为可调式加热组件，在压力小幅度波动时起作用，当稳态运行时，一方面补偿热量的损失，另一方面补偿因连续喷淋所致的蒸汽冷凝。

在稳压器上部，有两条喷淋管路，分别与一回路的两个冷管段相连，每条管路上装有一个气动阀，用来控制最大流量的大流量喷淋。此外，在两条旁路管线上各装有一个手动阀，以保持小流量的连续喷淋。连续喷淋的作用为保持稳压器内水的温度与化学成分的均匀性，和限制大流量喷淋启动时，对管道的热冲击。每条喷淋管路上有一个测温装置，以测定流过管路的水温，并将温度测量信号传送至控制室控制盘上。在反应堆冷停闭时，除正常的喷淋外，还使用辅助喷淋管路，此管路的水由化学和容积控制系统供给。

在压力过高时，由卸压管路将稳压器中大部分蒸汽输送到卸压箱，稳压器设有卸压阀及安全阀，如图 3-18。卸压阀在系统压力大于额定压力一定值时打开，使一部分蒸汽排入卸压箱，安全阀则在更严重的情况下动作，以确保反应堆冷却剂系统的安全。但由于动力式卸压阀的部件有可能失效（卡死或不能回座），导致发生重大事故，如 1979 年美国三里岛-2 号机组所发生的事故。目前多数大型压水堆核电厂稳压器已采用先进的三个先导式安全阀组提供超压保护。

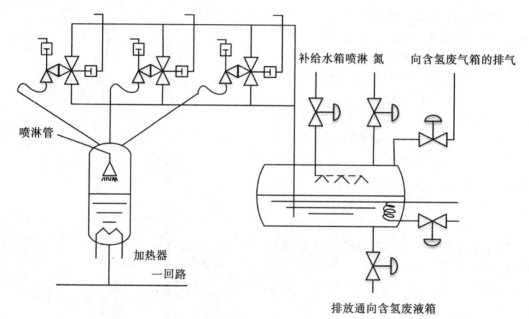

图 3-18 稳压器的喷淋管路及卸压管路

每一个先导式安全阀组由串联的两台阀门组成，如图 3-19 所示，一台提供卸压功能的上端阀门，称为保护阀，另一台下端阀门，起隔离作用，称作隔离阀。在正常运行期间，保护阀关闭，隔离阀开启。如果保护阀在开启之后再关闭失效时，则隔离阀关闭，防止反应堆冷却剂系统进一步卸压。

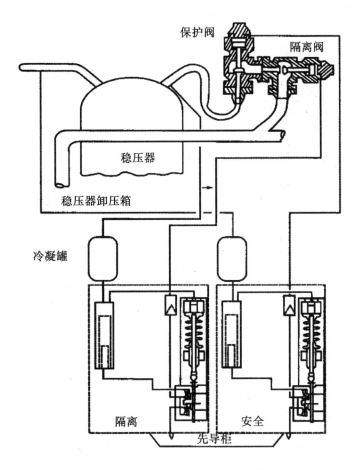

图 3-19　先导式安全阀组的构成

安全阀组中，保护阀的工作原理见图 3-20。保护阀是自启动先导式阀门，它由主阀部分和先导部分两个主要部分组成。

主阀部分是一个液压启动随动阀。它的下阀体带一个阀盘，坐在喷嘴上，上阀体包含活塞，因为活塞的表面积比阀盘的表面积大，活塞使阀盘压住喷嘴。阀门的先导部分的先导活塞由稳压器压力启动，起压力传递和控制作用。

核电厂运行时，当稳压器压力低于保护阀的整定压力时，先导活塞的传动杆在上面位置，先导盘 R1 开启，主阀部分活塞上部与稳压器连通，由于活塞的表面积比阀盘的表面积大，因此保护阀关闭。当稳压器压力升高时，作用于先导活塞，使传动杆向下，先导盘 R1 关闭，主阀部分活塞上部跟稳压器隔离，此时，保护阀仍保持关闭。当稳压器压力达到保护阀整定压力时，先导活塞传动杆进一步向下，使先导盘 R2 开启，主阀部分活塞上部容纳的流体排出，稳压器压力作用于主阀部分阀盘上，使保护阀开启。

当稳压器压力降低时，先导部分传动杆上升，关闭先导盘 R2，开启先导盘 R1，使主阀部分活塞上部与稳压器接通，于是保护阀关闭。

先导部分电磁线圈可提供一种使保护阀直接卸压的方法，以便远距离手动强制开启保护阀。

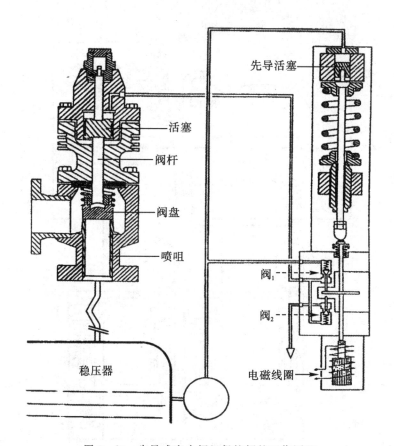

图 3-20 先导式安全阀组保护阀的工作原理

在现在的三代反应堆中，为了缓解高压熔堆事故产生严重的后果，稳压器顶部安装有一条专用卸压管线，用来快速降低一回路的压力。其主要功能是在压力容器出现破裂并且堆芯出现熔化时，保证一回路压力低于 2 MPa。在高温工况下，也能保证其可操作性，并且在压力峰值之后能保持开启。同时，在卸压管线的下游设置有两路并列的管线，是为了把稳压器安全阀的大流量补卸功能转移到严重事故卸压阀上，因此该管线具有应对高压熔堆事故和大流量补卸的功能，分别用以防止安全壳失效和在二回路完全失去给水时防止堆芯熔化。对于设置的这两条并列管线，每条管线上都有一对串联的阀门，靠近稳压器的是平行闸板阀，第二个是截止阀，阀门多样性设计可保证其在驱动电机失去电源的情况下仍能正常开启。严重事故卸压阀的开启由操作员手动操作。

3.4.2 稳压器卸压箱

稳压器卸压箱的作用是凝结和冷却当稳压器超压时通过安全阀组排放到卸压箱的蒸汽，防止一回路冷却剂对反应堆安全壳可能造成的污染。

卸压箱是一个卧式的低压容器，在它筒体的上部为氮气空间，装有一组喷雾器，筒体的底部沿轴线方向装有一根鼓泡管。

卸压箱按照冷凝和冷却稳压器一次排放量（约 1700 kg 蒸汽）设计，这个排放量等于满功率下 110% 稳压器内的蒸汽容积。在正常状态下，卸压箱四分之三的容积为水，四分之一空间充满氮气，水温被维持在 49 ℃，在接受蒸汽排放后，水温增加，但不会超过 93 ℃，蒸汽通过鼓泡管均匀排放到水中而冷凝；卸压箱的降温一是依靠来自硼和补给水系统的除盐水喷淋(喷淋流量是按 1 h 内将卸压箱的水从 93 ℃降至 49 ℃进行设计)，二是依靠箱内蛇形冷却管，它由设备冷却水系统不间断地提供冷却水。

卸压箱内充有氮气，额定压力是 0.12 MPa(绝对压力)，箱内压力高于大气压，可以阻止空气的进入，氮气气压可以阻止一回路冷却剂所含有的氢与空气中的氧形成易爆混合物，如果箱内压力小于 0.12 MPa，由氮气分配系统充氮；如果箱内压力高于 0.12 MPa，就释放蒸汽，由排汽管线将蒸汽排放到排气及疏排水系统中去。覆盖氮气的容积是按一次排放后限制卸压箱内最大压力达到 0.45 MPa(绝对压力)来选择。卸压箱内装有两个安全膜，其排放能力等于稳压器三个安全阀的总排放能力，一个安全膜在内部超压情况下(0.8 MPa)，保护卸压箱；另一个安全膜在反应堆安全壳内超压情况下，保护卸压箱，使它不致于被压坏。

3.4.3　稳压器的运行

3.4.3.1　概述

在运行着的稳压器内，液相与汽相处于平衡状态，因而稳压器中的压力就等于该时刻温度下水的饱和蒸汽压力；同时，要求一回路水温应低于饱和蒸汽温度，以避免一回路冷却剂产生沸腾。在图 3-21 中示出了核电厂正常运行中的稳压器温度、热管段温度、冷管段温度和平均温度，平均温度由下列公式得出：

$$T_{av} = \frac{T_c + T_h}{2}$$

式中，T_{av} 为一回路冷却剂平均温度/ ℃；T_c 为一回路冷管段温度/ ℃；T_h 为一回路热管段温度/ ℃。

冷却剂平均温度 T_{av} 整定值，是与反应堆的功率水平相对应的，T_{av} 有变化，一回路冷却剂体积将膨胀或收缩。以 1000 MWe 的压水堆核电厂为例，冷却剂平均温度每改变 1 ℃，一回路系统内冷却剂体积的变化约为 0.3～0.5 m³；核电厂从零功率到满功率运行时，T_{av} 整定值相差达 17～20 ℃，相应的冷却剂体积变化为 15～20 m³，这就需要稳压器及相应系统予以补偿，否则，所引起系统压力变化会导致堆芯及其他设备损坏。

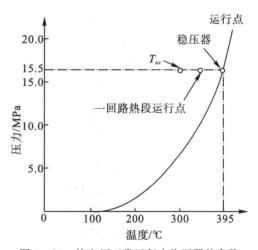

图 3-21　核电厂正常运行中稳压器的参数

在核电厂瞬态过程中，负荷的变化将造成冷却剂平均温度 T_{av} 的升高或降低，导致一回路系统冷却剂体积变化，冷却剂的温度变化可从下式看出：

$$\frac{dT_{av}}{dt} = k(P_R - P_S)$$

式中，k 为与负荷变化速率、冷却剂体积等有关比例系数；P_R 为反应堆功率，P_S 为二回路输出功率。

当 $P_R > P_S$ 时，$\dfrac{\mathrm{d}T_{av}}{\mathrm{d}t} > 0$；$P_R < P_S$ 时，$\dfrac{\mathrm{d}T_{av}}{\mathrm{d}t} < 0$。

图 3-22 示出汽轮机负荷阶跃降低约 10% 时，反应堆冷却剂系统中相应发生的瞬态过程。汽轮机负荷阶跃降低约 10%（满负荷）时，反应堆功率控制系统应使反应堆输出功相应降低。但是，由于检测系统及控制系统的滞后，反应堆冷却剂平均温度 T_{av} 先由额定值上升至峰值然后逐渐降低，稳定在与新功率水平相应的整定值，温度变化导致冷却剂体积改变，因此，稳压器压力也经历了升高达到峰值又恢复到额定压力的瞬态过程。

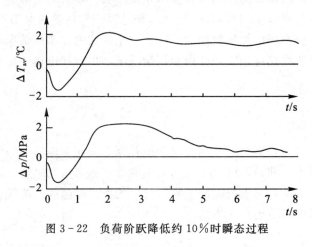

图 3-22　负荷阶跃降低约 10% 时瞬态过程

汽轮机负荷阶跃增加 10%（满负荷）时，其瞬态过程正好与以上情况相反，如图 3-23 所示。

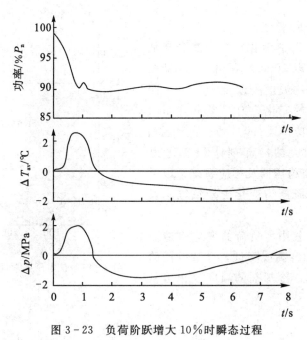

图 3-23　负荷阶跃增大 10% 时瞬态过程

3.4.3.2　压力调节

在正常运行中，一回路压力应保持在整定值附近的上下允许限值之内，压力整定值不受电厂运行功率的影响，也与一回路的平均温度多高无关，总是恒定的，对 1000 MWe 级压水堆核电厂，稳压器的压力整定值等于 15.5 MPa。如稳压器压力增加过大，整个一回路都将处于不允许的应力下，一回路某一管道可能破裂，造成失水事故。如果稳压器内压力过低，降至极限值以下，热管段的水将接近饱和蒸汽压力，水将大量汽化，可导致堆内燃料与一回路水热交换不良，燃料温度升高，致使包壳破裂，燃料熔化。

为了进行压力调节，稳压器压力控制系统采取如下措施。

反应堆正常运行时，降低反应堆冷却剂系统的压力，由喷雾器实行连续喷雾来实现。由反应堆冷却剂系统冷管段引入的冷却水，经喷雾调节阀而喷入稳压器上部蒸汽空间。其作用是保持稳压器内温度及水化学成分均匀，并且在喷雾阀开启时降低热冲击造成的局部热应力。

核电厂稳态运行时，电加热器是控制压力变化的重要手段。在稳态工况下，可调式电加热器的功率应等于稳压器散热功率与补偿连续喷雾流量的热功率之和。当压力降低时，可调式电加热器的功率自动增大；压力升高时，则自动降低可调式电加热器的功率。通断式电加热器在反应堆启动及反应堆冷却剂系统压力下降较大时投入工作。

稳压器的安全阀组提供了对冷却剂系统的超压保护，三个安全阀组的三个保护阀按各自的压力整定值开启及回座，而与三个保护阀分别相串联的三个隔离阀可在保护阀因故障不能回座时起隔离作用，防止反应堆冷却剂系统压力失控。

在稳压器的压力控制系统中，控制信号是由测量压力与整定压力之差经过比例、积分和微分运算后的补偿压力得到的，安全阀组则由压力测量信号直接控制。控制系统还设有"自动/手动"切换开关，必要时可在主控室或应急停堆盘实行手动控制。

此外，稳压器的压力控制系统还设有保护线路，可以发出压力偏低应急停堆信号、压力过高应急停堆信号，以及低水位-低压力时安全注射等保护信号。

1000 MWe 级压水堆核电厂稳压器压力控制系统的压力控制程序参见图 3-24。

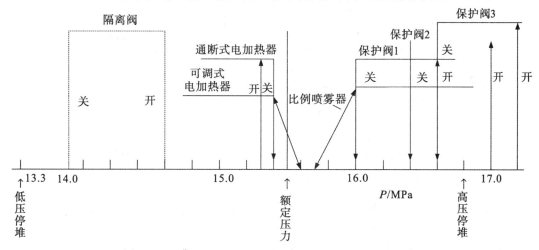

图 3-24　典型 1000 MWe 级压水堆核电厂压力控制程序

3.4.3.3 水位调节

在压水堆核电厂运行中，稳压器中水位随一回路的平均温度的变化而变化。如当反应堆启动或者停闭时，一回路水温约由 25 ℃上升到 291.4 ℃，或由 291.4 ℃降到大约 25 ℃，这就引起一回路水容积的变化（见图 3－25）；当反应堆功率增加时，一回路平均温度从 291.4 ℃升到 310.0 ℃，这也将引起一回路水容积的变化。

在稳压器中，由于水位变化将带来一定的不安全，如果水位过高，则稳压器有失去压力控制能力的危险，安全阀有可能进水而失去作用；如果水位过低，则电加热器的电加热棒可能会露出水面而烧坏。因此，在核电厂运行中，应该进行水位调节，以维持水位在正常的范围内。

稳压器水位整定值是在化学和容积控制系统没有下泄流量和当反应堆功率从 0 变到 100% 的条件下，使稳压器能承受一回路水容积的变化而计算确定的。水位整定值 N_{ref} 与一回路的平均温度成线性变化关系，即水位从 291.4 ℃时的 20.4% 变到 310.0 ℃时的 64.3%，见图 3－25。

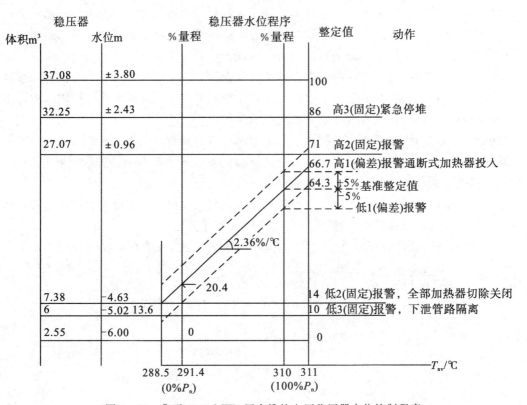

图 3－25　典型 1000 MWe 压水堆核电厂稳压器水位控制程序

稳压器水位调节依靠的是：

① 水位控制系统。稳压器的容积允许吸收一回路冷却剂容积的正常变化，这种变化是和一回路平均温度变化同时出现的，水位（N）相对于参考水位（N_{ref}）的正常变化控制着化学和容积控制系统上充回路的调节阀。

② 水位保护线路。设有高水位紧急停堆线路和安全注射线路。

对于某一个给定的功率负荷（从零到额定功率 P_n 之间某一值），调节系统计算出水位整定值 N_{ref}，并且用调节化学和容积控制系统上充流量的方法来保持水位在这一整定值，见图 3-25。如果水位超过整定值 N_{ref}，从（$N_{ref}+5\%$）开始，开关式加热器投入运行，用以蒸发一部分水，并发出红色报警信号；稳压器水位在达到稳压器高度的 66.7% 时，发出水位偏高红色报警信号；稳压器水位大于稳压器高度的 86% 时，而反应堆功率又超过了额定功率的 10%，则由反应堆保护系统发出信号使反应堆紧急停堆。

如果稳压器水位低于整定值 N_{ref} 时，从（$N_{ref}-5\%$）开始，发出红色报警信号；稳压器水位在 14% 时，发出稳压器低水位或者低-低水位白色报警信号，这时加热器全部断开，通向化学和容积控制系统的下泄阀关闭；稳压器水位在 5% 时，稳压器低水位兼低压，安全注射系统动作。

3.4.4　稳压器及卸压箱主要参数

稳压器及卸压箱的主要参数见附录四。

3.5　一回路的运行

3.5.1　一回路运行时参数的测量

1. 温度的测量

一回路主系统的每个环路上设有旁路管线，可以测量每个环路的热管段和冷管段的冷却剂温度，如图 3-26 所示。在每一热管段的一个截面上，有互相成 120°的三个取样管嘴，这

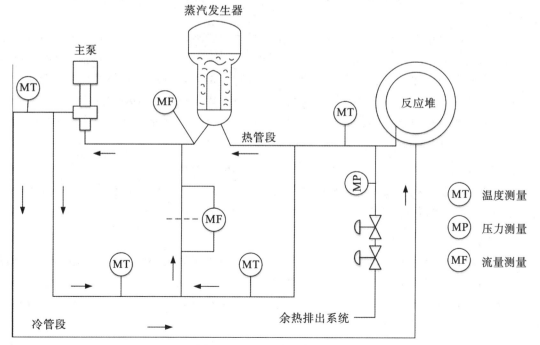

图 3-26　一回路温度的测量

三个管嘴能取得采样水，冷管段旁路管线的循环流量则从主泵的出口端抽取，由于主泵出口端存在涡流，只需用一个采样管嘴就可测得有代表性的平均温度；对于每一个环路，旁路的两条管线连接到位于蒸汽发生器和一回路间的公共管线上。从测量中能得出冷却剂平均温度和冷却剂温差：

$$T_{av} = (T_c + T_h)/2$$
$$\Delta T = (T_h - T_c)$$

式中，T_h 为一回路系统热管段温度/ ℃；T_c 为一回路系统冷管段温度/ ℃。

T_{av}、ΔT 的测量值可用于反应堆的控制和保护。利用旁路管线，能在测量处得到较均匀的流体温度，同时，旁路管线中流体的低流速可以利用裸露的、没有套管的、响应速度快的测温元件。每条旁路管线上装有手动隔离阀，以便在一回路冷却剂不排空的情况下检修或更换温度计。

除了在旁路上测量温度外，在反应堆的启动和冷停闭时在每条环路的主回路上直接测量热管段和冷管段的冷却剂温度。

在早期的核电厂中，为了准确、及时地测量反应堆冷却剂的温度，考虑到主管道管径大、流速快，且主管道热段每一截面上温度分布不均匀，设置了测温旁路。

随着技术的发展，取消测温旁路，直接在主管道上进行用于保护系统的快响应反应堆冷却剂温度测量已经成为可能，目前很多核电厂取消了测温旁路，采用了直接测温技术。

压水堆一回路系统取消测温旁路的好处在于：

（1）减少辐射源。测温旁路是主回路维修时的一个主要辐射源，取消测温旁路后可以降低总体吸收剂量。

（2）简化系统，降低由于设备故障引起非计划停堆的可能性。取消测温旁路后，其相应的管线亦全部取消，可以减少约 40 个阀门和 80 m 管道，以及相应的流量孔板、限流孔板和流量计等。

实施直接测温技术，须在主管道上选取最能代表热段冷却剂平均温度的一个截面，设置三支互成 120°的温度计，通过比较、判断和平均，取其综合值作为一个热段冷却剂温度，以克服温度的不均匀性。对于主管道冷段温度的测量，由于主泵的搅混作用，在主管道冷段上不存在温度不均匀的问题，直接用温度计测量即可。由于反应堆冷却剂的流速快、冲击力比较大，因此所选取的温度计必须加保护套管以保护温度计。同时温度计需选用快响应温度计，并应在温度计和保护套管的结构上做特殊考虑。

2. 压力测量

在反应堆主回路冷却剂系统和余热排出系统的连接管线上，安置压力传感器，用来测量回路压力，压力测量信号转送到主控制室内控制台的指示仪表上。

3. 流量测量

每个环路有三个流量点，选在蒸汽发生器出口处，通过测量环路弯头端部的压力，推算出相对于额定流量的份额，测量信号送到主控制室。

此外，在测温旁路管线的公共管线上，装设有流量传感器，以监测旁路管线内是否有足够的水流量。

3.5.2　松动部件的监测

核电厂一回路主系统运行时,松动部件可能造成堆内部件损坏或松动部件自身的脱落,也可能引起部分流道堵塞而导致燃料包壳破损。国外一些核电厂中曾多次发生这类严重事故。目前,新的松动部件监测的国际标准正在酝酿中,世界上部分正在运行的核电厂和新建的核电厂,均装备了松动部件监测系统。

下面主要介绍松动部件声监测系统。

松动部件声监测系统的主要功能是在反应堆运行时监测零件松动情况并确定其位置。该系统可同时监测三个蒸汽发生器底封头和压力容器底封头内的情况。

先进的数字式松动部件声监测系统简图如图 3-27 所示,该系统的理论基础是赫芝碰撞理论、波传播理论和结构传递理论。用赫芝碰撞理论可以确定最初碰撞波的频率,波传播理论则用来估计波的传播速度,运用结构传递理论可以导出碰撞波的形状。松动部件声检测系统主要由信号采集、信号处理、信号显示、信号监测及系统刻度等五部分组成。

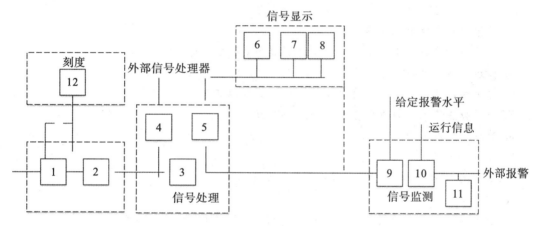

1—声探测器；2—前置放大器；3—带通滤波器；4—去偶信号输出；
5—放大器；6—指示器；7—记录器储存器；8—音响装置；
9—报警水平监测器；10—逻辑单元；11—内部报警单元；12—制度单元。

图 3-27　数字式松动部件声监测系统

(1)信号采集部分。该部分功能是连续采集主回路外表面的声信号,由探测器和前置放大器组成。探测器应能长期工作在高温、高辐照和喷雾条件下,一般采用压电晶体加速度计。前置放大器应能适应安全壳内的环境条件,具有高的可靠性和抗干扰性,通常使用电荷放大器输出电压信号。

(2)信号处理部分。该部分功能是改善信号强度和提高信噪比,并处理信号以便显示和监测,通常由带通滤波器、信号输出器和显示放大器组成。

(3)信号显示部分。该部分功能是指示本底噪声水平和信号水平,记录信号并提供音响装置,以便运行人员估计系统的运行状态,该部分由均方根指示器、记录单元、存贮单元、音响单元组成。

(4)信号监测部分。该部分功能是信号报警和消除伪报警,主要由报警水平监测器、逻辑单元以及内部报警单元组成。当监测信号超过预先设置的报警水平时,报警水平监测器开始报警，如果同时出现与电厂运行有关的声信号（例如控制棒的提升和下降），逻辑单元将禁止发出报警信号，即消除了伪报警。

（5）系统刻度部分。该部分功能是刻度各个信号道。刻度时，从前置放大器输入正弦波信号，检查各道报警水平设置值。

核电厂运行时，在每个监测区（蒸汽发生器底封头，压力容器底封头）设置二个压电晶体加速度传感器，检测由松动零件与结构撞击时产生的表面波。信号在电荷放大器内转换，经信号处理，然后送到监测部分进行连续监测。当瞬时振幅信号高于预定的阈值时，有关通道立即发出声或光信号。如果信号持续不断则报警开始，并记录事故信号。

习　题

基础练习题

1. 简述结合 CPR1000 和 AP1000 说明主回路系统的构成、流程及其特点。

2. 简述主回路温度、压力、流量的测量方法。

3. 画出蒸汽发生器水位整定曲线。

4. 简述轴封泵的轴封水进入主泵之后的流程（可用图表示）。

5. 简述屏蔽泵的主要结构。

6. 说明稳压器安全阀由哪两个阀串联？其正常状态（开/关）如何？

7. 简述稳压器电加热器的类型、分组和用途。

8. 简述稳压器压力控制原理。

9. 如何调节稳压器水位？

10. U 形管自然循环蒸汽发生器的工作原理是什么？

拓展题

1. 结合典型的压水堆瞬态分析程序（如 RELAP，RETRAN 等）或压水堆核电厂仿真平台，建立稳压器的分析模型，比较稳压器体积变化对瞬态的影响。

2. 结合典型的压水堆瞬态分析程序（如 RELAP，RETRAN 等）或压水堆核电厂仿真平台，建立 U 形管自然循环蒸汽发生器和直流蒸汽发生器的分析模型，比较两者在丧失给水后对瞬态的影响。

第 4 章

专设安全设施

压水堆核电厂配备有专设安全设施：安全注射系统、安全壳、安全壳喷淋系统、安全壳隔离系统、蒸汽发生器辅助给水系统等，它们具有能迅速为堆芯提供应急和持续冷却、将安全壳与外界隔离、带走衰变余热等功能，以保证在事故发生时，迅速导出燃料的衰变余热，排除燃料熔化的危险，避免在任何情况下裂变产物向外失控排放，减少设备损坏和财产损失，并保证公众和核电厂工作人员的安全。

4.1 安全功能及其实现途径

为确保反应堆的安全，反应堆所有的安全设施，应发挥如图 4-1 所示特定的安全功能。

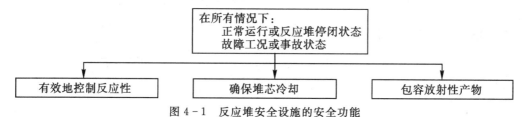

图 4-1 反应堆安全设施的安全功能

4.1.1 有效控制反应性

为补偿反应堆的剩余反应性，在堆芯内必须引入适量的可随意调节的负反应性。此种受控的反应性既可用于补偿堆芯长期运行所需的剩余反应性，也可用于调节反应堆功率的水平，使反应堆功率与所要求的负荷相适应。另外，它还可作为停堆的手段。实际上，凡是能改变反应堆有效倍增因子的任一方法均可作为控制反应性的手段。例如，向堆芯插入或抽出中子吸收体，改变反应堆燃料的富集度，移动反射层以及改变中子的泄漏等。其中，向堆芯插入或抽出中子吸收体是最常见的一种方法。

把吸收体引入堆芯有以下 3 种方式：[①]

(1)控制棒：见 2.1.4 节；

(2)可燃毒物：见 2.1.5 节；

(3)可溶毒物：可溶毒物是一种吸收中子能力很强的可以溶解在冷却剂中的物质。轻水堆通常采用硼酸溶解在冷却剂内用作补偿控制。其优点是毒物分布均匀和易于调节。作为控

---

① 谢仲生. 核反应堆物理分析[M]. 西安：西安交通大学出版社，2004.

制棒实现停堆的补充手段，可以向堆芯注入高浓度的可溶毒物来实现反应堆停堆的功能。在事故工况下，任何链式裂变反应的不正常增加，将会被堆外中子测量系统探测到，并发出警报信号，必要时产生自动停堆信号，使控制棒落入堆芯以中止链式裂变反应。作为备用，也可以注入高浓度的硼酸来中止链式裂变反应。

4.1.2　确保堆芯冷却

为了避免由于温度过高而引起燃料元件损坏，任何情况下都必须导出核燃料的释热，确保对堆芯的冷却。

正常运行时，一回路冷却剂在流过反应堆堆芯时受热，而在蒸汽发生器内被冷却；蒸汽发生器的二回路侧由正常的主给水系统或辅助给水系统供应给水。蒸汽发生器生产的蒸汽推动汽轮机做功，当汽轮机甩负荷时，蒸汽通过汽轮机旁路系统排放到凝汽器或排向大气。

反应堆停闭时，堆芯内链式裂变反应虽然停止，但燃料元件中裂变产物的衰变继续放出热量，即衰变余热。为了避免燃料元件包壳损坏，和正常运行一样，应通过蒸汽发生器或余热排出系统，继续导出堆芯产生热量。

对于反应堆换料时卸出的乏燃料组件，必须在核电厂的乏燃料水池中存放几个月，以释出乏燃料组件的衰变余热，并使短寿期放射性裂变产物自然衰变，降低放射性水平。

当反应堆在失去正常冷却的事故工况下，也应该设置有效的系统，将堆芯的热量有效导出到最终热阱中。这些有效的系统就是专门设置的专设安全设施。

4.1.3　包容放射性产物

为了避免放射性产物扩散到环境中，在核燃料和环境之间设置了多道屏障，运行时，必须严密监视这些屏障的密封性，确保公众与环境免受放射性辐照的危害，见图4-2。

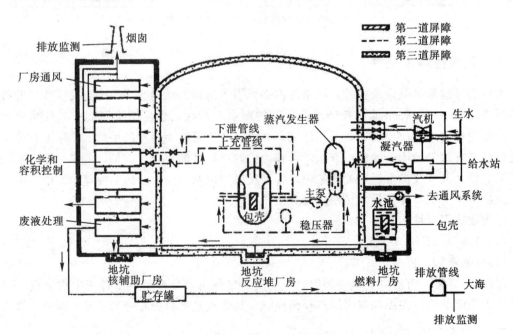

图4-2　核安全的第三功能：对放射性产物的屏障控制

4.2 安全系统设计原则

核电厂安全设计的一般原则是采用行之有效的工艺和通用的设计基准，加强设计管理，在整个设计阶段和任何设计变更中必须明确安全职责。为了确保安全系统在任何情况下满足安全功能的要求，核电厂各系统安全设计中需遵循的基本原则包括单一故障原则、多样性原则、独立性原则、故障安全原则、自动化设计，见表4－1。

表4－1 安全设计基本原则

针对目标	控制手段	措施(举例)
(A)单一故障	冗余性	一个系统分成多个相同的支路(多台辅助给水泵)
(B)共因故障	多样性	运用各种作用机理或仪表结构(快速停堆的各种触发依据)
(C)相干故障	实体分隔	冗余支路之间相隔足够距离
	屏蔽分隔	冗余支路之间的混凝土墙
(A)(B)(C)并且辅助能源丧失	故障安全性	设计时使得系统故障的影响明确无误地偏向安全(例如快速停堆系统)
人为错误	自动化	设置自动触发系统(反应堆保护系统、安全设施)

4.2.1 单一故障——冗余性原则

单一故障的定义为：导致某单一系统或部件不能执行其预定安全功能的一种故障，以及由此引起的各种继发故障。也就是说，单一故障指的是安全设施在要实现的某种需求下随机出现的一种假设故障，它与触发事件无关，无论是正常运行或事故情况下都不是需求事件的后果，而且在需求事件出现之前该故障并未被发现。当安全设施某一部分未能按要求履行其功能时，就发生单一故障。图4－3给出了一些可能的事例。

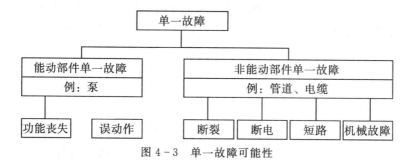

图4－3 单一故障可能性

单一故障假设是核电厂安全设施中一个确定论的概念。它与其他方法和措施，例如概率安全分析和质量保证一样，都是为安全预防服务的。

满足单一故障准则的设备组合，在其任何部件发生单一随机故障时，仍能保持所赋予的功能。

为满足单一故障准则，系统可以采取冗余设计。系统的冗余设计可以理解为设置的设备或系统数应为满足全部功能所必需的设备或系统数的若干倍。假设安全系统为了完全控制某一事故所必需的全部功能为 100％（参见图 4-4），则根据单一故障准则，该系统必须至少按 2×200％ 的能力来设计。因为需要有 1×100％ 以满足系统的全部功能，而另外的 1×100％ 用作单一故障时的备份。

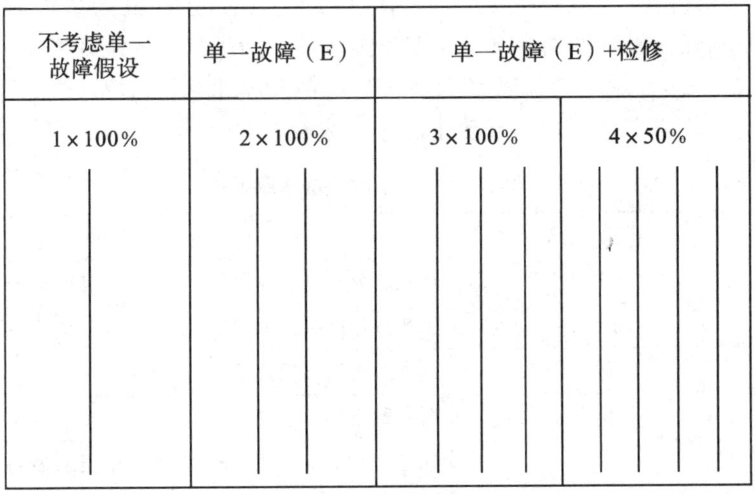

不考虑单一 故障假设	单一故障（E）	单一故障（E）+检修	
1×100％	2×100％	3×100％	4×50％

图 4-4　冗余设计

此外，根据上述对单一故障概念的解释，还要求对于反应堆保护系统以及用于在失水事故后导出衰变余热和用于事故工况供电的安全设施，在其检修期间不可能在需求时及时恢复功能，也应假设会出现单一故障。这就要求在一条 1×100％ 支线检修期间安全设施仍具有全部功能。从核电厂可用率角度来看，这也是必要的。否则每当检修某一安全设备时都得停堆。由此可知，考虑到检修，冗余设计应具有 3×100％ 的能力才能够满足需求，不过也可以采用与之等效的 4×50％ 的冗余设计。

4.2.2　共因故障——多样性原则

除了单一故障以外，有些安全系统还假设会发生一种共因故障，这是一种系统性的故障。共因故障是指由特定的单一事件或起因导致两个或多个构筑物、系统或部件失效的故障。

例如共因设计、材料或加工缺陷，在所用的多台相同（冗余）设备上同时出现。在这种情况下，只提升冗余设计量不能满足需求。只有通过运用多样性原则才能避免共因故障。

多样性原则：多样性应用于执行同一功能的多重系统或部件，即通过多重系统或部件中引入不同属性来提高系统的可靠性，从而减少共因故障（包括共模故障）的可能性。获得不同属性的方式有：采用不同的工作原理、不同的物理变量、不同的运行条件以及使用不同制造厂的产品等。

例如在反应堆保护系统中，总是利用多种各不相同的触发判据在发生故障时来触发反应堆快速停堆（参见表 4-2）。当控制棒误提升时，引起核裂变增加，使反应堆功率上升。随之反应堆冷却剂温度和主回路压力也上升，这三者就构成了互不相同的停堆判据。

表 4-2 反应堆快速停堆的触发信号

限值	事故			
	控制棒失控抽出	给水管破裂	蒸汽管道破裂	主回路破裂
DNBR	○			●
反应堆冷却剂温度	○	○		
主回路压力	○	○		
稳压器水位高	○	○		
稳压器水位低				○
安全壳压力高				○
主蒸汽管道压力变化			●	
蒸汽发生器水位		●	○	
反应堆功率	●			

●首先触发快速停堆的限值

4.2.3 相干故障——独立性原则

为了预防具有相干性质的事故(例如火灾、洪水、爆炸、坠机等),各冗余分支或子系统必须通过实体隔离、电气隔离、功能独立和通信(数据传输)独立等适当手段,防止安全系统之间或一个系统的冗余组成部分之间发生相互干扰。

针对独立性原则,设计上在空间上应尽可能远距离布置,从而不致同时出现失效。倘若这些冗余分支或子系统无法空间远距离布置或者隔离的意义不大,则规定采用相应的屏障隔离措施。安全重要厂房的布置就是一例。图 4-5 清楚地表明了这一原则是如何通过实体隔离与相应的屏障隔离措施,在一个支路形式上划分为 4 个独立子系统(图中划有斜线区域)的安全系统上实施的。

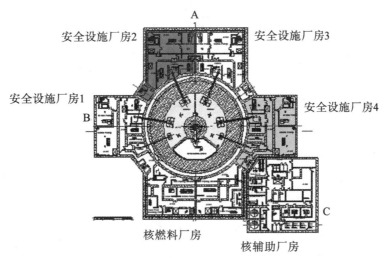

图 4-5 安全重要厂房的实体隔离

4.2.4 故障安全原则

在某些情况下，为应对前述的各种可能的故障以及为应对如安全设施供电之类的辅助能源丧失事故，提供一种附加的保护，即采用故障安全原则。"故障安全"意味着朝着安全的方向失效，亦即安全设施的设计应做到其本身的故障都能触发加大安全性的动作。例如，断电时控制棒因重力下落导致快速停堆。再如，核电厂的许多阀门为电动阀，失去电源，阀门就不会动作。故设计中向反应堆内补充冷却水的阀门，如果必须开启，在失电后就会固定在"开"的位置；而安全壳的隔离阀在失电后就会固定在"关"的位置。

4.3 能动安全与非能动安全

IAEA – TECDOC – 626[①]给出了核反应堆的安全相关术语的定义，并定义和讨论了非能动和能动安全系统的概念。

能动安全系统定义：依赖外部的触发和动力源（电、压缩空气等）实现安全功能的系统。

非能动安全系统的定义：完全由非能动部件设备和结构组成的系统或者以非常有限的方式触发后续非能动操作的系统。根据非能动设备的程度可以分为四类：

A类：这一类的特点是没有"智能"的信号输入、不依赖外部电源或力、不依赖移动机械部件，以及不需要流动的工作流体。

A类的典型例子包括避免裂变产物释放的物理屏障，如燃料包壳、系统的压力边界；为抵抗地震或其他外部事件加固的构筑物；反应堆在热停堆状态从核燃料到外部构件仅依靠热辐射或/和导热的堆芯冷却系统；安全相关的非能动系统的静态部件（如管道、稳压器、蓄能器、波动水箱等）和结构部分（如支撑、屏蔽等）。

B类：这一类的特点是没有"智能"的信号输入、不依赖外部电源或力、不依赖移动机械部件，但是有流动的工作流体。当安全功能需要启动时，流体运动仅因为热工流体状态而发生。

B类的典型例子包括由于压力边界和外部水箱之间水力学平衡的扰动形成的硼酸水注入的反应堆停堆系统和应急堆芯冷却系统；基于沉浸在安全壳内水池热交换器形成的空气或水的自然循环将衰变余热直接带到最终热阱的反应堆应急冷却系统；基于流经安全壳壁的空气自然循环的安全壳冷却系统。

C类：这类的特点是没有"智能"的信号输入、不依赖外部电源或力，但存在移动机械部件，对是否存在流动工作流体没有要求。流体运动与B类定义相同，机械运动是因为系统（如截止阀/释放阀静压，蓄压箱水压）不平衡和过程发生作用的力造成的。

C类的典型例子包括应急安注系统（安注管线上设置了逆止阀的蓄压箱）；通过释放阀释放流体实现压力边界的超压保护；由爆破盘激活的安全壳过滤通风系统以及机械执行机构（如逆止阀、弹簧加载释放阀等）

D类：这类的特点是需要外部"智能"的信号输入来触发非能动过程，这一类型可以描述为：能动触发，非能动执行。用于触发过程的能量必须来自于储存的能量（如电池或高位流

---

① IAEA – TECDOC – 626, "Safety related terms for advanced nuclear plants", September 1991.

体）；能动的部件仅限于控制仪表和触发非能动过程的阀门；严禁手动触发。

D 类的典型例子包括基于重力的应急堆芯冷却系统和安注系统，由电池提供动力的电动阀触发；基于重力或静压驱动控制棒的应急反应堆停堆系统。

为了实现核电厂的安全，能动安全与非能动安全系统在目前核电厂中都有广泛的应用。有的核电厂以能动安全系统为主（如 CPR，EPR 等），有的以非能动安全系统为主（如 AP1000 等），也有的采用两者结合的方式（如华龙一号）。无论是采用能动安全的设备还是非能动安全的设备，经过精心的设计，都可以满足现行核安全的要求，实现核安全功能。

4.4 安全壳

压水堆核电厂的安全壳内布置了核蒸汽供应系统的大部分系统和设备，即反应堆、一回路主系统和设备、余热排出系统。

它的主要功能是：

（1）在发生失水事故或地震时，承受事故产生的内压力，防止反应堆厂房内放射性物质外逸，避免污染环境。设计准则通常按历史最大地震或失水事故考虑；

（2）保护重要设备，防止受到外来袭击（如飞机坠毁）的破坏；

（3）是放射性物质和外界之间最后一道生物屏障。

因此，在任何情况下都要保证安全壳的完整性，对它特别仔细地设计、建造和监督。

在设计安全壳时，要保证安全壳有足够高的强度和良好的密封性，又要保证在事故发生时承受事故的内压力，防止厂房内放射性物质外泄，还要防止外来袭击的破坏。

为了防止放射性气体或尘埃向其他区域的扩散，必须保持安全壳厂房内的相对负压。

4.4.1 安全壳型式

压水堆核电厂安全壳的型式多种多样，按其材料来分，有用钢板制造的、钢筋混凝土制造的（包括预应力混凝土）以及既用钢板又用钢筋混凝土的复合结构几种；按其性能来分，有干式的和冰冷凝器式的；按结构来分，有单层或双层；还可以按其形状分成球形、圆筒形等。由材料、性能、结构和形状等几方面的组合，结合考虑压水堆核电厂的厂址、输出功率、经济性和安全性等因素，形成了不同的压水堆核电厂具有代表性的安全壳型式。

4.4.1.1 预应力混凝土单层安全壳

这是目前最为普遍的压水堆核电厂安全壳。带密封钢衬里的单层预应力混凝土安全壳是一座立在厚钢筋混凝土筏基上带穹顶的圆柱形混凝土壳，圆柱壁和穹顶埋有后张预应力钢束，内壁用 6.35～12.70 mm 厚的薄钢板焊接成气密性钢衬里，这种形式的安全壳广泛应用于全世界的 900～1300 MW 压水堆核电厂中，其结构形式见图 4-6，筒壁为圆柱形，顶盖呈椭球形。一座电功率为 1000 MW 的压水堆核电厂安全壳，其内径约 40 m，最高处标高约60 m，筏基最低处标高约负 15 m，安全壳总高 75 m，混凝土壁厚约 1 m，其设计限值为：相对压力 0.42 MPa；最高平均温度 145 ℃；在失水事故峰值压力时，安全壳内气体泄漏率低于 0.3%/24 h，正常运行时，安全壳内压力维持在 0.0985～0.106 MPa（绝对压力），平均温度在 45 ℃以下。

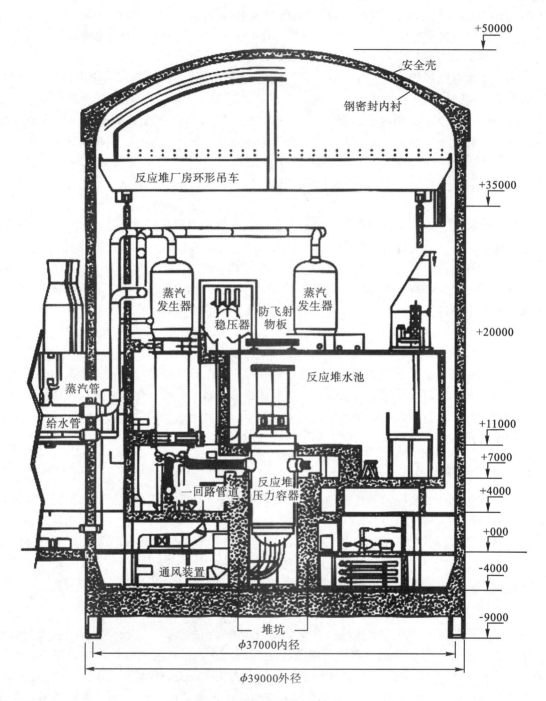

图 4-6　预应力混凝土安全壳

4.4.1.2　钢壳-混凝土双层球形钢安全壳

　　双层球形钢安全壳结构如图 4-7 所示，它的内层为密闭、承压的钢制安全壳，外层为钢筋混凝土二次包容壳，起生物屏蔽和外部事件屏障作用。两层壳之间的环形空间内设有负压系统，在事故时可保持负压（-400 Pa），这样，从钢壳泄漏至环室的放射性气体只能经过过滤净化后，方能从排气烟囱排放，大大降低了放射性物质对环境的污染。它的优点是：

(1)具有最经济的几何形状，安全壳内有用体积最大；

(2)球形壳能承受全部内压载荷，不会将其传递给相邻结构；

(3)环形空间内可以安置安全系统的设备、管道、电缆托架系统，这种全压式双层球形钢安全壳曾在联邦德国压水堆核电厂中采用。

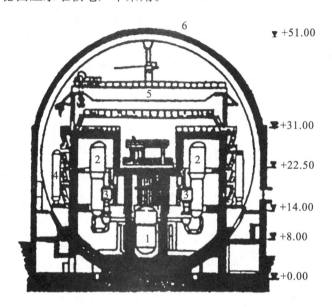

1—反应堆；2—蒸汽发生器；3—主循环泵；4—安注箱；5—吊车；6—反应堆厂房(安全壳)。

图 4-7　双层球形钢安全壳

4.4.1.3　钢壳-混凝土双层圆柱形安全壳

图 4-8 所示为美国早期建造的电功率为 800 MW压水堆核电厂安全壳，直径约 40 m，内层钢壳钢板厚度 38 mm，上部为半球顶、下部为椭球底，二次包容壳为椭球顶盖的圆柱形钢筋混凝土结构，两层壳之间留有 1.5 m 宽的环形空间，环腔内呈负压，从钢壳泄漏至环腔的放射性气体只有经过过滤净化后方能从排气烟囱排放，以降低放射性物质对环境的污染。外层钢筋混凝土壳为生物屏蔽层，内层钢壳起承压及密封作用。

为了充分利用内层钢壳的良好导热性能，使之在 LOCA 等事故工况下起到将安全壳内蒸汽冷凝抑制压力上升同时导出衰变热量的作用，AP1000 在设计上将环形空间和安全壳顶部做了改进，形成了环形的空气自然循环通道和顶部水箱的重力喷淋，实现了安全壳的非能动冷却。如图 4-9 所示。

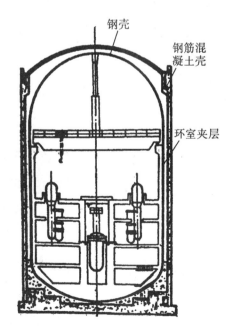

图 4-8　钢壳-混凝土双层圆柱形安全壳

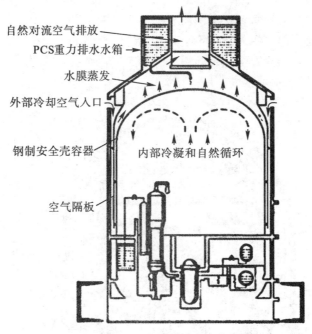

图 4-9　AP1000 双层安全壳设计

4.4.1.4　双层预应力混凝土安全壳

单层预应力混凝土安全壳的钢衬一旦破裂，其密封就遭到破坏，因此，从提高安全性方面发展了双层安全壳，如图 4-10 所示。其主要的结构特点：内层为主要承受事故压力的钢结构或预应力混凝土结构，外层为主要承受外部事件产生载荷的钢筋混凝土结构。两层间保持负压，将从内层安全壳漏出的放射性气体经过滤后由排气烟囱排出。我国的华龙一号、EPR、VVER 核电厂等均采用双层预应力混凝土安全壳。

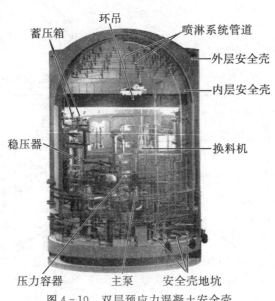

图 4-10　双层预应力混凝土安全壳

4.4.2 保护重要设备、防止大飞机撞击设计

在早期的核电厂设计中，核岛厂房只需要考虑两种型号的小飞机坠毁所引起的撞击效应，这两种型号的小飞机分别是 Lear Jet 23 和 Cessa 210。这两种飞机质量较小，飞行速度较慢，并且只需对这两种飞机的撞击过程进行等效静力分析。

在某些国家和地区，核电厂的设计还需要考虑军用飞机的撞击。在"9.11"事件以后，大型商用飞机对建筑物恶意撞击成为了可能，这些建筑物也包括核电厂。为此，核电行业进行了大量的研究，来评估和提高核电厂抵抗商用大飞机恶意撞击的能力。

大型商用飞机撞击的防护设计，可以通过采用防护壳或充分隔离冗余系统来实现。通过设计实现以下安全功能：

(1)安全壳保持完整性，即通过结构分析表明安全壳未贯穿，且在假设的堆芯损坏事件下，确保有效的缓解措施投运之前不会造成安全壳超压。

(2)乏燃料水池保持完整性，即通过结构分析表明，大型商用飞机撞击乏燃料池墙体和支持结构不会导致乏燃料池安全运行最低水位线以下的位置发生泄漏；

(3)反应堆堆芯和乏燃料水池保持被冷却，即通过相关系统设备的评估表明，商用大飞机撞击后依然能够保证足够的热量导出能力，符合概率风险评估的验收准则。

我国华龙一号在抵抗商用大飞机的撞击评估是通过专门的 APC 壳来实现的。APC 壳是钢筋混凝土结构，由外层安全壳、燃料厂房外层防护壳体和电气厂房外层防护壳体组成，同时也可以抵御龙卷风、外部爆炸等外部事件。

4.4.3 安全壳贯穿件

当一回路在加压状态时，除了运行人员进行定期检查外，进入安全壳的设备通道和人员通道都是关闭的。

安全壳留有不同的贯穿通道，如设备入口、管子和电缆套筒、燃料组件运输管道的贯穿孔以及人员进入空气闸门。为了确保贯穿件处不泄漏，均采用特殊设计，各种电缆、管道的贯穿件的结构如图 4-11 所示，它是由一个穿过混凝土壁面并锚固在混凝土上的刚套管及两个接头构成。接头保证了套管和穿过安全壳的管道或电缆间的密封连接。

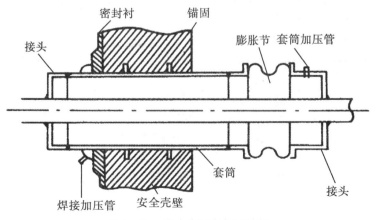

图 4-11 安全壳贯穿件的结构

4.4.4　安全壳的隔离与检验

在核电厂正常运行或发生事故时，安全壳的整体完整性，由安全壳隔离系统来加以保证。安全壳隔离系统将回路与安全壳外大气隔离，以防止安全壳内的系统发生故障后可能产生的放射性物质泄漏到安全壳外，或将有故障的系统与其压力源隔离。

每个管道有一个双重隔离机构，即两个隔离部件(自动阀、手动闭锁阀或逆止阀)位于混凝土壁面的两侧。

事故发生时，安全壳的隔离分阶段进行，当安全注射时，对安全壳实施第一阶段隔离，当安全壳喷淋系统启动时，实施第二阶段隔离，各阶段所隔离的系统参见表4-3。

表4-3　安全壳分阶段隔离的系统

第一阶段 (安全注射时)	安全注射系统 化学和容积控制系统 硼和水补给系统 核岛排气及疏水系统设备 冷却水系统 蒸汽发生器排污系统 安全壳内大气监测系统 核岛氯气分配系统 核取样系统	试验管线 下泄管线，轴封水回程管线和上充管线补水分配管线 冷却剂排放管线，工艺排水管线，地面排水管线，含氧水排放管线 稳压器卸压箱，过剩下泄热交换器管线 除反应堆冷却剂取样所需管线外的所有管线
第二阶段 (安全壳 喷淋时)	设备冷却水系统 核岛冷冻水系统 仪表用压缩空气分配系统 核取样系统	主泵的冷却管线，控制棒驱动机构通风冷却器管线，停堆余热热交换器管线 在第1阶段隔离时没有隔离的所有管线

4.4.5　安全壳的附属系统

为了维护安全壳的正常运行，需设置有一系列的辅助系统。鉴于篇幅，本书不进行详细介绍，仅以表格的形式列出。见表4-4。

表4-4　安全壳的附属系统

系统	功用	流程简介
安全壳换气 通风系统	反应堆冷停闭时，维持厂房内环境温度，降低裂变气体浓度，以允许人员进入	依靠核辅助厂房通风系统内的风机和过滤器送风和排风。另备有一台风机用于抽走聚集在核岛排气和疏水系统通风水箱上部的裂变气体产物。 设计的换气量为不低于向安全壳内送入每小时一个安全壳体积的换气量

系统	功用	流程简介
安全壳内大气监测系统	正常运行时净化安全壳内大气，保持安全壳内部压力低于最大值。 事故后运行，进行取样以确定氢浓度；为防止局部氢浓度高，进行氢复合，保证安全	本系统由反应堆厂房大气化学监测子系统，安全壳试验子系统，保健物理监测子系统和安全壳大气物理监测子系统组成。保健物理监测分系统，事故情况下，安装在核辅助厂房烟囱上的放射性辐射监测仪给出信号，保护系统动作。 系统中的氢气复合器由空气压缩机、一台气体加热器、一个反应室、一台冷却器和相应的管道、阀门、仪表等组成。事故后，当取样测量安全壳内空气中氢气的体积浓度达到 1%～3% 时，启动氢气复合器
安全壳连续通风系统	在反应堆正常运行期间进行工作，带走反应堆厂房内设备释放出来的热量，以保持适合于设备运行和人员在安全区内工作的环境温度。安全区的最高温度为 40 ℃，其他区域的最高温度为 55 ℃	本系统有三个容量为 50% 的通风系统，每个系统中有一台缓冲阻尼器、一台预过滤器、一组冷冻水冷却盘管、一台风机和一个逆挡板。在正常运行时，三台风机中运行两台，第三台作为备用。在冷停闭工况，通常本系统不工作
反应堆堆坑通风系统	反应堆正常功率运行时，本系统对反应堆压力容器保温层的外表面进行通风冷却，维持堆外电离室附近空气的最高温度 50 ℃，反应堆支撑环贯穿件的最高温度 75 ℃，堆坑混凝土表面最高温度 80 ℃	反应堆堆坑通风系统送风管道垂直向下部分在反应堆冷却管道破裂时将冷却剂排出堆坑，参与事故工况下反应堆冷却剂的排放。 在电站正常功率运行或热停堆时，堆坑通风系统投入运行。系统包含两个系列，各有一台风机运行，一台备用
安全壳泄漏监测系统	监测反应堆安全壳的整体完整性和控制安全壳及其部件的密封性，以保证在正常运行和事故情况下安全壳的屏蔽功能	系统主要由位于电气厂房内的采集处理机柜和位于安全壳内的 16 只传感器以及位于壳外的 1 个核岛仪表压缩空气系统压空流量计组成。采集处理机柜由一台数据采集计算机、一台数据处理计算机、一台显示器、一台打印机和多个数据采集模块组成。位于安全壳内的传感器包括 10 只温度传感器、4 只温湿度变送器(两个测点，每个测点各安装两只)、2 只安全壳大气压力变送器(一个测点)

4.5　安全排热冷却链

4.5.1　导出堆芯衰变余热的安全系统设计

　　事故后带走堆芯衰变余热的方式需要首先划分事故的类型：LOCA 类事故和非 LOCA 类事故。两者的主要区别在于堆芯的裸露状态。对于 LOCA 类事故，一回路冷却剂丧失，会引起堆芯的裸露，因此导出堆芯衰变余热的重点是往堆芯注入水，并将汽化后的水吸收的热量通过合适的途径传输到最终热阱。而对于非 LOCA 类事故，一回路冷却剂装量仍然保持，因此只需要提供合适的途径就可以将热量导出到最终的热阱。

实现堆芯余热排出的方式可以采用能动的方式，也可以采用非能动的方式。对于 LOCA 类事故，非能动的方式有加压的堆芯淹没水箱（蓄压箱）、自然循环回路的高位水箱（堆芯补水箱）、高位重力水箱、地坑自然循环，能动的方式有安注能动冷却等方式。对非 LOCA 类事故，非能动的方式有非能动余热排出热交换器和蒸汽发生器作为冷源驱动的自然循环非能动冷却，能动的方式有蒸汽发生器应急给水提供的能动冷却和能动余热排出系统热交换器提供的冷却。

4.5.1.1　非能动设计

1. 加压堆芯淹没水箱

加压堆芯淹没水箱（蓄压箱）已广泛应用于现有的核电厂中，是应急堆芯冷却系统的重要组成部分。典型蓄压箱中，75％体积充以冷硼酸溶液，而剩余部分充以加压氮气或其他惰性气体。如图 4-12 所示，蓄压箱通过一串逆止阀与主回路系统隔离，在正常情况下，这些逆止阀由于主回路系统与气体之间的压差而保持关闭状态。在发生 LOCA 事故后，反应堆压力会下降至低于加压气体的压力，因此逆止阀自然开启，将硼酸溶液注入到主回路系统中。该系统属于非能动系统分类的 C 类。

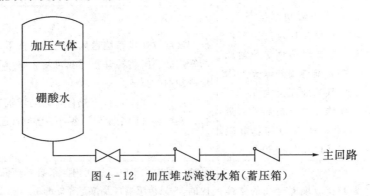

图 4-12　加压堆芯淹没水箱（蓄压箱）

2. 自然循环回路的高位水箱（堆芯补水箱）

自然循环为有效的堆芯非能动冷却方式。一些先进反应堆设计中通过高位水箱的顶部和底部连接到压力容器或者主回路，如图 4-13 所示。这些高位水箱充满硼酸水，可以实现在系统压力下的冷却剂注入。在正常工况下，这些水箱通过位于注入管线的隔离阀与压力容器隔离，此时流体的压力通过上部连接管线与系统保持一致。在事故工况下，底部的隔离阀开启，由于位差形成自然循环回路，使冷硼酸水注入到堆芯。为了减少连接到反应堆压力容器的管道的数目，堆芯补水箱的排放管线通常与应急堆芯冷却系统的管线公用。在很多事故序列中，堆芯补水箱会在蓄压箱启动之前投入使用，而在蓄压箱排空之后隔离。在此期间，堆芯补水箱的注水速度在很大程度上会受到蓄压箱注水的影响。更为甚者，对于堆芯补水箱注入管线连接到冷段或者热段（没有堆芯直接注入）的一些特殊的工况，注入管线的流体的流动方向需要确认，也就是说，存在一种可能性，堆芯补水箱的水会流到蒸汽发生器而不是流到堆芯进行冷却。该系统属于非能动系统分类的 D 类。

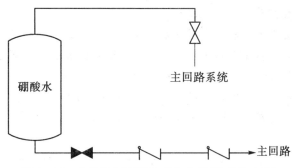

图 4-13　自然循环回路的高位水箱(堆芯补水箱)

3. 高位重力疏水箱

在低压的工况下,充满冷硼酸水的高位水箱可以在重力的作用下用来淹没堆芯。在一些设计中,水箱的容量足以淹没整个堆腔。如图 4-14 所示,系统需要常关的隔离阀开启且水箱中流体的驱动压头大于系统压力后投入运行。该系统属于非能动系统分类的 D 类。

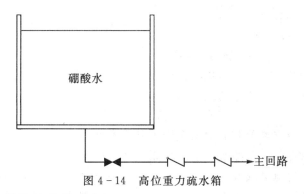

图 4-14　高位重力疏水箱

4. 蒸汽发生器自然循环非能动冷却

一些先进的压水堆设计通过自然循环带走蒸汽发生器的热量来实现非能动余热排出。这种设计通过将蒸汽发生器产生的蒸汽在浸没于大水箱的热交换器中或空气冷却系统中冷凝来实现,分别如图 4-15 和图 4-16 所示。图 4-15 与沸水堆的隔离冷凝器有些类似。该系统属于非能动系统分类的 D 类。

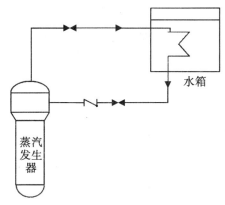

图 4-15　基于非能动水冷蒸汽发生
器的堆芯衰变余热排出

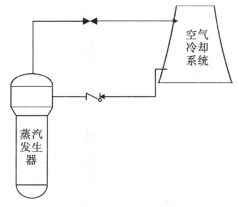

图 4-16　基于非能动气冷蒸汽发生
器的堆芯衰变余热排出

5. 非能动余热排出热交换器(单相水)

一些先进压水堆设计,会采用非能动余热排出系统。其主要功能是通过单相自然循环的方式提供长时间的衰变余热移除功能,如图 4-17 所示。非能动余热排出系统热交换器处于加压模式,可以随时投入运行。打开非能动余热排出系统热交换器底部的隔离阀之后,系统就会形成单相的液体流动。本系统应对全厂断电事故序列十分有效,也消除了在反应堆冷却过程中对充排运行方式的需求。该系统属于非能动系统分类的 D 类。

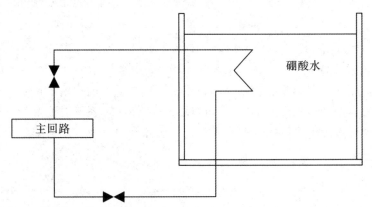

图 4-17　基于水冷非能动余热排出热交换器回路的堆芯衰变余热排出

6. 地坑自然循环

一些设计利用反应堆堆腔和其他安全壳下部腔室作为冷却剂的蓄水池,在主回路管道破裂事故时为堆芯提供冷却。事故中,反应堆系统泄漏的水在安全壳地坑汇集,最终反应堆完全浸没在蓄水池中。将隔离阀开启,堆芯衰变余热通过堆芯中水的沸腾被带走。堆芯中沸腾产生的蒸汽向上流动,通过自动泄压系统(ADS)阀门排到安全壳中。图 4-18 给出的堆芯区域与水池之间的密度差形成的自然循环,使冷却剂从地坑进入到压力容器,并带走衰变余热。该系统属于非能动系统的 D 类。

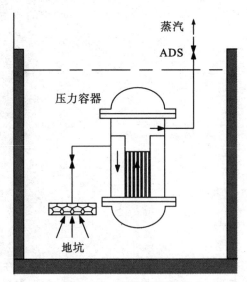

图 4-18　地坑自然循环

4.5.1.2 能动设计

7. 蒸汽发生器能动冷却

蒸汽发生器能动冷却系统能为蒸汽发生器设置额外的冷却水泵和水箱，当事故工况下失去正常给水，冷却水泵从水箱抽水，通过蒸汽发生器给水管线注入到蒸汽发生器中，对蒸汽发生器进行冷却。如图 4-19 所示。

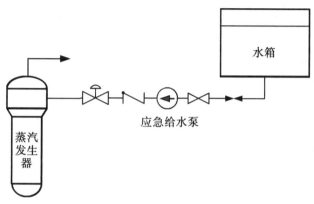

图 4-19 蒸汽发生器能动冷却系统

8. 能动的余热排出系统

在反应堆主回路设置并联的冷却泵和热交换器，当需要时，冷却泵从主回路热段将水抽出，在热交换器中将热量移除，然后再注入到主回路系统冷段。该系统本质上就是余热排出系统。见图 4-20。

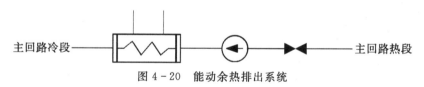

图 4-20 能动余热排出系统

9. 安全注入能动冷却

当反应堆压力边界因发生破损事故，系统压力下降至一定值或因蒸汽管道发生大破裂时，安全注入能动冷却的安全注射泵启动，将换料水箱内贮存的硼水注入堆芯，防止反应堆重新临界，同时注入冷水以冷却和淹没堆芯。见图 4-21。

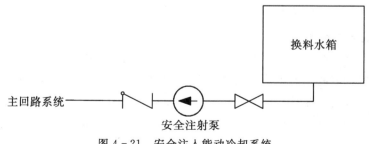

图 4-21 安全注入能动冷却系统

4.5.2　安全壳冷却与抑压系统

安全壳是核电厂放射性释放的最后一道屏障，因此其完整性至关重要。保证安全壳完整性的关键在于限制安全壳内部的压力。在发生 LOCA 或者安全壳内的主蒸汽管道破裂、主给水管道破裂事故后，大量的高温高压蒸汽会排入安全壳，需要对这些蒸汽进行有效的冷却和冷凝，从而限制安全壳内的压力提升。

同带走衰变余热的途径一样，也可以采取能动和非能动的方式来带走安全壳热量，实现抑压。如设计中采用安全壳抑压水池、安全壳非能动换热与抑压系统、非能动安全壳喷淋系统、能动的安全壳喷淋系统等。

4.5.2.1　非能动设计

10. 抑压水池

安全壳抑压水池系统已在沸水堆设计中长期使用，在一些新型压水堆安全壳设计中，也采用了类似的概念，图 4-22 给出了抑压水池的示意图。LOCA 事故发生后，随着液相的汽化和蒸汽的膨胀，通过破口的蒸汽排入到干井中。干井压力逐渐上升，导致蒸汽-不凝结气体混合物通过排放管线进入到抑压水池中的蓄水中，蒸汽在水池中凝结，缓解了安全壳内压力的上升。该系统属于非能动系统分类的 C 类。

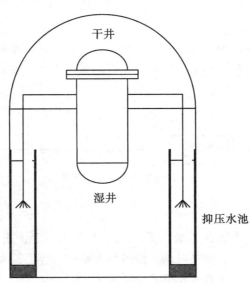

图 4-22　LOCA 事故后利用抑压水池内蒸汽冷凝的安全壳降压方法

11. 非能动安全壳释热与抑压系统

这类非能动安全系统采用高位水箱作为热阱。释放到安全壳中的蒸汽在安全壳内布置的冷凝管表面实现冷凝，将热量传递给高位水箱，从而使安全壳内的压力下降并使安全壳得到有效的冷却。这种概念的系统可以有三种不同的方式，见图 4-23 到图 4-25。

第一种方式如图 4-23 所示，在安全壳的顶部布置一个水箱，热交换器与水箱连接。由于热交换器倾斜布置，在热交换器管内出现由于重力驱动的单相液体流动。很多实验证明了这种设计的可行性。

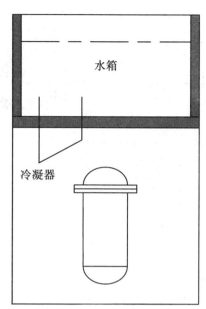

图 4-23　LOCA 后利用冷凝管蒸汽冷凝的安全壳降压与释热方法

　　第二种方式如图 4-24 所示。与第一种方案不同的是，在热交换器和水箱内热交换器之间设置了闭式回路。在热交换器吸收了安全壳内蒸汽的热量后，在闭式回路就形成了自然循环，其驱动力来自于上升段与下降段之间的密度差。

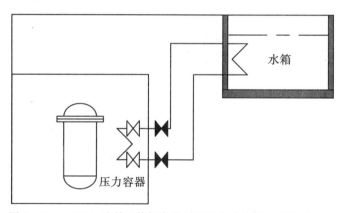

图 4-24　LOCA 后利用外部自然循环的安全壳降压与释热方法

　　第三种设计如图 4-25 所示。安全壳内设置两个不同的区域，干井和湿井，在事故时两者的压力不同（正常运行时，两者是一致的）。两个区域通过管道分别连接到水箱内热交换器的上升段和下降段。发生事故时，蒸汽和空气的混合物在下降段冷凝。这种设计的驱动压头比第二种方式要小，且在较广的参数范围内可能会出现流动不稳定。

　　该系统的三种设计分别属于非能动系统分类的 B 和 D 类。

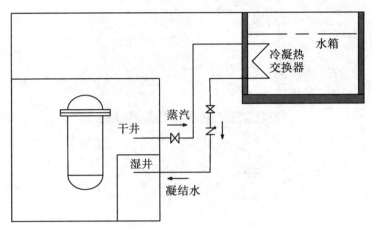

图 4-25 LOCA 后利用外部蒸汽冷凝热交换器的安全壳降压与释热方法

12. 非能动安全壳喷淋系统

图 4-26 给出了采用外部空气自然循环冷却的安全壳设计。LOCA 事故发生后，安全壳内与钢制安全壳内壁面接触的蒸汽得到冷凝，其热量通过钢制安全壳壁面传递给外面的空气。环形通道内的空气流动产生于类似于烟囱效应，属于非能动安全系统分类中的 B 类。同时，本设计在安全壳的顶部设置了一个高位水箱以提供 LOCA 事故后的重力驱动的冷水喷淋，安全壳容器的喷淋属于非能动安全系统分类中的 D 类。

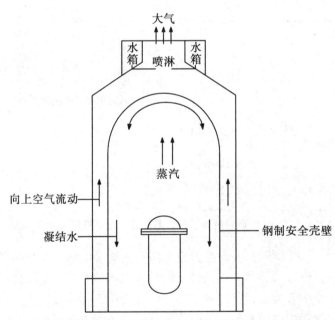

图 4-26 LOCA 后利用非能动安全壳喷淋与空气自然循环的安全壳降压与释热方法

4.5.2.2 能动安全壳喷淋系统设计

13. 能动安全壳喷淋系统

本系统设置有喷淋泵、喷淋水热交换器和水箱(一般为换料水箱)及相应的管道和阀门，喷嘴安装在安全壳穹顶的喷淋环管上。在发生失水事故时，当安全壳内出现压力过高信号后，安全壳喷淋系统的喷淋隔离阀自动打开，喷淋泵自动启动，把换料水箱中的低温硼酸水喷入整个安全壳内，使蒸汽凝结，实现降温降压的目的。

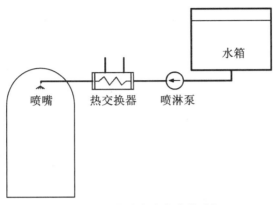

图 4 - 27　能动安全壳喷淋系统

4.5.3　安全排热冷却链

核电厂确保堆芯冷却的关键就在于如何保证堆芯的冷却并将反应堆产生的热量有效地释放到最终热阱中。所谓冷却链，就是将堆芯产生的热量传递到最终热阱的途径。

不同的核电厂有不同的设计，但万变不离其宗，所有的安全手段就是有效利用 4.5.1 节和 4.5.2 节中的手段进行有效的组合。在设计这些组合时，还需要考虑到核电厂安全系统的特点。

目前典型的压水堆核电厂在事故工况下，对反应堆堆芯的冷却可归纳如表 4 - 5 所示。

表 4 - 5　不同电厂反应堆堆芯冷却的控制

事件类型	M310	华龙一号	EPR	AP1000
大破口失水事故	通过 1、9 带到安全壳，由 13 传输到设备冷却水系统，通过重要厂用水传输到最终热阱中	通过 1、9 带到安全壳，由 13 传输到设备冷却水系统，通过重要厂用水传输到最终热阱中	通过 1、9 和 8 传输到设备冷却水系统，通过重要厂用水传输到最终热阱中	通过 1、2、3、6 分阶段传输到安全壳，由 12 传输到最终热阱中
非破口事故	第一阶段由 7 传输到最终热阱，第二阶段由 8 传输到设备冷却水系统，通过重要厂用水传输到最终热阱中	第一阶段由 7 传输到最终热阱，第二阶段由 8 传输到设备冷却水系统，通过重要厂用水传输到最终热阱中	第一阶段由 7 传输到最终热阱，第二阶段由 8 传输到设备冷却水系统，通过重要厂用水传输到最终热阱中	由 5 传输到最终热阱中
设计扩展工况		由 4 传输到最终热阱中。安全壳热量由 11 传输到最终热阱中		由 5 传输到最终热阱中

4.6　应急堆芯冷却系统

针对压水堆典型事故：

失水事故发生后，由于冷却剂的丧失，反应堆堆芯存在裸露导致过热烧毁的风险，因此需要尽快补水。

蒸汽发生器传热管破裂事故发生后，核电厂第二道屏障（一回路压力边界）失去完整性，并导致一回路和二回路连通，使二回路被具有放射性的一回路水污染。另外，应当指出，蒸汽发生器传热管破裂事故可能导致放射性直接绕过核电厂第三道屏障（安全壳）而进入大气或凝汽器。

蒸汽管道破裂事故发生后，由于蒸汽流量的急剧上升，蒸汽发生器带走堆芯热量的能力增加，使一回路冷却剂温度持续下降，尤其是在反应堆停堆之后，抵消因慢化剂过度冷却所减少的负反应性，反应堆有重返临界的风险。因此，需要尽快往主回路系统中加入反应性调节措施（硼酸）。

为了解决这些问题，核电厂特设置应急堆芯冷却系统。在系统设计时，需要充分考虑这些事故的特点及系统的响应特点[①]。

大破口失水事故发生后，系统压力随着喷放快速下降到与安全壳压力相对应的水平。小破口失水事故发生后，由于破口流量小，系统压力下降缓慢，系统存在明显的汽水分离过程，会出现一个明显的压力平台。因此在应急堆芯冷却系统注入的压力整定值上需要综合大破口失水事故和小破口失水事故。

蒸汽发生器传热破裂事故发生后，安全注入系统的投入使系统保证冷却剂装量的同时，也会使主回路和蒸汽发生器二次侧存在压差，导致一二回路间泄漏持续，有增加放射性物质释放的风险。

4.6.1　系统的功能

应急堆芯冷却系统又称安全注入系统，主要目的是为了应对主回路的失水事故（包括主管道破裂（LOCA）、蒸汽发生器传热管破裂（SGTR）等）及主蒸汽管道破裂事故（MSLB）。

（1）当一回路主系统的管道或设备发生破裂而引起失水事故时，安全注射系统能为堆芯提供应急的和持续的冷却。

（2）发生蒸汽管道破裂事故时，安全注射系统能将含高浓度硼酸的水注入堆芯，抵消因慢化剂过度冷却所减少的负反应性，防止反应堆重返临界。

4.6.2　能动应急堆芯冷却系统

能动的安全注射系统，其本质就是采用了方式 1 加压的堆芯淹没水箱和方式 9 安全注入能动冷却，结合 LOCA 事故后系统的特性设计而成。

为了能够应对不同尺寸的破口事故，应急堆芯冷却系统必须能根据事故引起一回路系统压力的变化情况，在不同的压力状态下介入。为此，本系统分为三个子系统，高压注射管

---

① 朱继洲，单建强. 核反应堆安全分析[M]. 西安：西安交通大学出版社，2018.

系、蓄压注射管系及低压注射管系。其流程简图如图 4-28 所示。

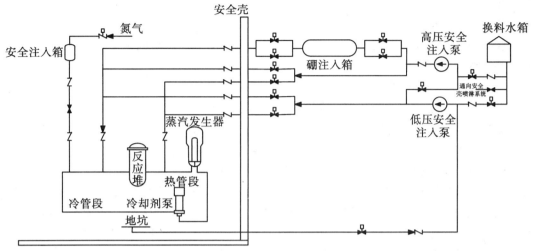

图 4-28　压水堆核电厂安全注射系统(能动方式)

4.6.2.1　高压注射管系

高压注射管系用于压水堆冷却剂系统的小泄漏事故,其主要目的是维持冷却剂系统压力稍低于正常值,使压水堆正常停闭。当主系统因发生破损事故,压力下降至一定值,或主蒸汽管道发生破裂时,高压安全注射泵启动,将换料水箱内 2400 mg/kg 左右的硼水注入堆芯,防止反应堆重新临界,同时注入冷水以冷却和淹没堆芯。

在有些压水堆中高压安全注射泵与上充泵合用。为了保证能可靠地注入堆芯,注入管经硼注入箱接在每一条环路的冷管段或同时接到冷、热管段。

1. 硼注入箱

在早期的核电厂设计中,为了确保 MSLB 事故后,能有效防止反应堆重返临界,特在高压安注管线上设置硼注入箱。硼注入箱是一个容积为 3~4 m³ 的容器,安装在高压安全注射泵出口端,即冷管段管线上,这是为了将硼酸溶液以最快的速度注入堆芯。硼注入箱内装满硼浓度为 7000 mg/kg 的硼酸溶液,在安全注射信号将隔离阀门打开时,硼酸溶液就注入压水堆堆芯。硼注入箱设置有一个循环加热系统,以保持硼酸溶液的温度,防止硼结晶析出,由温度测量线路控制加热器的启动或关闭。

硼注入箱的运行维护比较复杂。近年来研究发现,即使没有硼注入箱,利用换料水箱的硼酸溶液也可以有效地防止反应堆重返临界。因此,新设计的核电厂安注系统取消了硼注入箱。

2. 高压安注压力整定值

在早期的核电厂设计中,在系统压力下降到 12 MPa 左右时,就会触发高压安注的注入。为了更有效应对蒸汽发生器传热管破裂事故,降低一回路向二回路的泄漏量,故目前新的安注系统设计普遍降低了高压安注泵的压头,修改为中压安注(MHSI)(约 9.5 MPa)。

4.6.2.2　蓄压注射管系

蓄压注射管系也称为安注箱注入。在一回路管道发生破裂,系统压力急剧下降的情况下，需依靠蓄压注射管系在最短的时间内淹没堆芯以避免燃料元件的熔化。

蓄压注射管系的每一个管路有一个安全注入箱(又称蓄压箱)，其容积约 40~60 m³，内储存浓度为 2400 mg/kg 的硼水，顶部充有压力为 4.2 MPa 的氮气加压，每只安全注入箱设有水位测量装置，用以监测箱内水的体积，并经由一只电动隔离阀和两只串联的逆止阀，与冷却剂系统连接。

蓄压注入动作完全自动。正常运行时，电动隔离阀处于打开位置，当堆芯冷却剂压力迅速降低到低于安全注入箱内的氮气压力时，硼水就顶开逆止阀从一回路冷管段注入堆芯。

如图 4-29 所示，蓄压注射管系包括 3 个蓄压箱，每个环路一个，均与冷管段相连。蓄压箱容积的设计考虑每个蓄压箱可保证提供淹没堆芯所需要容量的 50%。3 个蓄压箱与一个试验泵相连，该试验泵保证用反应堆换料水箱水向蓄压注入箱作定期补充。试验泵为容积式、反向双活塞液压控制泵，它的最大流量是 6 m³/h，最大流量时排放压力是 24.0 MPa。在厂内外电源都丧失、上充泵停转的事故工况下，该试验泵可以利用蒸汽发生器中所存蒸汽为动力，保证主泵轴封水的注入，防止一回路冷却剂由此处泄漏。试验泵还可用作反应堆和一回路系统的水压试验泵。整个蓄压注射管系布置在安全壳内。

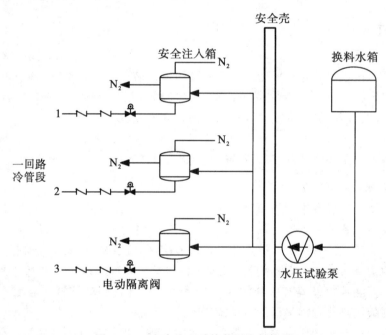

图 4-29 安全注入系统蓄压注射管系

4.6.2.3 低压注射管系

低压注射管系在冷却剂管道大破裂、冷却剂压力急剧降低时使用，以淹没堆芯，保证堆芯内水的流动，以便导出衰变余热。

低压注射管系在冷却剂压力下降到 0.7 MPa 时由安全注射信号启动，将换料水箱中的含硼水注入每个环路的冷管段。当换料水箱硼水水位低到一定程度时，低压安全注射泵可改为抽取安全壳底部的地坑水。地坑水收集的是一回路泄漏水、蓄压箱的水和安全壳内的喷淋水。

在有些压水堆核电厂设计中，以余热排出泵兼作低压安全注射泵。

4.6.2.4 安全注射系统的运行

当核电厂反应堆处于功率运行时，除了浓硼酸溶液的再循环回路在连续运转外，安全注射系统是不工作的，处于备用状态。

为了保证可靠地实现安全功能，安全注射系统的所有设备，除蓄压注射系统布置在安全壳内离反应堆非常近的地方外，其余设备均布置在安全壳外的核辅助厂房的混凝土隔间内，以降低由于冷却剂管道破裂产生的飞射物引起的风险。

如图 4-30 所示，触发安全注射系统动作的安注信号由下列各种信号产生：

(a) 稳压器水位低，同时压力(11.9 MPa)也低；

(b) 安全壳内压力高(0.13 MPa)；

(c) 蒸汽发生器之间蒸汽压力不一致；

(d) 两台蒸汽发生器蒸汽流量高，同时出现蒸汽压力低；

(e) 两台蒸汽发生器蒸汽流量高，同时出现一回路平均温度低；

(f) 手动触发安全注射。

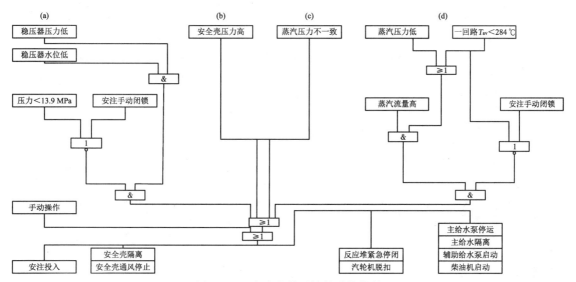

图 4-30 安全注射系统的动作信号

在安全注射信号发出的同时，开始启动下列自动操作：

(a) 反应堆紧急停闭；

(b) 安全壳隔离和停止通风；

(c) 汽机脱扣；

(d) 二回路蒸汽发生器正常给水隔离；

(e) 辅助给水投入；

(f) 应急柴油发电机组启动。

在接到安注信号后，安全系统的安注过程如下。

1. 冷段直接注入阶段

这一阶段是利用一回路冷却剂正常运行时的流向，使换料水箱的硼酸溶液尽快地注入堆芯。

一旦接到"安注"信号，立即自动执行以下动作：

(a)启动高压安注泵和低压安注泵；

(b)打开并确认管道上的隔离阀，如高压安注泵与换料水箱之间的隔离阀、中压安注箱隔离阀、低压安注泵与换料水箱之间的隔离阀、低压安注泵出口通往高压安注泵入口的连接阀；

(c)隔离与上充管路及上充泵相关的管线（如果高压安注泵与上充泵相互兼容）。

当一回路压力低于安注箱绝对压力（约 4.2 MPa）时，安注箱注入系统开始注入。

当一回路绝对压力降到 1.0 MPa 以下时，低压安注流量开始进入一回路冷段。

2. 再循环注入

当换料水箱出现低-低水位信号而且安注信号继续存在时，安注自动转入再循环阶段。切换动作是：低压安注泵吸入端接地坑的阀门开启，在证实接地坑的两个阀门开启后隔离换料水箱，开始从地坑取水进行再循环。

3. 冷、热段同时注入

由于蒸汽带走硼酸的能力很小，长期停留在冷段注入再循环阶段会使压力容器内硼浓度不断增大，导致燃料元件表面出现硼酸结晶，影响燃料元件的传热。如果改用主流从热管段注入，使通过堆芯的流体反向流动，那么从破口流出的冷却剂就有相当一部分是水，而不是纯蒸汽，从而可将压力容器中的浓硼酸带走。

把安注从冷段注入切换到冷段和热段同时注入的时间取决于注入的硼酸的浓度，12 个月换料周期的电厂约在事故后 12.5 h，而 18 个月换料循环模式要求的切换时间是 7 h。冷、热段同时注入时，以热段注入流量为主，而冷段注入只通过旁路阀门进行，主阀门关闭。

4.6.3　能动应急堆芯冷却系统的改进

如上所述，为了更有效应对蒸汽发生器传热管破裂事故，降低一回路向二回路的泄漏量。目前新的安注系统设计普遍降低了高压安注泵的压头，修改为中压安注（MHSI）（约 9.5 MPa）。

以华龙一号为例，介绍目前改进的应急堆芯冷却系统。其系统包括中压安注子系统、低压安注子系统、安注箱注入子系统和水压试验子系统。见图 4 - 31。

1. 中压安注子系统

中压安注子系统每一系列包括：一台中压安注泵、一条从安全壳内置换料水箱（IRWST）到泵的吸入管线及阀门、一条从泵到主回路冷段的注入管道及相关的阀门、一条泵下游返回 IRWST 的小流量管线及阀门、一条从泵到主回路热段的注入管线及阀门。

两个系列的中压安注管线在注入母管之前是完全隔离的。两条中压安注冷段注入管线在进入安全壳后合并成一条注入母管，再分成三条注入管线分别连接至主回路系统三个冷管段；A 列中压安注热段注入管线在安全壳内分成两条注入管线分别接至主回路系统一环路和二环路的热管段；B 列中压安注热段注入管线在安全壳内分成两条注入管线分别接至主回路系统一环路和三环路的热管段。

2. 低压安注子系统

低压安注子系统每个系列包括：一台低压安注泵、一条从 IRWST 到泵的吸入管线及阀门、一条从泵到主回路系统冷段的注入管道及相关的阀门、一条从泵到主回路系统热段的注入管线及阀门、一条返回 IRWST 的小流量管线及阀门。

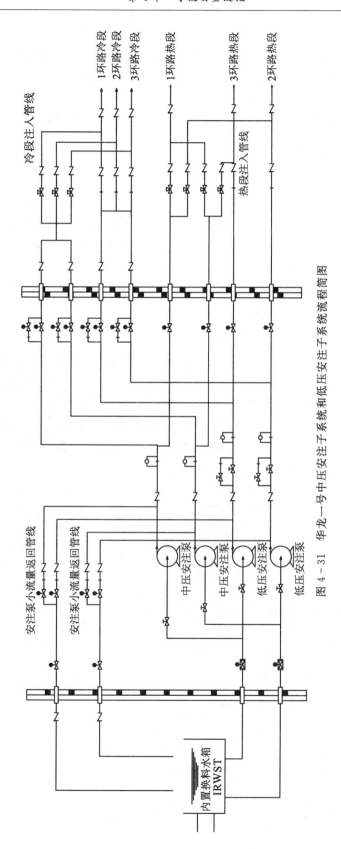

图 4 - 31　华龙一号中压安注子系统和低压安注子系统流程简图

两个系列的低压安注管线在注入母管之前同样是完全隔离的。两条低压安注冷段注入管线在进入安全壳后合并成一条注入母管，再分成三条注入管线分别连接至主回路系统三个冷管段；A 列低压安注热段注入管线进入安全壳后接至主回路系统二环路热管段；B 列低压安注热段注入管线进入安全壳后接至主回路系统三环路热管段。

事故工况下，两台中压安注泵及两台低压安注泵收到来自保护系统的安注信号时自动启动，从 IRWST 取水后提供冷段注入。在事故后的长期冷却阶段，系统配置容许中、低压安注切换到冷热段同时注入。

中、低压安注子系统均设置了泵下游返回 IRWST 的小流量管线。系统投入初期，如果主回路系统压力高于安注泵的注入压头，则通过小流量管线维持泵的运行。随着主回路系统压力降低，当注入管线已能够建立起足够的流量时，对应注入管线的小流量管线自动隔离。

同一系列的中压安注和低压安注共用一条贯穿安全壳的从 IRWST 的吸水管线。

3. 安注箱注入子系统

安注箱注入子系统包括三台安注箱和从安注箱到冷段的注入管线及阀门。水压试验泵用来为安注箱提供正常充水和定期补水。

4. 水压试验泵子系统

水压试验泵用于对主回路进行水压试验，也用于安注箱的初始充水及定期补水。水压试验泵的安全相关功能为：在全厂断电事故工况下，由水压试验泵电源系统供电，为一回路主泵提供轴封水，以保证一回路的完整性。

需要指出的是，如华龙一号、EPR 等核电厂已将换料水箱转移到了安全壳内部，成为了安全壳内换料水箱，故安注过程中出现的再循环注入阶段就不复存在了。

4.6.4　先进安注箱

当核电站一回路系统的冷却剂管段发生破口事故时，堆内需要及时补充适量的冷却剂。安注系统的安注流量设计需要满足具体的 LOCA 下热工水力的验收准则。对于典型的大破口失水事故，在再灌水阶段，安注流量主要由安注箱提供，而后期的再淹没和长期冷却阶段，则由高压和低压安注提供。如图 4-32 所示。

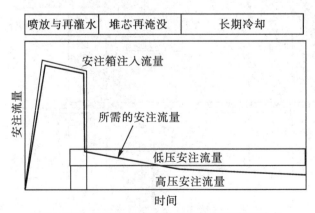

图 4-32　大破口失水事故工况的安注流量需求

　　从图中可以看出，安注泵的启动必须及时有效。在安注箱非能动将流体注入堆芯之后，如果此时低压安注泵没能及时启动，将会导致堆芯不能及时再淹没，甚至堆芯熔化。

　　为了避免出现这种状况，简化安注系统并为安注泵的启动获得足够的宽限时间，日本、韩国等核能科学家设计了先进安注箱。与传统安注箱相比，先进安注箱除了提供大流量的安注流量之外，在再淹没阶段，也提供较小的安注流量，这样，就可以降低对安注泵启动时间的要求，也可以将高压、低压安注合并为单一压力的安全注入，大大降低对安注系统的要求，有效提高了反应堆系统的固有安全性。如图 4-33 所示。

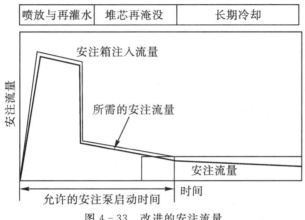

图 4-33　改进的安注流量

　　这种设计的关键为在传统安注箱内加入了可以改变流量的阻尼器。该阻尼器是非能动的部件，所以它具有较高的可靠性，也不需要维护。如图 4-34 所示。先进安注箱启动后，由于初始时刻安注箱内的水位高于立管，立管和小管都有流量注入阻尼器，他们交混后的流体速度方向直接指向阻尼器中心，没有形成漩涡，没有产生漩涡压降，此时为大流量阶段，功能类似于传统安注箱；但当安注箱内的水位低于立管时，立管的流量变为零，只有小管沿着阻尼器切线方向注入，形成了漩涡，产生很大的漩涡压降，此时为小流量阶段，功能类似于低压安注。

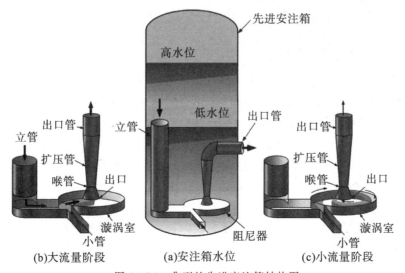

图 4-34　典型的先进安注箱结构图

4.6.5　非能动应急堆芯冷却系统

以 AP1000 为例，来说明非能动的应急堆芯冷却系统。简单地说，AP1000 的非能动应急堆芯冷却系统采用了方式 1、2、3、6，分阶段将堆芯热量传输到安全壳。其功能为在非 LOCA 事故情况下，对主回路系统进行补水和硼化；在 LOCA 事故下，对主回路系统进行安全注入。AP1000 非能动应急堆芯冷却系统流程见图 4-35。

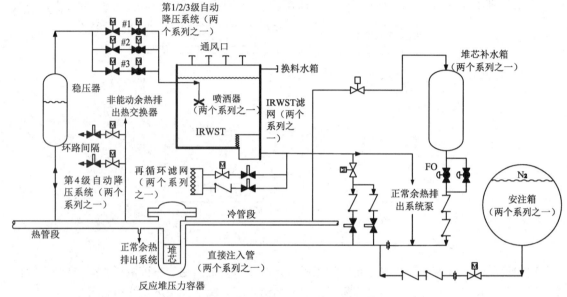

图 4-35　AP1000 的非能动应急堆芯冷却系统

4.6.5.1　主回路系统应急补水和硼化

对于发生的非 LOCA 事故，当正常补给系统不可用或补水不足时，堆芯补水箱对主回路系统提供补水和硼化。两个堆芯补水箱都位于安全壳内稍高主回路系统环路标高的位置。当主蒸汽管线破裂后，堆芯补水箱中的硼水能够为堆芯提供足够的停堆裕度。

堆芯补水箱(CMT)通过一根注入出口管线和一根连接到冷管段的压力平衡入口管线分别与主回路系统相连。出口管线由两只常关的并联气动隔离阀来隔离，这些阀门可由失压、失电或者由控制信号触发打开(气动隔离阀为 FO 设计)。来自于冷管段的压力平衡管线是常开的，从而维持 CMT 处于主回路系统的压力，以防止 CMT 开始注入时发生水锤现象。

压力平衡管线与冷管段的顶部连接并且一直向上延伸至 CMT 入口的高点。通常，压力平衡管线中水温比 CMT 出口管线中的水温高。CMT 底部的出口管线连接到压力容器直接注入管线以完成向反应堆堆芯的安全注入，直接注入管线连到反应堆压力容器的下降段环腔。安全触发信号打开 CMT 出口管线上的两个并联阀门，使 CMT 与主回路系统接通。

CMT 有两种运行模式：水循环模式和蒸汽替代模式，在水循环模式下，来自冷管段的热水进入 CMT，补水箱中的冷水注入主回路系统。这将使主回路系统硼化并增加其水装量，在蒸汽替代模式下，蒸汽通过压力管线进入堆芯补水箱，补偿注入主回路系统的水，如果冷管段排空，则冷管段只有蒸汽流。

4.6.5.2　LOCA 事故下非能动安全注入

在丧失冷却剂事故时，非能动堆芯冷却系统使用四种不同的水源进行非能动安注：

(1)CMT 在长时间内提供相对高流量的安注。

(2)安注箱在数分钟短时间里提供相当高流量的安注。

(3)IRWST 提供更长时间的低流量安注。

(4)在上述三个水源安注结束，安全壳被淹后，安全壳成为最终的长期冷却热阱。

在 LOCA 事故期间，上述安注提供和事故严重程度相匹配的安注流量。在更大 LOCA 中，ADS 动作后，冷管段将被排空。在这种情况下，CMT 在最大安注流量下运行，蒸汽通过压力平衡管线进入 CMT。

CMT 的出口管线上设有并联的出口隔离阀，其下游是两只串联的止回阀。不管管线内有无补水，它们保持常开。在冷管段或压力平衡管线发生大 LOCA 事故时，止回阀防止安注箱的水由于堆芯被旁路而倒流进入 CMT。

对小 LOCA 事故，开始时冷管段处于满水状态，CMT 在水循环模式下运行。在这种模式下，CMT 是满水的，但是冷的硼水被含硼量较少的冷管段热水排走。水循环模式为主回路系统提供补水和有效硼化。随着事故的发展，当冷管段排空时，CMT 切换到蒸汽替代模式继续安注。

CMT 注入的触发信号为：

(a)触发安注信号；

(b)第 1 级 ADS 触发；

(c)稳压器低 2 水位(10%)；

(d)蒸汽发生器低水位且热管段温度高；

(e)手动。

主回路系统自动降压阀(ADS)启动信号：

(a)第 1 级在 CMT 启动＋CMT 低 1 水位(67.5%)时启动；

(b)一段延时后，第 2、3 级 ADS 启动；

(c)第 3 级 ADS 阀门开启后，经一定的延时，在达到 CMT 低 2 水位(20%)且主回路系统低压(8.4 MPa)时第 4 级 ADS 启动。

当第 1、2、3 级主回路系统自动降压阀相继启动，主回路系统降压。当主回路系统压力低于蓄压箱(ACC)顶部氮气压力(4.9 MPa)时，两个 ACC 内贮存的硼水由压缩氮气提供了快速安注。ACC 的出口分别连接到直接注入(DVI)管线。DVI 管线接到压力容器下降段环腔。环向的反射结构使水流向下，从而使得堆芯旁路流量保持最小化。在大 LOCA 事故中，由于水和气体容积的限制以及出口管线的阻力，ACC 只能提供几分钟的安注。

IRWST 位于安全壳内稍高于主回路系统环路管线的高度。只有在第 4 级 ADS 启动或 LOCA 事故使得主回路系统降压到与安全壳内压平衡后，对主回路系统的安注才能进行。IRWST 安注管线中的爆破阀在收到第 4 级自动降压信号后自动打开。和爆破阀串联的止回阀在反应堆压力降到低于 IRWST 压头时打开。

在 ACC、CMT 以及 IRWST 注入结束后，安全壳被淹，其水位高度足以满足依靠重力通过安注管线重新返回到主回路系统以实现再循环冷却。

当 IRWST 的水位降到一个低水位时，安全壳再循环爆破阀自动打开。建立从安全壳到反应堆的另一水流通道。当安全壳再循环管线阀门打开并安全壳淹没水位足够高时，安全壳再循环开始。

当安全壳淹没后正常余热排出泵运行时，再循环流道也能提供从安全壳到正常余热排出泵的吸入流道。此外，再循环管线中设有常开的电动阀和爆破阀，爆破阀能手动开启，在严重事故期间可以人为地将 IRWST 的水注入地坑。

4.6.5.3　自动降压系统

自动降压系统(ADS)是非能动堆芯冷却系统运行的关键，由四级降压阀门组成。第 1、2、3 级降压管线各有两套，形成两组多重布置，每一组由 1、2、3 级相互并联的三条管线构成，每条管线具有串联的两个常关的阀门。每一组均与稳压器安全阀并联，并与稳压器顶部接管相连。两条第四级降压管线分别与反应堆两个环路的热管段相连接。每一条降压管线又分别由两条相互并联的管线构成多重布置(共有 4 条管线)，每条管线有串联的两个阀门，一个常开而另一个常关，因此 1~4 级降压阀门共计有 20 只。运行时这四级阀门依次开启。

4.7　安全壳热量排出系统

4.7.1　系统的功能

当一回路失去冷却剂，或蒸汽管道破裂事故情况下，就需要有效排出安全壳内的热量。安全壳内热量来自于：①反应堆剩余功率；②一回路构件和流体的显热；③二回路所带的能量；④锆-水反应的能量。故设置安全壳热量排出系统，使安全壳内部温度和压力保持在可以承受的值，以确保安全壳这最后一道屏障的完整性。因此，对大部分核电厂来说[①]，安全壳热量排出系统是在 LOCA 后将热量排向最终热阱的系统。

此外，系统还需能带走失水事故时散布在安全壳内的裂变产物(如放射性碘)和扑灭反应堆冷停闭时安全壳内发生的火灾(当其他方法无效时)。

4.7.2　能动安全壳喷淋系统

本系统由两条包含冗余而又相互独立的喷淋泵、两台喷淋水热交换器、一个氢氧化钠贮存箱以及管道、阀门的系列组成，如图 4-36 所示。每个系列能保证 100%的喷淋功能。两组喷嘴安装在安全壳穹顶下不同高度的两条喷淋环管上，喷淋泵与集水坑之间有专设的管道相连。

在发生失水事故时，安全壳内出现压力过高信号的最初阶段，安全壳喷淋系统的喷淋隔离阀自动打开，喷淋泵自动启动，把换料水箱中的冷硼水喷入整个安全壳内，使蒸汽凝结，降温降压；稍后阶段，当安全壳地坑水位到达一定值时，在换料水箱低-低水位信号的作用下，喷淋泵切换为从地坑取水，做再循环喷淋。这样，安全壳喷淋系统就能使事故时安全壳的压力和温度保持在维持安全壳的完整性所允许的数值之内。

---

① 对于将低压安注与余热排出系统合二为一的设计(如 EPR)，负责 LOCA 后热量排向最终热阱的系统为余热排出系统。

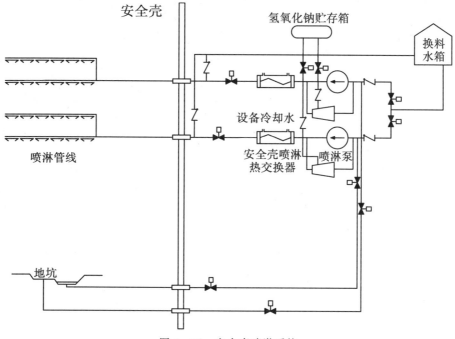

图 4 - 36 安全壳喷淋系统

对于换料水箱位于安全壳底部的核电厂,与应急堆芯冷却系统类似,不再区分直接喷淋和再循环喷淋两个阶段。

在最初的喷淋水中加有一定量的氢氧化钠,以提高喷淋水的 pH 值,来除去事故发生后散发在空气中对人体危害最大的放射性碘。安全壳喷淋泵应设计成运转时间尽可能长,以去除事故后的余热。在核电厂失电情况下,两条系列分别由不同的且相互独立的应急供电电源供电。

安全壳内设置两个实体隔离并且冗余的集水地坑,每一集水地坑的容量足以供应喷淋系统用水。集水地坑设置在安全壳内最低地面处,入口设有两级过滤系统保护,第一级是防止大碎片的粗滤网,第二级是细滤网。

4.7.3 系统的运行

在反应堆功率运行时,安全壳喷淋系统处于停运状态,但应随时可以使用。这时,喷淋泵不工作,化学添加剂隔离阀关闭,喷淋热交换器生水侧被隔离并处于无水状态,装有并联隔离阀的反应堆换料水箱水回路被关闭。

喷淋信号在下列情况下发出(图 4 - 37):

(1)同时出现几个(2/4)安全壳压力偏高信号(阈值约为 0.26 MPa);

(2)从控制室手动操纵。为防止意外的误启动,每条管线应同时布置两个按钮。

在信号"安全壳压力很高"情况下,首先是直接喷淋阶段,并联的隔离阀打开,喷淋泵启动。在换料水箱低-低水位时,隔离换料水箱。打开从集水地坑汲水的阀门,并转入再循环喷淋阶段,在转换到再循环过程中,喷淋泵不应停止,以避免不能重新启动的危险。

安全壳喷淋系统投入后,为了防止因误喷淋,而喷入 NaOH 液体,造成巨大的设备更换费用和长期停堆清理造成巨额损失，一般采取延迟 5 min 后添加化学添加剂，但是，这一时间被认为不足以保证避免由于系统的误喷淋而导致 NaOH 对安全壳内设备的喷淋污染，为了进一步减少误喷淋的损失，国际上多数核电站的设计已将添加 NaOH 的延迟时间增加为 20 min。

对于安全壳喷淋系统，应定期做设备运行检验。本系统设有一条试验线路，在做喷淋泵定期试验时，这条试验线路把泵排出的流体送回换料水箱，试验管线还能够检查热交换器和喷射器运转的有效性。除了定期试验时之外，试验管线隔离阀通常是关闭的。应定期检验喷嘴，通过注入压缩空气，探测是否阻塞，以确保其良好的工作状态。

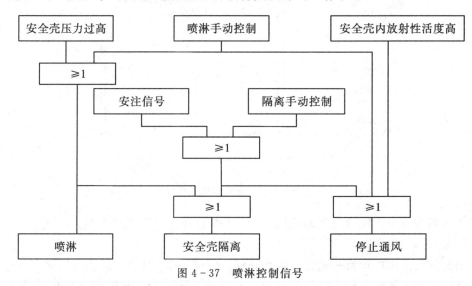

图 4 - 37　喷淋控制信号

化学添加剂溶液要定期检查其均匀程度；对与喷淋系统及安全壳状态有关的参数如压力、温度、氢浓度、放射性活度应做定期测量，以保证在任何时刻均能知道设施的工作状态。

4.7.4　钢制安全壳非能动安全壳冷却系统

对于钢制安全壳的非能动安全壳冷却系统，如 AP1000，能够直接通过钢制安全壳容器向环境传递热量，实现防止安全壳在设计基准事故后超过设计压力和温度，并可在较长时期内继续降低安全壳的压力和温度。非能动安全壳冷却系统如图 4 - 38 所示。

非能动安全壳冷却系统利用钢制安全壳壳体作为一个传热表面，蒸汽在安全壳内表面冷凝并加热内表面，然后通过导热将热量传递至钢壳体外表面。受热的钢壳外表面通过对流、辐射和水蒸发等热传递机理，由水和空气冷却，热量以显热和水蒸气潜热的形式通过自然循环的空气带出，来自环境的空气通过一个"常开"流道进入，沿安全壳容器外壁上升，最终通过一个高位排气口返回环境。位于屏蔽构筑物顶部的储水箱在接到安全壳高-2压力或温度信号后，通过重力自动将水洒湿安全壳壳体，并形成较为均匀的水膜。

支持非能动安全壳冷却系统的主要部件和结构为：

(1)布置在安全壳顶部与屏蔽构筑物结构为一体的非能动安全壳冷却水储存箱；

(2)位于钢制安全壳容器和混凝土屏蔽构筑物之间的空气导流板结构，在屏蔽构筑物内形成了自然循环冷却空气流道；

（3）包括 PCS 冷却空气入口和一个空气排放口的结构；

（4）固定在钢制安全壳容器穹顶外表面的上部，将水分配并漫洒在安全壳外表面的水量分配装置（包括分水斗、分水堰等部件）；

（5）一套非能动安全壳冷却系统储水箱疏水立管、管道和隔离阀，以及从储水箱到水量分配装置的洒水流道。

设置两台再循环泵和相关管道、阀门及仪表，用于循环储水箱中的水，可由化学添加箱中加入化学物质，并通过再循环加热器加热以防止结冰。储水箱初期充满水，由去离子水系统提供正常补水。

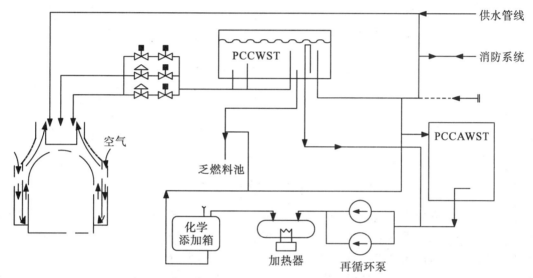

图 4 - 38　AP1000 非能动安全壳冷却系统

由于安全壳内没有喷淋装置，因此，AP1000 地坑水的 pH 值需要采用其他方式来调节。

AP1000 通过使用装有颗粒状磷酸三钠（TSP）的 pH 调节篮来控制安全壳内事故后地坑水的 pH 值。篮子位置低于事故后最小的淹没水位，当水到达篮子时化学添加物被溶解。篮子置于至少高于地面 30 cm 的地方，从而减小安全壳内溢水情况下溶解 TSP 的可能性。

TSP 的设计能够确保地坑水的 pH 维持在 7.0～9.5。最小的 pH 应能减少在安全壳地坑内辐射分解的元素碘，从而减少水中有机碘的生成，最终减少安全壳空气中的碘含量和厂外的辐射剂量。

4.7.5　混凝土安全壳非能动安全壳热量导出系统

混凝土安全壳与钢安全壳不同，无法利用钢安全壳本身的导热特性。以华龙一号为例，介绍混凝土安全壳非能动安全壳热量导出系统[①]。

华龙一号的 PCS 系统设置三个相互独立的系列。单个系列的 PCS 系统如图 4 - 39 所示，

　　① 李军，李晓明，喻新利，等．非能动安全壳热量导出系统设计方案及评价[J]．原子能科学技术，2008，6(52)．注意，华龙一号设计非能动安全壳热量排出系统用于应对严重事故。

PCS 各系统的主要设备包括两组换热器、两台汽水分离器、一台换热水箱、一台导水箱、两个常开电动隔离阀和四个常关并联的电动阀。

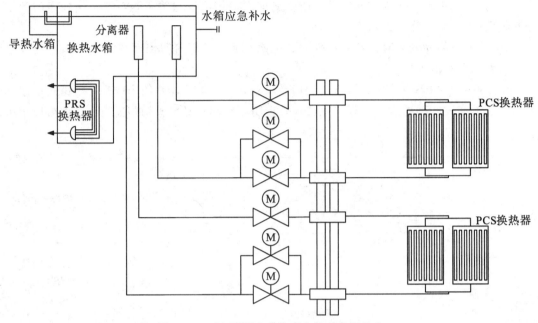

图 4-39　钢-混凝土安全壳非能动热量导出

　　PCS 换热器布置在安全壳内的圆周上，换热水箱是钢筋混凝土结构不锈钢衬里的设备，布置在双层安全壳外壳的环形建筑物内。PCS 系统采用非能动设计理念，利用内置安全壳内的换热器组，通过水蒸气在换热器上的冷凝、混合气体与换热器之间的对流和辐射换热实现安全壳的冷却，并通过换热器管内水的流动，连续不断地将安全壳内的热量导出到安全壳外。同时在安全壳外设置换热水箱，利用水的温度差导致的密度差实现安全壳热量非能动排出。

　　在电厂正常运行和设计基准事故工况时，PCS 系统不投入运行。在电厂发生导致安全壳内压力、温度迅速上升的超设计基准事故时，系统下降通道上的安全壳电动隔离阀开启，PCS 系统投入运行。高温的蒸汽-空气或者蒸汽-氢气（或其他不凝结气体）的混合物冲刷 PCS 系统换热器表面。来自安全壳外换热水箱的低温水在换热器内升温和膨胀，沿着 PCS 系统上升管将安全壳内的热量导出至安全壳外换热水箱。安全壳内高温混合气体和换热水箱的温度差以及换热水箱和换热器的高度差是驱动 PCS 系统进行自然循环，带走壳内热量的驱动力。随着水箱温度不断升高，换热水箱温度达到对应压力下的饱和温度，排出部分蒸汽进入大气，最终以非能动的方式实现了安全壳内热量的持续导出。

4.8　事故余热排出系统

4.8.1　系统功能

　　如 1.6 节所述，反应堆停堆后，需要将反应堆从高温高压状态冷却到正常余热排出系统能够投入的温度和压力状态。这个阶段可以采用对一回路直接冷却的方式，也可以采用对蒸汽发生器冷却的方式。

因此，实现该功能可以用蒸汽发生器应急给水系统，也可以采用一次侧非能动余热排出系统或者二次侧非能动余热排出系统。

4.8.2　蒸汽发生器应急给水系统

4.8.2.1　早期的蒸汽发生器应急给水系统

由于早期的应急给水系统同时兼容核电厂启动停运过程中蒸汽发生器的充水等功能，所以该系统也称为辅助给水系统。

典型早期 1000 MWe 核电厂蒸汽发生器辅助给水系统如图 4-40 所示。蒸汽发生器辅助给水系统的主要设备包括：一个辅助给水贮存箱，两台 50% 额定流量的电动辅助给水泵，一台 100% 额定流量的汽动辅助给水泵及其相应的管路和阀门等。

由于蒸汽发生器辅助给水系统是核电厂的专设安全设施，这就要求该系统必须具有两个主要特性：设备的冗余或多样性；在反应堆正常运行期间系统中所有设备均可随时投入运行。在系统设计中上述特性是以下列方式来实现的。

(1) 作为水源的辅助给水贮存箱有足够大的有效容积，900 MW 核电厂辅助给水贮存箱有效容积为 790 m³，是根据停堆后 6 h 内带走反应堆余热和运行主泵热量，把一回路系统冷却至 177 ℃ 的要求而设计的。水箱的上部空间充有略高于大气压的氮气，以避免空气进入而再次溶解氧气。当水箱出现低压时，氮气自动进气阀自动打开，压力如继续下降，将引起真空阀打开；当水箱超过正常压力时，首先自动排气阀将自动打开，压力如继续增加，将引起安全阀打开。在正常情况下，辅助给水贮存箱要保持高水位，水位可通过主控室水位计监测，主控室设有水位过高或过低报警信号。

辅助给水贮存箱由二回路凝结水抽取系统供水。如两个机组的凝结水抽取泵及除氧器均无法运行，由常规岛除盐水分配系统未除氧的去离子水补充；在应急情况下，辅助给水系统电动及汽动给水泵也可直接从消防水分配系统抽水。

(2) 在有氮气覆盖的辅助给水贮存箱的除盐、除氧水，由两个冗余系列的辅助给水泵送往每台蒸汽发生器。一个系列由两台 50% 容量、水冷却的电动辅助给水泵组成，另一系列有一台 100% 额定流量的汽动辅助给水泵，汽动辅助给水泵是由在反应堆厂房外主蒸汽管道隔离阀上游处抽出的蒸汽来驱动的，蒸汽供应可得到保证。系统的布置应使系统中两个系列之间互相隔离，两台电动辅助给水泵安置在同一房间，电动辅助给水泵的轴线与汽动辅助给水泵的轴线垂直，以免互相受到来自对方飞射物的影响。

4.8.2.2　系统的运行

在核电厂正常运行期间，辅助给水系统处于热备用状态。但是，蒸汽发生器辅助给水系统的两台电动给水泵和一台汽动给水泵都必须处于备用状态时，才允许反应堆启动。

辅助给水系统在接到反应堆保护系统的信号时或自动启动，或在程序操作的情况下手动启动，见表 4-6。

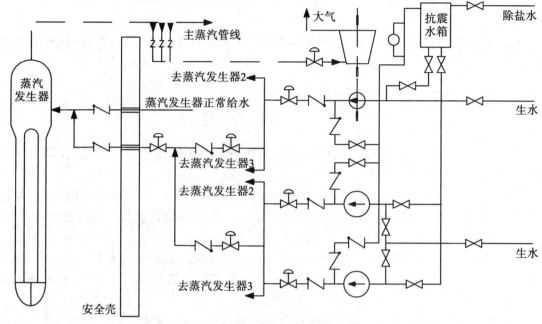

图 4-40　早期蒸汽发生器辅助给水系统

表 4-6　辅助给水系统自动启动情况表

情　况	电动辅助给水泵（2 台）	汽动辅助给水泵
1. 主给水泵断路	×	
2. 1 台蒸汽发生器高-高水位； 1 台蒸汽发生器高-高水位(2/4)引起汽轮机脱扣，反应堆紧急停闭； 关闭给水流量调节系统的主阀（延迟）； 关闭给水流量调节系统的旁路阀（延迟）； 自动停止主电动给水泵和汽动给水泵的运转	O	
3. 任何一台蒸汽发生器(2/4)的低-低水位同时发生低给水流量	×	×
4. 任何一台蒸汽发生器(2/4)的低-低水位	×	×
5. 反应堆一回路泵(2/3 环路)低转速		×
6. 冷凝水抽取泵母线低压	×	
7. 安全注射	×	
8. 低给水流量(2/3)，同时功率超过整定值	××	××

　　注：×——直接启动；O——间接启动，正常给水泵断供给水后启动；××——接到未能紧急停堆的预期瞬态信号启动。

　　在直接或间接引起一台或一台以上蒸汽发生器的主给水断失的事故情况下，泵自动启动。启动信号由反应堆保护系统发出，根据事故情况，或只启动电动泵，或电动泵和汽动泵一起被启动。在任何情况下，都要保持辅助给水的流动，以免蒸汽发生器二次侧烧干，以及水从稳压器流失。

一旦系统启动，或通过调节控制阀，或通过停止一台泵运转，操纵员对辅助给水流量可以远程控制，将蒸汽发生器的水位维持在规定的限值内。给水泵启动条件如图 4-41 所示。

在反应堆启动和停闭时，辅助给水系统用于反应堆一回路的热量导出。在余热排出系统或主给水系统都不能发挥作用的过渡时期，可使用辅助给水系统。

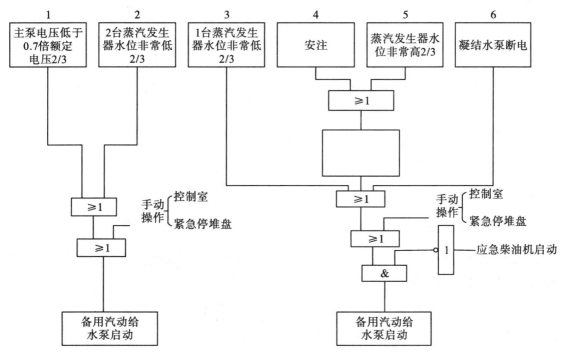

图 4-41　给水泵的启动条件

4.8.2.3　辅助给水系统布置的改进

作为核电站重要的专设安全设施的辅助给水系统，在大多数核电厂事故中都关系到最终热阱是否可靠的问题。

为了更进一步提高安全性，增加运行的灵活性，缓解事故的后果，我国秦山二期核电站、CPR1000 反应堆、华龙一号等机组对辅助给水箱的容积作了增大的改进设计。将在保持原有辅助给水间平面布置尺寸不变的基础上，通过增加厂房高度和水箱高度，使辅助给水箱的有效容积从原有 790 m³ 增大到 1000 m³，增大后的辅助给水箱容量将在Ⅱ类、Ⅳ类事故工况的基础上，还能满足主给水管道破裂同时考虑丧失厂外电源时，由于反应堆冷却剂系统热工条件的恶化，须辅助给水系统长时间运行达到余热排出系统投入条件时所需的容量。

辅助给水系统辅助给水泵配置修改为两台电动泵和两台汽动泵的 4 台配置（图 4-42），4 台泵的辅助给水系统包括两部分：一堆专用部分和两堆共用部分。专用部分分别有两个供水母管，一个母管对应 2 台 50% 容量的电动泵，另一个母管对应 2 台 50% 容量的汽动泵。两台电动泵分别为 A、B 两个系列，两台汽动泵也分别为 A、B 两个系列。4 台泵中的每台泵流量大约为 100 m³/h。采用 4 台泵方案，堆芯损坏概率（CDF）可降低 15%。

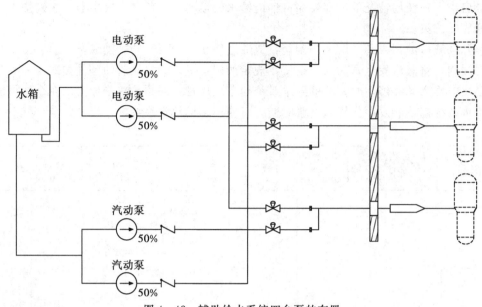

图 4-42　辅助给水系统四台泵的布置

4.8.3　一次侧非能动余热排出系统

　　AP1000 采用了一次侧非能动余热排出系统，在非 LOCA 事故时，利用非能动余热排出热交换器应急排出堆芯衰变热。如图 4-43 所示。

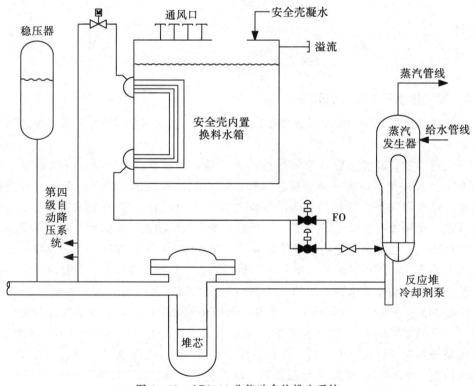

图 4-43　AP1000 非能动余热排出系统

热交换器由一组连接在管板上的 C 型管束和布置在上部(入口)和底部(出口)的封头组成。热交换器的入口管线与主回路系统热管段相连接,出口管线与蒸汽发生器的下封头冷腔室相连接,它们与主回路系统热管段和冷管段组成了一个非能动余热排出的自然循环回路。

热交换器的入口管线处于常开状态,并且与热交换器上封头相连。入口管线从主管道热段顶部引出,通过与第四级自动降压系统 ADS-4 相连接的三通管上的一个通道,然后管路一直向上到达靠近热交换器入口的高点。正常情况下入口管线处的水温要高于出口管线处的水温。

出口管线上设有常关的气动阀,它在空气压力丧失或者控制信号触发下才会打开。热交换器的布置(带一个常开的入口电动阀和常关的出口气动阀)使其中充满了主回路系统的冷却剂并处于和主回路系统一样的压力。热交换器中的水温和安全壳内置换料水箱的水温大致相同,从而在核电厂运行期间建立并保持热驱动压头。

热交换器位于高于主回路系统环路的内置换料水箱内,从而在反应堆冷却剂泵不可用时使冷却剂依靠自然循环流过热交换器。管道布置也允许在反应堆冷却剂泵运行时运行热交换器。反应堆冷却剂泵的运行可以使冷却剂以自然循环的方向强制循环流动。内置换料水箱为热交换器提供热阱。

非能动安全壳冷却系统和一回路非能动余热排出系统一起为堆芯提供长期冷却。当内置换料水箱内的水温达到饱和温度(大约 2 h 内)后,水箱内的水开始向安全壳内蒸发。非能动安全壳冷却系统将蒸汽冷凝,冷凝水由一个布置在运行平台标高处的安全相关的水槽收集。水槽内的水通常排向安全壳地坑,但是当一次侧非能动余热排出系统启动后,水槽排水口与安全相关的隔离阀将关闭,水槽中的水将溢出而直接返回到 IRWST。凝结水的回收能长期维持非能动余热排出热交换器的热阱。无论反应堆冷却剂泵运行与否,一次侧非能动余热排出系统的设计都能够在 36 h 内将冷却剂的温度冷却到 215.6 ℃。在这样的条件下,主回路系统得以降压,冷却剂管路之间的应力也能够降到一个较低的水平。

4.8.4　二次侧非能动余热排出系统

另一种带走堆芯衰变余热的方式为二次侧非能动余热排出系统。

二次侧非能动余热排出系统(图 4-44)用于发生全厂失电且辅助给水系统汽动泵失效情况下,通过蒸汽发生器导出堆芯余热和反应堆冷却剂系统设备储热,在 72 h 内将反应堆维持在安全状态。非能动二次侧余热导出系统设置 3 个系列,分别对应 3 台蒸汽发生器,每个系列包括 1 个换热水箱、1 台应急余热排出冷却器、2 台应急补水箱和相应的电动阀门及管道。事故情况下,该系统投入,蒸汽发生器产生的蒸汽通过蒸汽管道进入应急余热排出冷却器管侧,将热量传递给换热水箱,随后蒸汽冷凝为水,流出应急余热冷却器,注入蒸汽发生器二次侧,在蒸汽发生器中加热后再变成蒸汽,沿蒸汽管道进入冷却器,形成自然循环。二次侧非能动余热导出系统通过蒸汽发生器将反应堆冷却剂中的热量传递到应急余热排出冷却器,然后传递给换热水箱中的水,进而通过换热水箱中水的蒸发将热量最终传递到环境中,维持反应堆的安全。

系统投入时,应急补水箱的电动隔离阀会自动开启,使应急补水箱中的水注入蒸汽发生器二次侧,补偿蒸汽发生器二次侧水位降低。补水箱水位低时,补水箱上下游隔离阀自动关闭,防止蒸汽旁通进入补水箱。

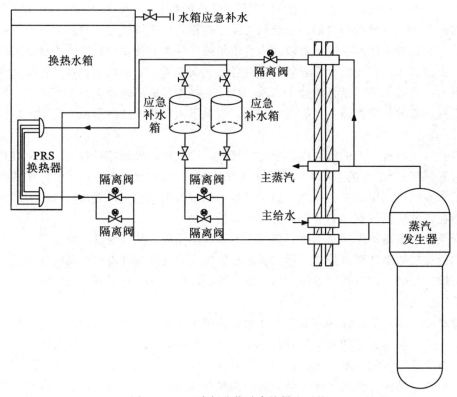

图 4-44　二次侧非能动余热排出系统

习　题

基础练习题

1. 说明非能动安全的分类与定义，并举出相应的例子。

2. 说明反应堆停堆后，带走堆芯衰变余热的设计。

3. 以 CPR1000 核电厂为例，说明发生大破口失水事故后，堆芯衰变余热排出到环境（最终热阱）的途径。

4. 以 AP1000 核电厂为例，说明发生大破口失水事故后，堆芯衰变余热排出到环境（最终热阱）的途径。

5. 喷淋系统启动后，添加 NaOH 化学添加剂的作用是什么？

6. 蒸汽发生器出口的蒸汽管道破裂对一回路的危害如何？怎样处理？

拓展题

1. 结合压水堆核电厂仿真系统，进行蒸汽发生器传热管破裂事故的分析，分析各个安全系统动作的顺序与作用。

2. 结合 AP1000 压水堆核电厂仿真系统，进行大破口失水事故的分析，分析各个非能动安全系统动作的序列与作用。

3. 通过查询资料，比较 CPR1000 安注系统与华龙一号安全系统的区别，并说明改进的优势。

第 5 章

严重事故缓解系统

5.1 严重事故基本知识

5.1.1 堆芯熔化基本形式

现有核电厂基于纵深防御原则,设置了多道屏障及专设安全设施,只有连续发生多重故障及操作失误,才会导致堆芯严重损害,相应的假设始发事件主要包括:

(1)失水事故后失去应急堆芯冷却;

(2)失水事故后失去再循环冷却;

(3)全厂断电后未能及时恢复供电;

(4)蒸汽发生器传热管破裂后失去热阱;

(5)失去公用水或失去设备冷却水;

(6)意外硼稀释、安全壳旁路等;

(7)地震和火灾等自然灾害。

假设始发事件本身并不直接导致堆芯严重损坏,始发事件发生后一系列的堆芯热阱的失效才会导致严重堆芯损坏的后果。

严重事故堆芯熔化可分为高压熔化和低压熔化两种情况。

低压熔化一般以冷却剂丧失为特征。由于冷却剂不断丧失,燃料元件裸露升温,燃料包壳与蒸汽发生锆水反应放出热量与氢气。堆芯熔化,向下将压力容器底部熔穿。熔融物随后与安全壳底板混凝土相互作用,释出不凝结气体,造成安全壳晚期超压失效及底板熔穿。

高压熔化一般以二次侧热阱丧失为特征。冷却剂系统在失去热阱后升温升压,稳压器安全阀开启,使冷却剂不断丧失,堆芯裸露熔化。一回路系统可能发生高压熔融物质喷射,造成对安全壳直接加热(DCH),导致安全壳超压失效。

严重事故工况下,电厂的破坏形式主要包括:

(1)严重堆芯损坏。严重事故工况下,堆芯失去冷却而熔毁。

(2)蒸汽发生器传热管蠕变失效。蒸汽发生器传热管温度升高,内外压差增大,使传热管发生蠕变失效。

(3)高压堆芯熔融物的喷射。高压熔融物喷射可导致安全壳内压力、温度迅速升高,造成安全壳失效。

(4)压力容器熔穿。堆芯熔化后向下坠落,可继续熔穿反应堆压力容器,造成第二道安全屏障失效。

(5)安全壳内氢爆。安全壳氢气浓度达到一定值,将发生氢爆,造成安全壳损坏失效。

(6)压力容器及安全壳内蒸汽爆炸。压力容器和安全壳蒸汽快速产生，蒸汽大量积聚将导致蒸汽爆炸，损坏压力容器和安全壳。

(7)堆芯熔融物与混凝土的相互作用。堆芯熔融物熔穿压力容器后，与安全壳底板混凝土相互作用，释出不凝结气体，造成安全壳超压失效及底板熔穿。

(8)安全壳超压失效。安全壳失去热量排出能力，可导致安全壳温度升高超压失效，丧失密闭性。

(9)安全壳负压失效。在严重事故期间，安全壳喷淋动作可使安全壳内蒸汽降温冷凝产生一定程度的真空，导致安全壳负压破坏。

(10)放射性外泄。安全壳损坏泄漏及安全壳旁路均会引起放射性物质直接释放到环境。

5.1.2　严重事故缓解措施

严重事故缓解的主要目的是缓解严重事故的后果，使反应堆达到稳定的状态，并尽可能保持堆芯热阱，尽可能长时间保持安全壳的完整性。若安全壳完整性受到破坏，则应尽可能降低放射性物质向环境的释放。针对上述严重事故的破坏形式，相应的缓解措施主要为[①]：

(1)向蒸汽发生器注水，为反应堆冷却剂系统提供热阱，防止蒸汽发生器传热管蠕变失效，同时冲洗从传热管破口进入蒸汽发生器的裂变产物，减少放射性物质向环境的释放。

(2)向反应堆冷却剂系统注水，维持和恢复堆芯冷却。当堆芯裸露后，排出堆芯余热，防止堆芯熔毁。向冷却剂系统注水还可预防或延缓压力容器失效，并洗涤由堆芯熔融物释放的裂变产物。

(3)降低反应堆冷却剂系统压力，可预防高压熔融物喷射，并减小蒸汽发生器传热管内外压差，预防传热管蠕变失效。当冷却剂系统压力降低时，也可增强冷却水源注入到反应堆冷却剂系统的能力。同时，防止冷却剂系统超压失效，保持压力容器完整性。

(4)释放安全壳压力，缓解安全壳高压对安全壳完整性造成的严重威胁，防止安全壳失效及裂变产物不可控释放。

(5)向安全壳注水，使安注系统和安全壳喷淋系统以再循环模式运行，可淹没并冷却堆芯熔融物，防止熔融堆芯与混凝土相互作用，并缓解其后果。同时，注水也可冲洗压力容器外堆芯碎片产生的裂变产物，以减少放射性产物的释放。

(6)控制安全壳状态，防止超压破坏安全壳完整性，及温度升高破坏安全壳贯穿件密封。同时也可减少安全壳内气溶胶裂变产物的浓度，减少裂变产物从安全壳泄漏。

(7)防止放射性外泄，尽量减少放射性物质对电厂人员、公众和环境的危害，保护公众的健康和安全。

(8)减少安全壳氢气浓度和控制其可燃性，缓解氢气燃烧对安全壳完整性的严重威胁，维持安全壳是一个水蒸汽惰化的环境条件，防止安全壳内氢气爆炸及安全壳失效。

(9)控制安全壳真空度。在严重事故期间，安全壳喷淋可使安全壳内蒸汽降温冷凝产生一定程度的真空，导致安全壳因负压破坏。通过自然流入空气或主动引入空气等适当提高安全壳压力，可避免安全壳因负压破坏，缓解安全壳真空对安全壳完整性的威胁。

---

① 炊晓东，压水堆核电厂严重事故与对策浅析[J]．中国高新技术企业，2013，23．

5.2　防止高压熔堆

为了防止一回路在高压下失效，避免高压熔喷（HPME）和安全壳直接加热（DCH），消除严重事故下因一回路高压、高温导致蒸汽发生器传热管破裂从而造成安全壳旁通的可能性，目前的严重事故缓解策略的方法是将高压熔堆事故转化为低压熔堆事故。具体的实施途径就是设置专门的卸压阀。

我国的华龙一号[①]设置了一回路快速卸压系统（见图 5-1），在稳压器上设置了两列快速卸压阀。在严重事故发生时，操纵员可手动开启一回路快速卸压阀，以对反应堆冷却剂系统进行快速卸压，防止发生高压熔融物喷射和安全壳直接加热等现象对安全壳完整性构成威胁。

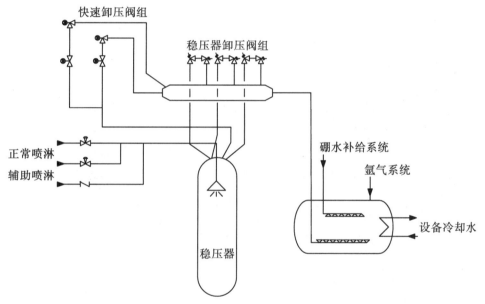

图 5-1　华龙一号一回路快速卸压系统

华龙一号一回路快速卸压系统属于反应堆冷却剂系统，其系统边界是反应堆冷却剂系统的压力边界的一部分。快速卸压阀依靠交流电源供电，在全场断电事故（SBO）工况下可以依靠蓄电池供电，确保严重事故下阀门的可靠开启。

一回路快速卸压系统主要由两列快速卸压阀门构成，每个系列包括一台电动闸阀和一台电动截止阀，正常运行时阀门关闭。在严重事故工况下，操纵员在主控制室或远程停堆站根据严重事故管理导则开启快速卸压阀门，完成反应堆冷却剂系统的快速卸压。

严重事故专用卸压阀与稳压器安全阀独立，但都排放到稳压器卸压箱。稳压器卸压箱由爆破盘保护，并排放到 2 个主泵隔间。卸压箱爆破盘破裂后有助于混合主泵间的不凝结气体，防止氢气积聚。

通过对丧失全部给水叠加多重安全功能失效高压熔堆事故序列下，进行一回路快速卸压

① 邢继. 华龙一号，能动与非能动相结合的先进压水堆核电厂[M]. 中国原子能出版社，2016.

的一回路压力计算(见图 5 - 2)表明，在堆芯出口温度达到 650 ℃时开启一列快速卸压阀对反应堆冷却剂系统进行卸压，压力容器下封头失效时一回路压力已降低至低于 1.0 MPa。压力容器下封头失效时一回路与安全壳之间的压差可以作为是否发生高压熔堆事故的判据，一般认为压力容器下封头失效时一回路压力不超过 2.0 MPa 可以有效避免高压熔堆。因此，可以认为华龙一号使用一回路快速卸压系统进行快速卸压的策略是有效的。

　　EPR 核电厂的设计与华龙一号类似。AP1000 核电厂则利用了其自动卸压系统(ADS)(见 4.6.5 节)。

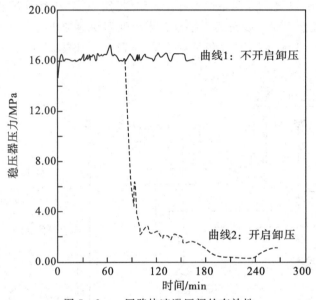

图 5 - 2　一回路快速泄压阀的有效性

5.3　安全壳消氢措施[①]

5.3.1　事故时氢气的来源及危害

　　安全壳内发生事故后，可能由于以下原因产生氢气：燃料包壳的锆水反应、水的辐照分解、结构材料的腐蚀、冷却剂系统中溶解氢气的释放、堆芯熔融物与混凝土的反应。

　　在发生 LOCA 或者严重事故后，安全壳巨大空间内的 H_2 与 O_2，根据 H_2 浓度的不同，会产生两种不同的反应。一种为燃烧，当 H_2 浓度达到 4％的燃烧下限时，H_2 与 O_2 发生燃烧；另一种为爆炸，爆炸是传播速度超过声速的燃烧，当高浓度的 H_2 和 O_2 充分混合后就会发生爆炸。但是氢气燃烧浓度与水蒸气的浓度有关，水蒸气相当于 H_2 燃烧的惰化剂，水蒸气的浓度越大，燃烧或者爆燃所需要的 H_2 浓度就越大，见图 5 - 3。

　　在压水堆核电厂安全壳内，发生 LOCA 后的水蒸气环境下，氢气的燃烧模式取决于混合气体的浓度、初始条件和边界条件。在氢气产生的地方，氢气没有与氧气混合，此时氢气

①　尚元元，刘杨. AP1000 核电厂事故情况下安全壳的氢气控制[J]. 科技视界，2016，13，12.

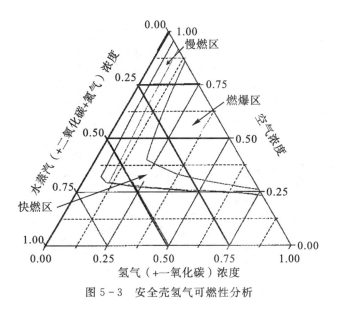

图 5-3　安全壳氢气可燃性分析

燃烧为扩散火焰；在氢气源的下游，氢气浓度增加同时与氧气混合，此时就可能发生爆燃。

安全壳消氢的措施主要是使氢气和氧气复合。目前在核电厂的应用主要为非能动氢气复合器和点火器。

5.3.2　非能动氢气复合器

非能动自催化氢气复合器（Passive Autocatalytic Recombiner，PAR）由一个既提供装置结构又支撑催化材料的不锈钢外壳组成。外壳的底部和顶部有开口，并且向上延伸高于催化剂高度，从而通过烟囱效应提高装置的效率和流通能力。催化剂材料可装在一个网状金属筒内或附在金属板基底材料上，并由外壳支撑。网筒或板片之间的间隙为流通气体提供通道。在运行期间，复合器内的气体由于复合过程而被加热，并通过自然对流上升。之后，随着加热气体上升，安全壳空气混合物由 PAR 的底部进入，然后被复合生成水蒸汽的放热反应加热，最终通过烟囱排出，在那里与安全壳大气混合，原理如图 5-4 所示。

PAR 设备非常简单，并且是非能动的。它没有能动部件，也不依赖电源或者其他支持系统，当存在反应物（氢气和氧气）时自动启动。通常，氢气和氧气只有在比较高的温度时（高于 593.3 ℃）才能通过燃烧而复合。但是，在有钯之类的催化金属存在时，即使在温度低于 0 ℃时"催化燃烧"也能发生。

反应物必须接触到催化剂后才能发生反应，反应产物必须离开催化剂才能有更多的反应物反应。

PAR 本质上是一个分子扩散过滤器，因此，开放式的流道不易受污垢影响。当催化剂保持干燥时，只要氢气、氧气存在，PAR 就立即开始复合。如果催化剂材料是湿的，那么 PAR 的启动会有短暂延迟。相对于设计基准事故后，PAR 必须控制氢气积累速率的时间（几天至几周），其延迟时间是很短的。在事故早期，可燃气体浓度形成之前，复合过程能在室温或升高的温度下发生。PAR 在大范围的环境温度、反应物浓度（高和低，氧气/氢气浓度小于 1%）和蒸气惰性（蒸气浓度大于 50%）时均有效。

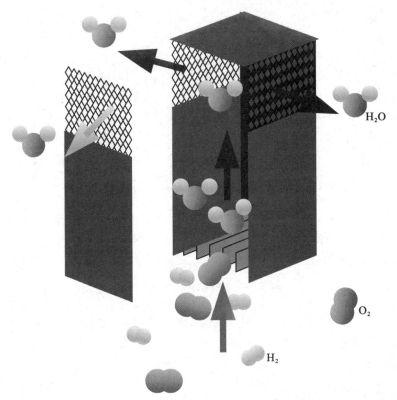

H_2O

O_2

H_2

图 5-4　非能动氢气复合器示意图

5.3.3　氢气点火器

氢气点火器的外形结构如图 5-5 所示，在点火器上有一个喷淋屏蔽装置，用于保护点火器，能够防止水滴(安全壳壁及邻近设备和结构上水蒸气凝结产生的水滴)落到点火器上。

氢气点火器是利用热消氢的方法使氢气浓度降到可燃浓度以下，其工作原理为：加热元件将电能转化为热能，并维持高温状态，从而使达到可燃限值的氢气和空气混合气体在与加热件表面接触后发生燃烧，氢气得到快速消除。氢气点火器为线圈型点火器，一旦氢气达到可燃浓度，处于发热的点火塞很容易点燃附近的氢气。

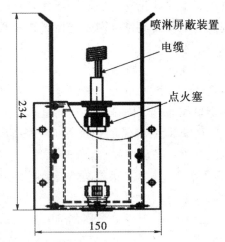

喷淋屏蔽装置

电缆

点火塞

234

150

图 5-5　氢气点火器结构示意图

正常情况下，每组电源都由厂外电源供应；当丧失厂外电时，每组电源由厂内非 1E 级的柴油机中的一台供应；当柴油机也不可用时，由非 1E 级的蓄电池为每组提供大约 4 小时的点火运行支持。

点火器的运行，需通过操纵员的手动操作。事故情况下，当堆芯出口热电偶温度达到 649 ℃时，操纵员通过主控室手动启动。

5.3.4　EPR 电厂消氢系统设计

EPR 可燃气体控制系统可避免因氢气快速燃烧造成的安全壳失效。该系统按其运行功能可分为 2 个子系统：氢气复合系统、氢气混合和分布系统。

氢气复合系统由分布在安全壳内的 47 个非能动自催化氢气复合器组成（41 大＋6 小）。

氢气和氧气遇到催化剂时将在 PAR 下部复合，复合反应释放的热量使气体密度降低，从而促进自然循环和确保高的催化效率。当有氧气存在时，如果氢气浓度达到启动阈值，PAR 自动开始工作。

除 PAR 数量外，为保证 PAR 的性能和保证氢气复合效果，还需考虑 PAR 的布置和防护。47 个 PAR 布置在安全壳内的设备间内以促进安全壳内整体的对流，使安全壳内大气成分均匀和降低局部氢气浓度。考虑到氢气的分层效应，在安全壳穿顶也布置了 PAR，以改善安全壳内大气成分均匀后的复合效果。布置原则是使燃料包壳发生 100％锆-水反应后，安全壳内氢气总体体积浓度低于 10 ％，长期阶段时低于燃烧限值 4％。

氢气混合和分布系统设计成使安全壳内存在混合通道，以便安全壳内大气混合。EPR 采用"双室"设计，使得正常运行时，一些设备间与安全壳内其他隔间隔离，工作人员可以进入。发生事故时，通过爆破薄片、对流薄片和氢气混合风门在它们之间建立通道，将安全壳转化为"单室"，即整个对流空间，消除可能积聚不可凝气体的死区。爆破薄片位于蒸汽发生器隔间顶部，在压差达到一定值时非能动开启。对流薄片也位于蒸汽发生器隔间顶部，当薄片下部气体温度达到一定值或压差达到一定值时非能动开启。氢气混合风门安装在分隔 IR-WST 与环形空间的墙上，是失效安全的，当压差达到一定值或绝对压力达到一定值或失电时开启。

此外，EPR 还设置了严重事故下安全壳氢气浓度取样监测系统——HERMETIS 系统，从穿顶、稳压器隔间上部、4 个蒸汽发生器隔间以及环形空间取样，在安全壳外分析氢气浓度和蒸汽浓度。

5.3.5　AP1000 消氢系统设计

AP1000 核电厂氢气控制系统由 2 个非能动氢气复合器（PARs）子系统和 64 个氢气点火器子系统组成。

设计基准事故下，假设 1％的燃料包壳发生锆水反应，非能动氢气复合子系统中的两台非能动氢气复合器能适应预期的氢气产生率，将安全壳内的氢气浓度控制在小于 4％的安全限制内。

PAR 安装在安全壳内高于操作平台的区域，标高分别为 51.8 m 和 55.2 m，距安全壳壳体均为 4.0 m。布置点位于安全壳内均匀混合区域。此外，PAR 的布置远离了可能的蒸汽快速向上流动区域，如环路隔间上方气团上升区域。设计基准事故只是假设 1％的包壳发生锆水反应，可以通过 PAR 使其浓度降低到安全值以下。

而对于严重事故，假设 10％以上燃料包壳发生锆水反应时，对于可能发生的氢气产生率超过复合器能力且快速生成大量氢气的事件，需应用氢气点火子系统。

氢气点火器共 64 个，布置在安全壳内各处可能的氢气释放区域、流通区域或可能积累的区域，几个比较典型的位置是反应堆腔室、回路隔间、稳压器隔间、换料室、安注箱室、化容控制系统设备间、IRWST 喷淋阀处及 IRWST 通风孔口处等。为了限制氢气燃烧时对安全壳造成影响，氢气的主要释放途径都远离安全壳。而且在每个封闭区域至少安装有两个点火器，减少了安全壳或单独隔间内点火器可能出现的功能失效。

5.3.6 华龙一号消氢系统设计

华龙一号同样设计了安全壳消氢系统，用于在严重事故工况下将安全壳大气中的氢浓度减少到安全限值以下，从而避免发生氢气燃烧和氢气爆炸对安全壳完整性构成威胁。

华龙一号的安全壳消氢系统由完全独立的数十台非能动氢复合器组成，根据氢气的产生和聚积情况在安全壳隔室内布设一定数量的复合器。当安全壳内的氢气浓度达到一定数值时，非能动氢复合器将启动并复合氢气，将安全壳内的氢气浓度控制在安全范围之内。

非能动氢气复合器在氢气浓度达到启动阈值时能够自动启动，不需任何监测和控制措施。

除了非能动安全壳氢气复合器之外，华龙一号还设置了安全壳氢气监测系统，用于严重事故下对安全壳内氢气浓度进行有效监测，确保控制氢气可燃性相关的严重事故缓解措施的有效运行，并为确定核电厂状态和为严重事故管理期间的决策提供实际的信息。

5.4 堆芯熔融物的冷却策略

堆芯熔融事故处理的总体管理策略是对反应堆腔注水、淹没反应堆容器。该策略的理论基础是受外部冷却的下封头能够抵御堆芯熔融物的下降侵蚀。在实际情况中，可能面临的问题却是下封头在承受此环境下的热力载荷时能否保持完整性。载荷是由于容器内存在高温熔化（对于氧化物温度高达 2700 ℃，对金属熔融物则达 1500 ℃）而产生的。在高温熔融物布置在下封头上部的过程中，最初是强迫对流占主导地位，经过一系列的混合转化后最终达到完全自然对流状态。下封头的完整性一方面可能因为熔穿而受到破坏，另一方面也可能由于机械载荷（包括所有的内部压力和内、外冷热造成的热应力）促使结构失效和壁厚的不断变薄相结合而使其破坏。

当前国际核电领域对堆芯熔融这类严重事故主要提出了 2 类缓解方案：第 1 类是把压力容器作为堆芯熔融物的包容装置，通过外部的非能动水对压力容器进行冷却，保证压力容器的完整性；第 2 类则是在压力容器外设置熔融物的包容区，即在压力容器外面采用专门的材料和设施来保证熔融物不外泄。

5.4.1 压力容器内熔融物滞留(IVR)

在发生堆芯熔化事故时，通过冷却水对压力容器外表面进行冷却，从而保证熔融物维持在压力容器内部(In-vessel Retention)，其功能主要靠压力容器外淹没冷却系统实现。

在发生堆芯熔化事故时，冷却水将注入压力容器外壁和其保温层之间，带走压力容器外壁的热量，有效地冷却落入压力容器下封头的堆芯熔融物；产生的蒸汽由蒸汽/水出口排出，从而将熔融物保持在压力容器内，保证压力容器的完整性，避免了堆芯熔融物和混凝土底板发生反应，如图 5-6 所示。

在国际上为滞留堆芯熔融物而采用堆腔注水冷却反应堆压力容器外壁方式的核电厂中，

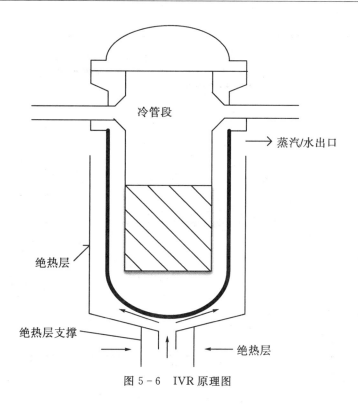

图 5-6   IVR 原理图

普遍采用美国 Theofanous 教授提出的基于风险导向的事故分析方法(ROAAM)进行压力容器内熔融物滞留评价。该方法以压力容器热失效准则为判据,首先明确典型严重事故序列及熔融池最终包络状态;在分析包络状态下各关键参数概率分布的基础上,通过参数抽样,确定压力容器热负荷特性;与试验测得的压力容器外表面的临界热流密度进行对比分析,若实际热流密度低于临界热流密度,则认为堆芯熔融物堆内滞留成功。

以华龙一号为例,选取了大 LOCA、中 LOCA、小 LOCA 和全厂断电(SBO)事故为始发事件引发的严重事故进行分析。基于序列分析结果和风险分析结论及工程经验,确定了关键参数为锆氧化份额、不锈钢质量和衰变余热。基于以上参数概率密度分布函数,通过统计抽样并结合典型严重事故现象参数,利用压力容器内堆芯熔融物传热分析程序,在一定保守假设条件下计算了堆芯熔融物向压力容器传热的热流密度及其分布。将计算得到的热流密度分布与实验得到的临界热流密度分布对比,判断堆芯熔融物堆内滞留的成功性。

各严重事故序列下的压力容器下封头外表面热流密度与临界热流密度的对比如图 5-7 所示。分析中进行了 10000 次抽样计算,只有 3 次下封头壁面热流密度超过 CHF,因此认为堆芯熔融物可以成功实现堆内滞留。

为了保证 IVR 功能的实现,就需要有连续的堆腔注水。下面以华龙一号设计为例,说明堆腔注水系统。

华龙一号的堆腔注水冷却系统用来在严重事故后将水注入堆腔中压力容器保温层内,冷却反应堆压力容器外壁面,导出压力容器内堆芯熔融物的热量,从而确保严重事故下压力容器不被熔穿,维持压力容器的完整性,实现压力容器内堆芯熔融物的滞留,防止发生压力容器外蒸汽爆炸和堆芯熔融物与混凝土底板相互作用等现象威胁安全壳的完整性。

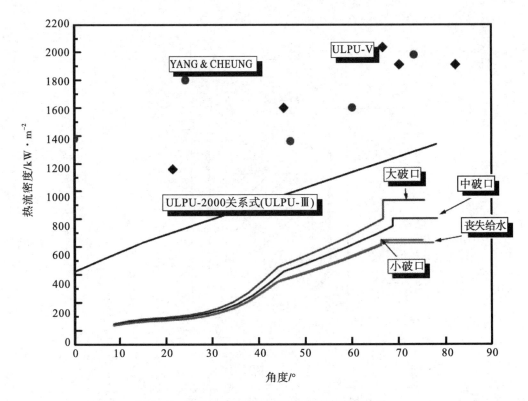

图 5-7　临界热流密度与熔融物热流密度的关系

堆腔注水冷却系统包括能动注入和非能动注入两部分(见图 5-8)。能动部分设计包括两个独立的系列,每个系列都能独立保证其功能,并由独立的应急电源供电。非能动部分则由 72 h 蓄电池系统提供可靠供电。

在严重事故发生时,能动堆腔注水冷却系统将安全壳内置换料水箱内的水注入压力容器保温层内。每个系列配备了一台堆腔注水泵,其入口分别与安全注入系统相应系列的安注泵的入口管道相连,严重事故工况下从内置换料水箱(IRWST)取水。同时,堆腔注水泵的入口还与消防水分配系统相连,可将消防水作为能动注入的备用水源。两台堆腔注水泵的出口管线在经过贯穿安全壳的安全壳隔离阀后合并为母管并注入堆腔。注水管道与保温层的底部相连,注入的冷却水通过反应堆压力容器外壁与保温层内壁之间的流道向上流动,最终从保温层筒体上部的排放口流出,并返回到 IRWST。

在严重事故发生时,非能动堆腔注水箱内的水能够依靠重力注入压力容器保温层内,以非能动的方式实现反应堆压力容器的冷却。非能动堆腔注水冷却子系统设置在安全壳内,非能动堆腔注水箱内的水质为除盐水。为保证非能动堆腔注水的可靠性并防止系统误投入,设置了四台并联的直流电动阀作为隔离部件。四台电动隔离阀分为两列,每一列中一台电动隔离阀常关,另外一台常开。来自非能动堆腔注水箱中的除盐水在经过上述阀门后,两根非能动堆腔注水支管线再次合并为一根母管贯穿到堆腔内部与压力容器保温层相连。在严重事故发生同时能动堆腔注水冷却子系统不可用时,隔离阀开启,非能动堆腔注水箱中的水依靠重力注入反应堆压力容器与保温层之间的环形流道,并逐渐淹没反应堆压力容器下封头,实现

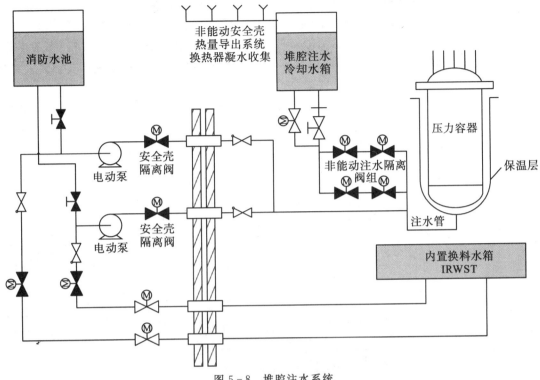

图 5-8　堆腔注水系统

非能动的冷却。为了收集来自非能动安全壳热量导出系统换热器的冷凝水，堆腔注水冷却系统设置了 12 根连接在非能动安全壳热量导出系统换热器底部集液盘的管道，并最终汇合为一根母管流入非能动堆腔注水箱，从而补偿由于汽化而损失的冷却水量，满足一定时间内的蒸发冷却要求。

5.4.2　压力容器外熔融物冷却

压力容器外熔融物冷却的处理方式，就是设置堆芯捕集器阻隔堆芯熔融物和混凝土发生反应，同时对熔融物进行持续冷却，使其热量最终排出堆内。冷却原理如图 5-9 所示。

以 EPR 核电厂为例。一旦压力容器熔穿，EPR 设计了压力容器外专用的堆芯熔融物捕集、稳定和冷却系统，使熔融物在面积约 170 m² 的堆芯捕集器上摊开，通过提高表面积与体积之比，将堆芯熔融物转化成更易于冷却的结构形式。该系统包括四个部分：堆坑、堆坑底部的熔融塞和熔融门、熔融物喷放通道、扩展间和冷却结构。

堆坑使用牺牲性混凝土和耐火材料保护层，临时滞留熔融物，以便收集从压力容器流出的所有熔融物，并便于在熔融门开启后快速扩展。堆坑底部的熔融塞和熔融门提供一个预先规定好的失效位置。熔融物喷放通道为衬有耐火材料的不锈钢通道，可将熔融物导向扩展间。

扩展间设置有专门的冷却结构，并衬有牺牲性混凝土，可促进熔融物的稳定和冷却。扩展间为无出口的隔间，与安全壳其他部分隔离，可防止喷淋、泄漏或管道破裂直接注入，避免积累大量水，确保熔融堆芯在干燥环境下扩展。

一旦熔融物到达扩展间，自动开启注水的弹簧阀，IRWST 内的水将靠重力非能动地向冷却结构注水。然后，水将溢流进扩展间，直至扩展间与 IRWST 达到水压力平衡。

在这种非能动淹没模式运行时，IRWST 的水将沸腾，并向安全壳自由空间释放蒸汽，安全壳内的压力和温度将上升。但 EPR 安全壳设计有足够的自由体积以及结构热阱，可使堆芯熔化后几个小时内安全壳压力、温度不会达到其设计值。

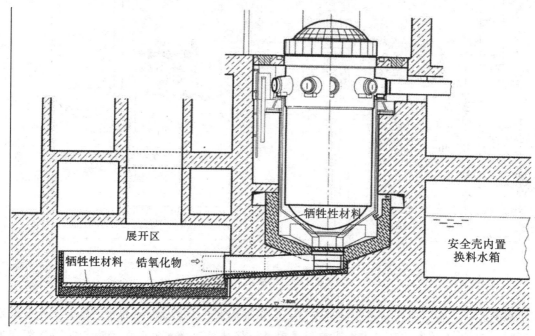

牺牲性材料

展开区

牺牲性材料　锆氧化物

安全壳内置换料水箱

▽-7.80m

图 5-9　安全壳外熔融物冷却原理图

5.4.3　堆芯捕集器

堆芯捕集器是一种新的思路，用以缓解堆芯熔融物对压力容器的熔穿。堆芯捕集器的设计过程是在结合第三代堆型 2 种主要设计思路的基础上而进行发展的：第 1 种是类似 AP1000 的设计思路，通过非能动水冷却压力容器外表面，使堆芯熔融物滞留在压力容器内；第 2 种就是 EPR 的设计思路，使用压力容器外部的专门设施来实现对堆芯熔融物的包容。

在实际情况中，当发生堆芯熔融事故时，堆芯的熔融物将会被堆芯捕集器收集，在掉落的过程中加剧破碎，与牺牲材料发生反应，之后在熔融池下层形成金属熔融物。冷却捕集器的外壁为金属，通过热交换装置供水管道通入含硼冷却水，实现压力容器外堆芯熔融物的冷却和保持。此方案能保证捕集器的完整性，即在事故过程中，捕集器的包容边界不会被破坏，能保持长期的次临界状态，其结构系统如图 5-10 所示。

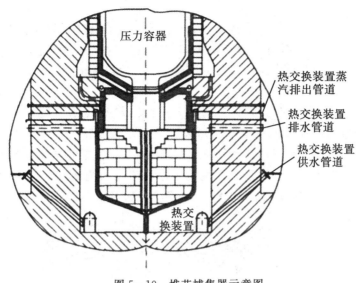

图 5-10 堆芯捕集器示意图

5.5 安全壳热量导出系统

有效导出安全壳内的热量是确保安全壳完整性的重要基础。与安全系统设计类似，应对严重事故下安全壳热量的导出，也可以采用能动设计或非能动设计。

5.5.1 非能动安全壳热量导出

以华龙一号设计为例说明非能动安全壳热量导出。华龙一号设计了非能动安全壳热量导出系统（PCS），用于在包括严重事故的设计扩展工况下的安全壳长期排热，将安全壳压力和温度降低至可以接受的水平，防止超温超压对安全壳完整性构成威胁。

PCS 系统还可以通过收集事故过程中 PCS 换热器外表面的冷凝水，并汇流至堆腔注水系统（CIS）的非能动堆腔注水箱中，用于严重事故后的堆腔注水冷却功能。

AP1000 的安全壳非能动热量导出系统与其应对设计基准事故时一致。

以上两个系统在第 4 章均有详细描述，此处不再赘述。

5.5.2 能动安全壳热量导出

以 EPR 为例说明能动安全壳热量导出。在堆芯熔融物流到 170 m^2 的扩展间后，安全壳热量导出系统将从非能动模式切换到能动的安全壳喷淋模式。安全壳热量导出系统将从 IRWST 取水，在被安全壳外的热交换器冷却后，经喷淋集管喷淋、冷凝蒸汽，喷淋水及冷凝水将沿着安全壳内结构流入 IRWST 以持续再循环。

一旦安全壳内压力已降到足够低，安全壳热量导出系统可切换到长期再循环模式，直接向扩展间供水。

冷却通道内的水和熔融物表面的水将处于单相。衰变热通过单相水流动从扩展的熔融物内导出，而不再是蒸发到安全壳大气内。这种方式可长期维持安全壳内大气压力，和进一步降低释放放射性的可能。

在长期再循环模式下，扩展间的水位将上升至蒸汽通道出口顶部，溢流并返回到 IRW-ST，再循环进入扩展间冷却系统。由于扩展间和堆坑通过打开的熔融门和转移通道连通，水将进入堆坑并淹没压力容器直至一回路主管道高度，为转移通道、堆坑或压力容器内可能积存的碎片建立长期冷却。

安全壳热量导出系统共 2 个系列，分别位于一个专设安全设施厂房。由于事故后安全壳热量导出系统滤网可能被各种碎片堵塞，为保证安全壳热量导出系统从 IRWST 取水的能力，安全壳热量导出系统设有反冲洗运行模式。当两列安全壳热量导出系统地坑滤网均堵塞时，安全壳热量导出系统泵从安注系统地坑取水，反冲洗系统滤网。当一列地坑滤网堵塞时，另一列未堵塞的泵反冲洗堵塞列的滤网，如图 5 - 11 所示。

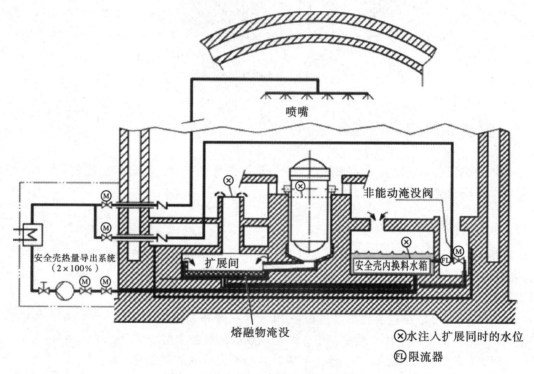

图 5 - 11 EPR 安全壳热量导出系统

5.6 安全壳过滤排放系统

5.6.1 系统功能

安全壳过滤排放系统的功能是在严重事故中通过对安全壳主动卸压使安全壳内的大气压力不超过其承载限值，从而确保安全壳的完整性。通过系统中的过滤装置对排放气体中的放射性物质进行有效过滤，可以减少排放过程中释放到环境中的放射性物质，降低事故的放射性后果。该系统的设计目标是防止严重事故后安全壳内大气压力逐渐升高可能引起的安全壳超压失效，不能应付短时间内较高的压力瞬态(如由于安全壳内氢气爆炸而引发的压力瞬态)。

5.6.2　**系统描述**

安全壳过滤排放系统(CFE)的主要设备包括手动的安全壳隔离阀、文丘里水洗器、金属纤维过滤器、限流孔板和爆破膜(见图 5-12)。严重事故后，当安全壳内大气压力即将超过限值时，由应急指挥中心发出开启指令，运行人员在屏蔽墙后远距离手动操作开启事故机组的安全壳隔离阀，启动安全壳过滤排放系统。

CFE 系统开启后，安全壳内的气体经过安全壳隔离阀进入文丘里水洗器，与淹没文丘里喷管的化学溶液充分接触，从而实现第一道液滴分离以及气溶胶和碘的滞留。气体穿过文丘里水洗器之后进入其下游的金属纤维过滤器，从而去除气体中残留的难以滞留的气溶胶和微小粒径水滴。金属纤维过滤器作为第二级滞留措施，能够保证整个系统在长期内的高滞留率及高效液滴分离能力。

由金属纤维过滤器引出的系统排出管线上依次设有限流孔板、爆破膜，排出管线最终引向电厂烟囱。在打开安全壳隔离阀之后，系统内压力将会快速上升，并与安全壳内的压力趋于平衡，当系统内压力达到爆破膜的整定值时，爆破膜破裂。这样，经过两级过滤的气体由此通过电厂烟囱排向大气。

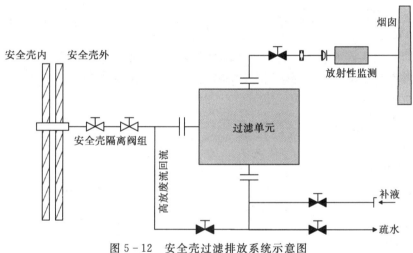

图 5-12　安全壳过滤排放系统示意图

习　　题

基础练习题

1. 说明针对高压熔堆的措施。

2. 说明针对氢气燃烧的应对措施。

3. 说明针对熔融物冷却的应对措施。

4. 说明 IVR 的实现原理及其限制。

拓展题

1. 通过查询资料，说明 IVR 措施与 EVR 措施的异同点。

2. 通过查询资料，结合我国华龙一号针对严重事故的缓解措施，说明华龙一号的优点。

第6章

一回路主要辅助系统

一回路辅助系统是核电厂辅助系统的重要组成部分(核辅助系统还包括辅助冷却水系统、三废处理系统、核岛通风空调系统及核燃料装卸贮存和工艺运输系统),是保证核电厂一回路、二回路系统正常安全运行的重要系统。它包括化学与容积控制系统(Chemistry and Volume Control System,CVCS)、反应堆硼与水补给系统(Boron and Water Makeup System)、堆芯余热排出系统(Residual Heat Removal System,RHS)和水质控制等几个与一回路直接相关的系统。

6.1 化学与容积控制系统

化学与容积控制系统是重要的一回路辅助系统。主要参与稳压器水位调节和一回路环路水位调节,并在反应堆硼与水补给系统的配合下调节一回路硼浓度,同时对反应堆冷却剂进行净化处理。

6.1.1 核电厂运行对本系统的需求

6.1.1.1 一回路容积的变化

反应堆在换料冷停堆时,反应堆处于低于 60 ℃ 的冷态,而满功率运行时,一回路冷却剂的平均温度约为 310 ℃。水的比容随温度的变化曲线如图 6-1 所示。从图中可以看出,比容随温度的变化曲线为上凹型曲线,即越接近热态,冷却剂膨胀越严重。

因此,当反应堆冷却剂系统从冷态提升到热态(291 ℃)时,其比容增加将近 40%。在压水堆正常运行时,由于冷却剂平均温度随功率的变动而改变,比容也将变化,从而引起一回路中水体积的改变。

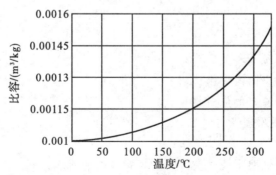

图 6-1 水的比容随温度变化曲线

从水力学的角度来看，由于冷却剂系统处于 15.5 MPa 的高压下，不可避免地会发生泄漏。这些泄漏主要包括轴封泵一号密封的泄漏，二号密封的泄漏（屏蔽泵不会产生这些现象）和一些大的阀门或阀杆的泄漏，从而导致稳压器水位的波动。

如第 2 章所述，稳压器具有调节一回路水容积的能力，但其调节能力是有限的，因此必须设置专门的系统来吸收稳压器不能吸收的一回路水容积的变化。

6.1.2.2　一回路水质的变化

核电厂对水质要求高，运行过程中，一回路冷却剂中的杂质会导致：

物理腐蚀：水中杂质沉积在燃料包壳上结垢，影响热量传输，结垢处温度上升，形成热点，导致燃料包壳破损，裂变产物逸入一回路水中，使一回路放射性指标上升。

化学腐蚀：一回路水及水中的杂质与金属的化学反应，对一回路中锆、不锈钢及因科镍合金等材料进行腐蚀，影响结构材料的强度。

化学反应速率与水质、温度、氧含量以及酸碱度（pH 值）有很大的关系。水中杂质多、温度高、氧含量增加以及一回路水 pH 值降低，将会大大加速上述化学反应的速率，即加快化学腐蚀的后果。这些影响包括：

(1)水的辐照分解。反应堆功率运行时，一回路冷却剂由于经受以 γ 射线为主的混合射线而引起水的辐照分解，冷却剂内氧浓度增加，其反应式为

$$H_2O + \gamma \Longrightarrow H_2 + \frac{1}{2}O_2$$

(2)溶解氧。在冷停堆工况换料工况下，反应堆处于开盖状态。因此，氧会不可避免溶入到水中。氧本身是一种很活泼的腐蚀元素，且它还是其他元素侵蚀不锈钢材的催化剂。

(3)其他有害杂质。氯化物和氟化物：氯化物在有氧时，特别在高温下，能使不锈钢的应力腐蚀加剧。它的含量限制在 0.15 mg/L。由于不锈钢对穿晶腐蚀敏感，所以用因科镍合金作为蒸汽发生器管材。氟化物也会引起不锈钢的应力腐蚀。另外，氟化物能使锆合金产生腐蚀，锆是燃料元件包壳的材料，氟的最大含量限制为 0.15 mg/L。

浓碱：碱性物质会引起锆合金的均匀腐蚀和蒸汽发生器传热管的应力腐蚀（特别对于因科镍合金）。

二氧化硅：SiO_2 会与 Al、Ca、Mg 作用形成沸石，这是一种溶合物。当它沉积在燃料包壳表面时，使其热传导能力下降，形成高温热点，最终可导致包壳破裂。

大流量水的水冲刷则将这些腐蚀产物带入到一回路水中，由于中子辐照，水中的腐蚀产物部分被活化，成为具有放射性的化学产物，进一步增加一回路水的比放射性活度。

电厂水化学知识告诉我们，形成保护层（钝化层）可以有效地防止腐蚀。为了避免保护层的破坏，需要尽可能去除水中的溶解氧，并维持合适的 pH 值。pH 值的大小对金属材料的腐蚀速率有很大的影响。冷却剂水偏于碱性时，金属表面会形成一层致密的氧化膜，能使不锈钢材料的腐蚀速率明显下降。

因此，为了把一回路所有部件的腐蚀限制在最低程度，避免杂质沉积在燃料元件表面而导致包壳因传热恶化而破裂，以及限制一回路水中腐蚀产物成为辐射源，就需要通过化学控制，维持一回路水的化学性质在规定的限值内。

6.1.1.3　反应性慢变化

压水堆核电厂在长期功率运行期间，堆芯反应性由于下列原因而变化：

(1)燃料消耗；

(2)燃料元件中产生的裂变产物，如 Xe‑135、Sm‑149 是吸收中子的毒物，并且其浓度随功率变化而改变；

(3)一回路冷却剂温度变化的温度效应。

这些效应都会引起反应堆内的中子通量密度和功率的变化，这就需要通过反应性控制，调节一回路水的硼浓度以保证在压水堆功率运行时，棒束型控制棒组件的调节棒组可位于正常使用的调节带范围内，并能使压水堆获得足够的停堆负反应性。

6.1.1.4　主泵轴封水的供应

轴封式主泵的密封由三级轴封来实现。一号轴封需要外接的高压轴封水实现密封，故需要有系统能够提供高压的轴封水。

对于采用屏蔽式主泵，由于不需要密封，所以就没有必要设置轴封水，使得化学与容积控制系统的设置更简单。

6.1.1.5　辅助喷淋水的供应

正常运行时，稳压器的喷淋来自于主泵出口的冷管段。此时，冷却剂具有足够高的压头使得喷淋水能够进入到稳压器。当主泵丧失动力时，正常喷淋水就会丧失动力，为了保障稳压器功能，需要专门的高压管线供应喷淋水。

6.1.2　化容系统工作原理

6.1.2.1　一回路容积控制

容积控制的目的，是吸收稳压器不能全部吸收的一回路水体积变化，将稳压器水位维持在整定值。

容积控制原理如图 6‑2 所示，化学和容积控制系统从主回路系统一个环路冷段引出下泄流，进入容积控制箱，上充泵抽水把上充流打回主回路系统另一个环路冷段，反应堆稳定

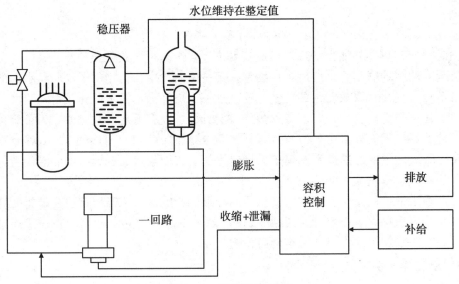

图 6‑2　容积控制原理

运行时，下泄流量等于上充流量和反应堆主轴封泵轴封水流量之和；当温度变化引起一回路内水体积变化时，稳压器水位发生变化，当水位偏离设定值时，调节上充流量，使稳压器水位恢复到设定值。但是，容积控制箱容积是有限的，在主回路系统升温、降温过程或其他瞬态，水体积有很大变化时，可与其他系统相配合，当容积控制箱水位高时，可把水排放到硼回收系统；容积控制箱水位低时，由硼和水的补给系统按需要进行补给。

6.1.2.2 一回路水质控制

一回路水质控制的原理如图 6-3 所示。

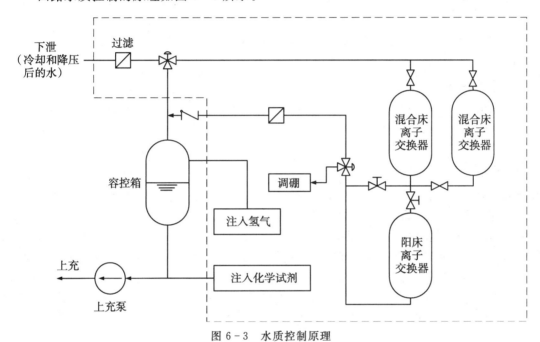

图 6-3 水质控制原理

1. pH 值控制

为了中和冷却剂中的硼酸，保持一回路冷却剂为偏碱性，就需要在冷却剂中加入碱性物质。候选的碱性物质可以有很多种，比如氢氧化钠、氢氧化钾、联氨、氢氧化锂等。但 Na-23 会与中子发生反应，形成放射性核素 Na-24；K-41 与中子发生反应形成放射性核素 K-42，因此氢氧化钠和氢氧化钾作为化学调节剂时会增加一回路放射性活度和人员照射剂量，且当发生沸腾时，会形成局部浓缩，存在腐蚀的风险。联氨在主回路系统中不够稳定，在高温和射线作用下会发生部分分解反应，且联氨本身是一种很弱的碱性物质，调节 pH 值较困难。

氢氧化锂是一种强碱，相对而言，其溶解度不太大，所以限制了局部浓缩现象的发生，引起腐蚀的风险较小，被选为化学添加剂。

在自然界中，锂的同位素分布为 Li-6 占 7.42%，Li-7 占 92.58%，Li-6 与中子的反应产生氚：

$$_3^6\mathrm{Li} + \mathrm{n} \rightarrow\ _2^4\mathrm{He} + \mathrm{T}$$

氚是放射性核素，它会增加工作人员吸收剂量和对环境的放射性排放。所以在核电站均使用纯度为 99.9% 的 Li-7。且 Li-7 还可由硼和中子反应产生：

$$^{10}_{5}B + n \rightarrow ^{7}_{3}Li + ^{4}_{2}He$$

所以，采用 Li-7 可简化化学调节方法。

2. 辐照分解氧控制

为了抑制辐照分解氧，核电站往往通过化学与容积控制系统向主回路加入氢气。正常运行时，主回路水中氢含量的要求为 $25 \sim 35$ cm^3/kg，过高的氢含量会存在包壳氢脆的风险。

3. 溶解氧控制

在一回路升温过程中，当温度低于 120 ℃时，采用向一回路添加联氨的方法去除水中的溶解氧。

联氨在高温时会分解，所以剩余的联氨会分解成氨气，氨气本身为碱性，有利于调节 pH 值。

4. 离子杂质控制

冷却剂中的悬浮颗粒物由过滤器过滤，而离子杂质则需要由离子交换树脂来控制。

离子交换器一般设置两个互为备用的混合离子床和一个阳离子床。混合离子床使用的交换树脂为锂型阳离子树脂和氢氧型阴离子树脂，能使大部分裂变产物浓度至少降低 10 倍，它们能处理一个换料周期 1% 燃料破损的下泄冷却剂。为避免意外稀释反应堆冷却剂，混合离子床混床除盐装置在与化学与容积控制系统连接之前，应使树脂内所含硼酸饱和。

阳离子床为 H 型阳离子树脂，间断运行，以控制 Li-7 的浓度。设计中，确保即使在 1% 燃料破损率的情况下，也有足够交换能力维持反应堆中铯的浓度小于 3.7×10^4 Bq/cm^3。

离子交换器中的离子交换树脂不能承受 60 ℃以上的高温，所以必须将下泄水从 292 ℃冷却至 45 ℃；为回收部分热量，系统中使用了再生式热交换器，在冷却下泄水的同时对上充回路净化过的冷水进行加热，但是，仍然需要利用非再生式热交换器将下泄水冷却到 45 ℃，非再生式热交换器的冷却水由设备冷却水系统提供。

除了温度问题外，由于与化学和容积控制系统相联系的其他系统都处于低压，所以必须将下泄流的压力从 15.5 MPa 降至 $2 \sim 5$ MPa。为避免水汽化，降压只能在冷却之后进行，同冷却降温分两级进行一样，降压也分两级，即在每个冷却阶段之后进行一次降压，见图 6-4。需要指出，AP1000 型核电站的化学与容积控制系统运行在高压工况，所以不需要进行降压过程，但两级降温是必需的。

6.1.2.3　反应性控制

为了控制缓慢变化的反应性，可以通过改变冷却剂中的硼酸浓度实现。选择硼酸控制反应性是由以下因素决定的：溶解度大；中子俘获截面较大（755 b，0.025 eV）；自然界大量存在，价廉易得；物理和化学性质稳定，不受辐照和温度的影响；低温下显弱酸性，高温下酸性更弱，在一回路正常运行条件下，无一回路材料腐蚀问题。

在化学与容积控制系统中加中子毒物进行反应性控制，可采取如下措施：

(1)加硼。在正常功率运行时为了将调节棒组提升到正常的使用范围，或为了增加停堆的负反应性时，需做加硼操作，通过在上充泵吸入口注入预先规定数量的硼实现。

(2)稀释。用等量的纯水代替一回路冷却剂水。

(3)除硼。用离子交换树脂吸附一回路水中的硼。

(2)(3)两种操作是为了将调节棒组降低到正常使用范围，或减少停堆负反应性。

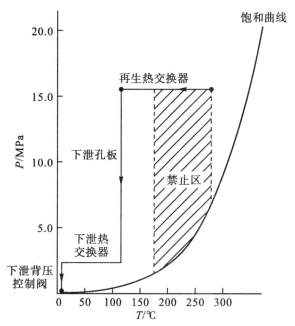

图 6-4　化学与容积控制系统的冷却与降压

表 6-1 示出进行中子毒物控制时，化学和容积控制系统的调硼操作的内容。

表 6-1　化学和容积控制系统的调硼操作

操作	一回路硼浓度变化 （对反应堆运行的影响）			水量变化		操作选择	
				有	无		
	增加	降低	无变化	（涉及容积功能）		手动	自动
(1)加硼	√			√（排放）		√	
(2)稀释		√		√（排放）		√	
(3)除硼		√			√	√	
(4)补给			√	√（补给）			√
(5)大量加硼	√			√（排放）		√	

　　化学与容积控制系统的硼酸调节往往会导致放射性废液的产生。AP1000 的反应性控制方式与一般压水堆类似，也采用化学补偿、控制棒控制和可燃毒物控制来进行反应性控制，但是 AP1000 在反应性控制中还采用了机械补偿运行模式，可溶性硼酸仅用于补偿由于堆芯燃耗引起的反应性变化，而利用控制棒组的动作进行快速反应性变化控制和负荷跟踪，这样就大大降低了放射性废液的产生。

6.1.3　系统功能

　　化学和容积控制系统提供一回路所必需的三项主要功能：

　　(1)容积控制。通过上充和下泄功能维持稳压器程控水位，以保持一回路冷却剂的水体积。

（2）反应性控制。与反应堆硼和水的补给系统相配合，调节冷却剂硼浓度以跟踪反应堆缓慢的反应性变化。

（3）化学控制。控制反应堆冷却剂 pH 值、氧含量和其他溶解气体含量，防止腐蚀、裂变气体积聚和爆炸；降低冷却剂放射性水平，净化冷却剂。

化学与容积控制系统还有以下辅助功能：

（1）为稳压器提供辅助喷淋水；

（2）一回路冷却剂的过剩下泄；

（3）为轴封式主泵第一道轴封提供经过过滤及冷却的轴封水（对屏蔽式主泵不需要）；

（4）在某些电厂，上充泵可作为高压安全注射子系统的高压安注泵运行。

6.1.4　系统流程与主要设备

以下内容以采用轴封式主泵的核电厂的化学与容积控制系统为主、采用屏蔽式主泵的核电厂的化学与容积控制系统为辅来说明系统流程。为完成化容系统功能，化学和容积控制系统设计由下泄回路、净化回路、上充回路、轴封水流程及过剩下泄回路四部分组成，如图 6-5 所示。

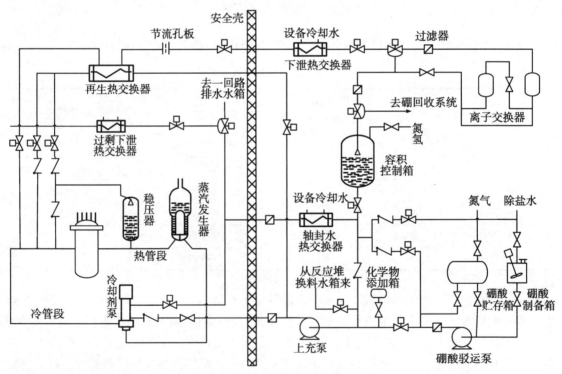

图 6-5　化学与容积控制系统流程图

6.1.4.1　下泄回路

核电厂正常稳态运行时，从一回路系统 3 环路冷段引出压力为 15.5 MPa，温度为 292 ℃的下泄流，正常流量 13.6 m³/h，进入再生式热交换器壳侧，冷却到 140 ℃，再经高压减压站(可以采用三组并联的降压孔板，也可以采用调节阀)，使压力由 15.5 MPa 降到 2.4 MPa，进入下泄热交换器管侧，冷却到 46 ℃，再经低压减压站(下泄控制阀)降压后，进入过滤器，滤去冷却剂中尺寸大于 0.45 μm 的固体腐蚀产物和裂变产物后，进入净化回路。

再生式热交换器的作用是使下泄流降压前先行冷却，以避免汽化，其热量由上充水回收。下泄热交换器的作用是对高压减压站出口水再冷却，直到离子交换器可承受的运行温度，同时防止在第二级降压时水的汽化。其冷却水来自设备冷却水系统，换热器出口温度由设备冷却水流量调节阀控制。

净化过滤器可截留大于 0.45 μm 的悬浮物质，以保护离子交换器树脂不受污染。过滤器滤芯可以更换。

除盐器离子交换树脂的工作温度为 46～62.5 ℃，如下泄流温度高于 57 ℃时，为防止树脂因高温而失效，旁通阀会自动切换，旁通除盐器直接将下泄流导入容积控制箱。

6.1.4.2　净化回路

冷却剂经三通阀进入两台并联的混合离子床除盐器中的一台，除去离子状态的除铯、钼以外的大多数裂变产物和腐蚀产物，然后进入到间断运行的阳离子床除盐器除去铯和锂，使水质得到净化。从除盐器出来的下泄流经过过滤器滤去破碎的树脂后进入容积控制箱。

6.1.4.3　上充回路

下泄流进入容积控制箱喷雾管，经喷头喷出、雾化，释放出一部分气体裂变产物，由氢气携带排往废气处理系统。容积控制箱的下部空间存放经净化和清除裂变气体的冷却剂，它作为上充泵的贮水箱，给三台上充泵提供水源。上充泵把水压提高至 17.7 MPa，一路经上充流量调节阀、再生式热交换器管侧进入主系统；另一路则经轴封水流量调节阀进入轴封水回路。

1. 容积控制箱

容积控制箱如图 6-6 所示，其主要作用是作为一回路缓冲水箱，容纳稳压器不能吸收的冷却剂，虽然其容量有限，但当下泄流过多时可向硼回收系统排放，不足时由硼和水补给系统补充。

容积控制箱在正常运行时充有氢气，以控制水因受中子辐照而分解的辐照分解氧的含量。

2. 上充泵

三台并联的上充泵是多级卧式离心泵，它把容积控制箱的来水升压到 17.7 MPa，使经过净化的下泄流重新返回一回路系统。

用上充泵作高压安注泵使用时，要求上充泵立即启动。设计上允许在这种情况下在电动油泵不可用、齿轮油泵给出有效油流量之前启动上充泵。

6.1.4.4　轴封水流程

轴封水流经两台并联运行的过滤器中的一台，除去尺寸大于 0.45 μm 的固体杂物后进入主泵第 1 道轴封。轴封水一部分顺泵轴向下冷却主泵轴承后进入一回路系统；另一部分则向上，经过第 1 道轴封配合面流出主泵作为轴封回流。轴封回流由轴封回流过滤器除去固体颗粒后进入轴封回流热交换器，经冷却后返回上充泵入口。

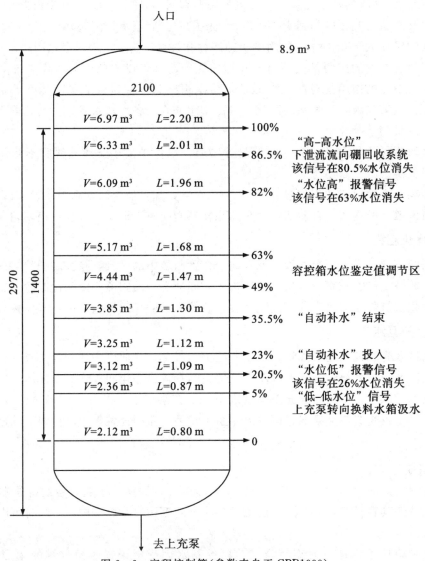

图 6-6　容积控制箱(参数来自于 CPR1000)

6.1.4.5　过剩下泄回路

当正常下泄通道不能运行时，投入过剩下泄，使从主泵轴封注入冷却剂系统的水得以排出，维持主系统的总水量不变。过剩下泄通道是从一回路系统 2 环路过渡段引出一股下泄流，经过剩下泄热交换器冷却后和轴封回流汇合，一同返回上充泵入口。

6.1.4.6　低压净化回路

当主回路系统压力较低时，从降压孔板下泄的流量很小。此时，将从余热排出系统引出一股下泄流，从降压孔板下游进入下泄回路，此管线称为低压下泄管线。下泄流经净化回路处理后，不经过容积控制箱和上充泵，直接返回到余热排出系统，见图 6-7。低压净化回路的动力来自于余热排出泵。

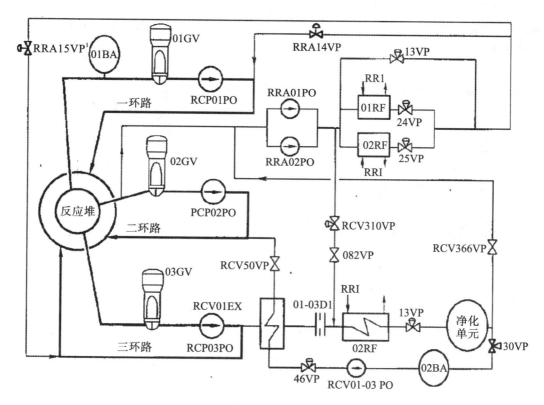

图 6-7　低压净化流程图

6.1.5　AP1000 核电厂化学与容积控制系统的考虑

AP1000 核电厂采用屏蔽泵作为冷却剂主泵，因此不需要提供专门的高压轴封水；AP1000 反应堆在负荷跟踪时，堆芯不需要调整硼浓度，这为化学与容积控制系统的简化提供了必要的条件。

1. 化学与容积控制系统净化回路在高压状态下运行

相对于以轴封泵为主泵的核电厂机组（如 CPR1000 机组），AP1000 机组化学与容积控制系统的净化回路系统设备设计压力要高很多（再生式热交换器管壳侧、下泄热交换器管侧以及混床、阳床、过滤器的设计压力均为 21.3 MPa）。由于 AP1000 机组净化回路没有设置有效降压的节流装置，从而使净化系统设计压力与反应堆冷却剂系统设计压力属于同一等级，这对于净化系统设备的设计制造、功能维持和使用寿命等都提出了较高的要求，尤其对于树脂床，要求在较高的工作压力下保持树脂床的净化能力和使用寿命。

2. 上充泵（补水泵）的功能减少，且取消了容积控制箱

由于 AP1000 机组采用的泵是屏蔽泵，化学与容积控制系统中的主泵轴封水循环冷却系统被取消，同时 AP1000 机组净化系统压力与反应堆冷却剂系统压力相当，并且化学与容积控制系统不承担负荷跟踪功能，不需要调硼，所以上充泵（补水泵）不用一直开启来升压净化回路的回流及负荷跟踪，且可以取消容积控制箱。

AP1000 化学与容积控制系统的简图如图 6-8 所示。需要说明，AP1000 定义的化学与容积控制系统涵盖了硼与水补给系统，本书为了保持一致，仅在此处列出与本书类似的化学与容积控制系统。

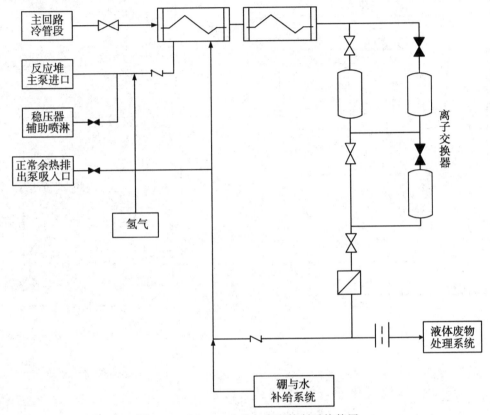

图 6-8　AP1000 化学与容积控制系统简图

6.1.6　系统运行

化学与容积控制系统的运行状态与反应堆冷却剂系统的运行状态直接相关，化学与容积控制系统的操作将随反应堆冷却剂系统运行状态的变化而改变。

6.1.6.1　正常运行工况

稳态运行时，化学与容积控制系统通过上充下泄流量保证稳压器水位处于程控液位，完成反应堆冷却剂系统的容积控制、化学控制和轴封水的供应。此时，过剩下泄、低压下泄和辅助喷淋等管线均被隔离。只有低压下泄的回水管线处于开通状态，以使余热排出系统充满水。

负荷变化时，一回路水容积变化较大。此情况下，首先是稳压器吸收其水容积的变化。当一回路水容积变化量增加，以致稳压器不能完全吸收其变化时，稳压器不能吸收的部分则由容控箱吸收。而容控箱水容积是有限的，在一回路水体积增加，使容控箱水位升至高液位时，水位调节阀受容控箱液位控制，将下泄流的一部分，甚至全部导入硼回收系统。在一回路水容积收缩而使容控箱水位降至低液位时，反应堆硼和水补给系统则根据容控箱液位指示自动启停自动补给操作，为一回路补入与其硼浓度相同的硼水，使容控箱水位维持正常。

如果反应堆在一个新的功率水平下运行较长时间，则必须对一回路冷却剂的硼浓度作相应的调整，以补偿由于温度变化和毒物等引起的反应性变化。

6.1.6.2　冷停堆和热停堆工况

正常冷停堆时，一回路水通过低压下泄管线实现净化。为避免一回路系统超压，正常下泄管线仍旧开启。只要一回路水位超过主管道中心线，就应保证轴封水的供应。

换料或维修冷停堆时，净化后的水从低压下泄回水管线返回一回路系统。当一回路系统完全卸压后，轴封水由容控箱靠重力提供，轴封回流管线隔离。

6.2　硼与水补给系统

6.2.1　系统运行的需求

从化学与容积控制系统可以知道，化学与容积控制系统为主回路系统提供容积控制、化学控制和反应性控制的作用，所有这些功能的实现，需要消耗除气除盐含硼水、联氨（N_2H_4）和氢氧化锂等化学药剂。化学与容积控制系统本身并不产生这些物品，因此需要一个辅助系统来供应，这个系统就是硼与水补给系统。在有些核电厂中，将硼与水补给系统也作为化学与容积控制系统的一部分。

表 6-2 为 CPR1000 压水堆核电厂各主辅系统对水和硼酸的需求情况。

表 6-2　水和硼酸的需求

系统	最终用户	功能	流体	流量	频率	要求 （每次运行）
主回路系统	反应堆冷却剂系统	首次充入	2200 mg/kg 硼酸溶液	27 m³/h	—	285 m³
	稳压器卸压箱	首次充入	除盐除氧水	—	—	40 m³
		喷雾		13 m³/h	15 次/a	10 m³
	反应堆冷却剂泵轴封	补给		0.3 m³/h	600 次/a	0.1 m³
硼与水补给系统	硼酸贮存箱	首次充入	7000 mg/kg 硼酸溶液	—	—	210 m³
		补给		—	—	—
	化学物添加箱	启动	水+LiOH+联氨	—	3 次/a	0.3 m³
换料水箱	换料水储存箱	首次充入	2200 mg/kg 硼酸溶液	27.2 m³/h	—	1700 m³
		补给		—	—	30 m³
应急堆芯冷却系统	硼注入箱与循环回路	首次充入	7000 mg/kg 硼酸溶液	—	3 次/a	4.5 m³
		补给		—	—	4.5 m³
	安注箱	首次充入	2400 mg/kg 硼酸溶液	6 m³/h	—	100 m³
		补给		—	—	1.5 m³

续表

系统	最终用户	功能	流体	流量	频率	要求 （每次运行）
化学与容积控制系统	容积控制箱到主回路系统的上充泵吸入口	负荷跟踪	水	27.2 m³/h	—	150 m³
			7000 mg/kg 硼酸溶液	10 m³/h	—	4 m³
		换料	水	27.2 m³/h	—	250 m³
			2400 mg/kg 硼酸溶液	10 m³/h	—	92 m³

6.2.2　系统工作原理

6.2.2.1　系统硼酸浓度调节基本原理

为了调节一回路的硼酸浓度，需要设置水箱和硼酸箱，如图 6-9 所示。水和硼酸分别通过除盐水泵和硼酸泵抽出，混合后注入到化学与容积控制系统中。当需要稀释时，开启阀门 A 而关闭阀门 B。当需要硼化时，开启阀门 B 而关闭阀门 A。当需要正常补给时，保持 A 和 B 的开度不变。

6.2.2.2　正常补给方式

五种正常补给的操作方式指的是：慢稀释、快稀释、硼化、自动补给和手动补给。

为了降低一回路的硼浓度，增加反应性，将硼酸补给系列隔离，用等量的除盐除氧水代替一回路水，这就是"稀释"；如果将水补充到容积控制箱中，这就是"慢稀释"；如果将水同时从容积控制箱的上游和下游注入到化学与容积控制系统，以获得尽可能快的响应，这就是"快稀释"方式。

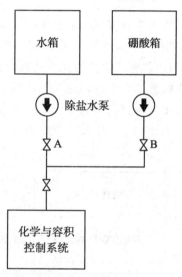

图 6-9　硼酸调节基本原理图

如果将除盐除氧水系列隔离，而只让 7000 mg/kg 的硼酸溶液注入到上充泵入口，以增加一回路的硼浓度，这就是"硼化"方式。

若容积控制箱水位低，要求补给与一回路相同浓度的硼水，而且补给的启动和停止都由容积控制箱水位控制，这就是"自动补给"方式。

为了给换料水贮存箱充水或补水，或者为了提高容积控制箱的水位，以便排放箱内的气体，操纵员手动给定除盐水和硼酸的流量及容量，由操纵员发出指令启动，补给达到预先设定的容积时自动停止，或者由操纵员停止，这就是"手动补给"。

系统的操作方式见图 6-10。

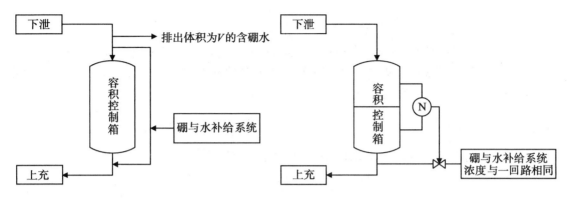

（a）稀释、自动补给

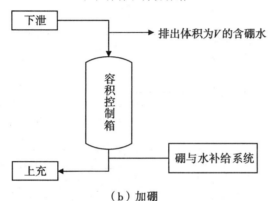

（b）加硼

图 6-10　硼与水补给系统的操作方式

6.2.2.3　补给量计算方法

无论是稀释还是硼化，都需要计算出进入系统的补给水的容积。图 6-11 给出了补给水计算量的示意。设 V_0 为主回路体积，m^3；C 为系统硼酸浓度，mg/kg；C_0 为注入的硼酸浓度，mg/kg。则其浓度方程为：

$$V_0 \frac{dC}{dV} = C - C_0$$

对该式进行积分，令 C_i 为系统初始硼酸浓度，C_f 为目标硼酸浓度，可得所需的加水量为：

$$V = V_0 \ln \frac{C_0 - C_i}{C_0 - C_f}$$

为了比较硼化和稀释所需的补给水的量，我们假设 $V_0 = 200\ m^3$，分析硼酸浓度从 1000 mg/kg 稀释到 800 mg/kg、从 800 mg/kg 硼化到 1000 mg/kg 的情况。

稀释时，$C_0 = 0$，则

$$V = V_0 \ln \frac{C_0 - C_i}{C_0 - C_f} = 200 \ln \frac{1000}{800} = 80\ m^3$$

硼化时，$C_0 = 7000\ mg/kg$，则

图 6-11　补给水计算量示意图

$$V = V_0 \ln \frac{C_0 - C_i}{C_0 - C_f} = 200 \ln \frac{7000 - 800}{7000 - 1000} = 13.5 \text{ m}^3$$

从上述比较可以得知，硼化所需的补给水的量要远比稀释所需的补给水的量少。在寿期末，需要的冷却剂硼浓度接近 0，为了避免产生大量的放射性废液，往往需要进行除硼处理。除硼的过程在硼回收系统进行。

6.2.3　系统功能

硼与水补给系统的功能可以用图 6-12 来表示。

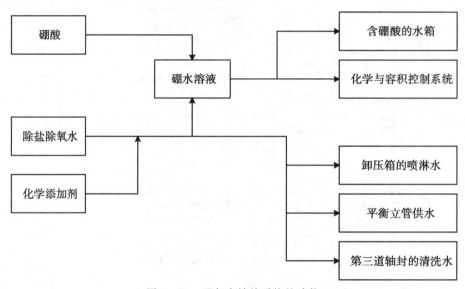

图 6-12　硼与水补给系统的功能

1. 主要功能

硼与水补给系统为化学与容积控制系统主要功能的实现起支持作用：

（1）容积控制：系统为反应堆冷却剂系统提供所需的除气除盐含硼水；

（2）化学控制：系统为化学与容积控制系统制备和注入联氨（N_2H_4）、氢氧化锂等化学药剂；

（3）反应性控制：为改变主回路系统含硼水浓度，系统可提供硼酸溶液或除气除盐水。

2. 辅助功能

（1）为系统中需要硼酸水的容器提供不同浓度的硼酸水（不同核电厂的设计值不同）：

①CPR 系列电厂：换料水箱（含硼浓度 2400 mg/kg）；应急堆芯冷却系统硼酸注入箱（含硼浓度为 12000 mg/kg）；应急堆芯冷却系统的安注箱（硼浓度为 2400 mg/kg）；

②AP1000 系列电厂：换料水箱、安注箱、堆芯补水箱；

③对于设计了应急硼化系统的电厂，还需要向应急硼酸箱供应硼酸。

（2）提供稳压器卸压箱的喷淋水。

（3）为轴封主泵第三道轴封的平衡立管供水，以便冲洗。

6.2.4　系统流程与主要设备

系统由水部分和硼酸部分组成，只有硼酸部分与安全相关。系统流程如图 6-13 所示。为了简化，图中没有列出为了实现辅助功能而提供的管线，如换料水箱、安注箱、卸压箱喷淋水和第三道轴封的平衡立管供水等。

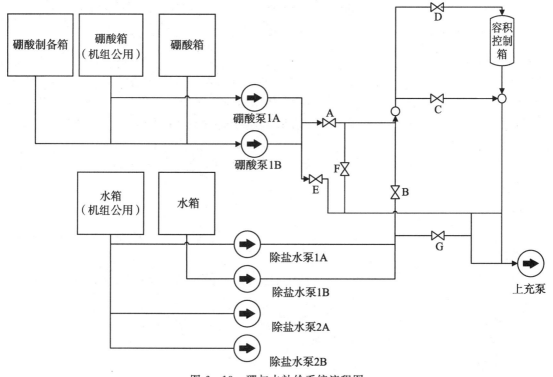

图 6-13　硼与水补给系统流程图

对于双机组电厂，水部分包括：两个除盐除氧水贮存箱，为两个机组共用；四台除盐除氧水泵，每个机组两台；两个化学药品混合罐，每个机组一个。硼酸部分包括：一个硼酸溶液配制箱，供两个机组共用；三个硼酸溶液贮存箱，每个机组分别使用一个，第三个为两个机组共用；四台硼酸溶液输送泵，每个机组两台。

6.2.4.1　硼酸制备与贮存

硼酸溶液是在硼酸溶液配制箱中配制的，配制的方法是将结晶状的硼酸(H_3BO_3)同来自核岛除盐水分配系统的除盐而未除氧的水相混。硼酸配制罐装有电加热器。目前的典型压水堆电厂普遍配置 7000 mg/kg 的硼酸溶液。有些核电厂的安注系统的硼酸注入箱的硼酸浓度为 12000 mg/kg，因此其硼与水补给系统需要另外专门配置 12000 mg/kg 的浓硼酸。

7000 mg/kg 的硼酸溶液储存在三个箱内。其中一个储存箱为二台机组共用，另外二个储存箱则每台机组分别使用一个。

每个储存箱的有效容量为 81 m³。两个箱的总容量足以同时保证一个机组在寿期初冷停堆要求的硼酸溶液和另一个机组在寿期末的换料冷停堆所要求的硼酸溶液。

为防止硼溶液中混入溶解气体(O_2 或 CO_2)，贮存箱保持以氮气覆盖，氮的充注压力在

$0.12\sim0.17$ MPa。

6.2.4.2 化学添加剂制备回路

在反应堆冷却剂系统启动和运行过程中需要通过化学与容积控制系统输入联氨(N_2H_4)以除氧和输入氢氧化锂(LiOH)而调节主回路系统水的 pH 值。为此，系统中每台机组各有一个化学物添加箱。

需添加化学药物时，将化学药物手动倒入容器内，然后用除盐除氧水冲到化学与容积控制系统上充泵的入口，由上充泵打入主回路系统。

6.2.4.3 除盐水制备

补给水由硼回收系统供给，此水经过净化和除气，贮存在两个容积各为 300 m³ 箱中，为两台机组共用。正常运行时，一个箱对两台机组供水，另一个箱则处于充水或备用状态。一个水箱的容量(300 m³)足以保证机组在寿期末(50 mg/kg)从冷停堆状态启动至额定功率时稀释所需的水量。

当水箱初次充水或硼回收系统供水不足时，可由核岛除盐水分配系统经辅助给水系统的除氧器除气后供给。

6.2.4.4 补水回路

系统为每台机组配有两台离心泵，每台泵的正常流量为 27.2 m³/h 保证用于以下三种情况下的供水：

(1)一回路水稀释(27.2 m³/h)，此流量同样可作一回路补给水，以补偿机组冷停堆时水的冷缩；

(2)主泵 3 号轴封清洗(3×13 L/h)；

(3)主泵 3 号轴封平衡管供水(可忽略不计)。

6.2.4.5 硼补充回路

每台机组有两台硼酸泵向化学与容积控制系统提供硼酸，正常流量为 16.6 m³/h，该泵除正常电源外，还有柴油发电机作为应急备用电源。

6.2.4.6 管线和阀门

(1)正常补给管线。稀释、硼化、自动补给和手动补给等正常补给操作时，硼酸溶液经阀门 A，除盐除氧水经阀门 B 单流或者合流进入混合流道，最后通过阀门 C 被送到上充泵入口，这就是正常补给管线。

稀释操作时，阀门 A 置于关闭，只有除盐除氧水进入混合流道；硼化操作时，阀门 B 置于关闭，硼酸溶液单流进入混合流道；自动补给和手动补给操作时，阀门 A 和 B 都置于开启，除盐除氧水和硼酸溶液按计算的流量比合流进入混合流道。

阀门 A 和 B 都是调节阀。为防止由于除盐除氧水泵运行引进的意外稀释，在阀门 B 前串联安装气动隔离阀，以补充隔离。

(2)补水旁路管线。在正常补水管线不可用(如阀门 B 打不开)时，可以利用补水旁路管线将除盐除氧水送到上充泵入口，即打开手动隔离阀 G。

(3)直接硼化管线。鉴于硼水注入的安全功能，为了保证事故工况下反应堆能顺利停堆，特设置事故下的注硼管线。

在下列事故情况下，可以使用由电动隔离阀 E 控制的直接硼化管线，以增加硼水的流量，将硼酸溶液直接送到上充泵入口。

①控制棒插入过深，引起严重的轴向通量畸变；

②发生紧急停堆信号，但控制棒没有落下；

③反应性失控地增加；

④紧急停堆后发生失控的冷却，使停堆安全裕度减小；

⑤正常硼化管线失效；

⑥在安全注入时，硼酸量不够；

⑦厂外电源丧失和汽轮机跳闸后停堆；

⑧给水丧失后停堆。

(4)应急硼化管线。在正常硼化管线和直接硼化管线都不可用的事故情况下，可以就地打开阀门 F，利用应急硼化管线将硼酸溶液送到上充泵入口。

6.2.5　AP1000 核电厂硼与水补给系统的特点

AP1000 的硼与水补给系统与化学与容积控制系统合为一体。正常运行工况下两台上充泵不定期运行(当泄漏为 0.23 m³/h 时大约为每天一次，一般泄漏时大约每星期一次)调节非预期的反应堆冷却剂丧失。上充泵(补水泵)的工作要求得到降低，从而使泵的能耗以及维护费用得到大幅度减少。

系统还取消了专门设置的反应堆补水箱和硼酸输送泵，只需要设置两台输送泵。因此，相较于其他电厂，AP1000 的系统更加简单，如图 6-14 所示。

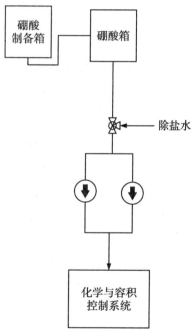

图 6-14　AP1000 硼与水补给系统简化图

6.2.6　系统的运行方式

在反应堆启动之前，硼与水补给系统就已经处于备用状态：

(1)一台除盐水泵和一台硼酸泵置于"自动"模式(接收到补给命令时才运转)，另一台除盐水泵和另一台硼酸泵置于"手动"模式；

(2)与正常补给相关的手动阀门都打开，通向主回路系统和余热排出系统的系列也开通，而补给旁路系列和换料水箱的连接系列被隔离。

选择"自动"方式的除盐水泵在以下四个信号作用下自动启动：

(1)要求"稀释"的信号；

(2)由化学与容积控制系统容积控制箱低水位触发的"自动补给"信号；

(3)要求"手动补给"的信号；

(4)主泵轴封立管低水位信号。

选择"自动"方式的硼酸泵在以下三个信号作用下自动启动：

(1)由化学与容积控制系统容积控制箱低水位触发的"自动补给"信号；

(2)要求"手动补给"的信号；

(3)要求"硼化"的信号。

6.3 余热排出系统

核电厂安全的关键是要确保在任何情况下能够保证堆芯燃料的持续冷却，正常运行情况下，核燃料产生的能量由一回路通过蒸汽发生器向二回路传热来导出；反应堆停闭后，核裂变反应产生的绝大部分功率虽然消失，但是，由裂变碎片及它的衰变产物的放射性衰变过程中产生的剩余功率却缓慢下降。为了导出剩余功率，最初仍使用蒸汽发生器带出这部分热量，随着冷却剂温度的下降，当蒸汽发生器不能再运行时，即由余热排出系统带出余热，保证反应堆的冷却。

6.3.1 核电厂运行对本系统的要求

在反应堆停止裂变后，由于裂变产物的衰变，反应堆堆芯仍继续产生功率。这种衰变功率的变化由堆芯运行历史决定。随着长寿期裂变产物的积累，衰变率由于辐照的增加变慢。目前，普遍采用的裂变产物衰变热模型类似于缓发中子模型。衰变热源由裂变产物或俘获产物放出 β 和 γ 射线而产生。经验表明，在测量精度范围内，衰变热源可以拟合为指数形式的多项式。ANS 标准的归一化衰变热模型为 11 项指数多项式，其系数和指数如表 6-3 所示。

$$T_d = \sum_{j=1}^{11} E_j\, e^{-\lambda_j t}$$

这里，T_d 为归一化裂变产物衰变能；E_j 为第 j 项的能量幅度；λ_j 为第 j 项的衰变常数，$1/s$；t 为停堆后的物理时间，s。

表 6-3 衰变热多项式的系数和指数

群	E_j	λ_j
1	0.00299	1.772
2	0.00825	0.5774
3	0.01550	6.743×10^{-2}
4	0.01935	6.214×10^{-3}
5	0.01165	4.739×10^{-4}
6	0.00645	4.810×10^{-5}
7	0.00231	5.344×10^{-6}
8	0.00164	5.726×10^{-7}
9	0.00085	1.036×10^{-7}
10	0.00043	2.959×10^{-8}
11	0.00057	7.585×10^{-10}

从图 6-15 可以看出，运行于满功率的反应堆停闭后，由裂变碎片及它的衰变物的放射

性衰变而产生的剩余功率缓慢下降。反应堆停堆后 3 小时，反应堆功率降到约 1%FP，1 天后，降低到 0.5%FP，1 周后，约为 0.3%FP。

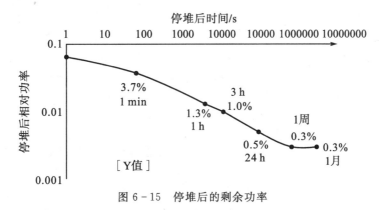

图 6-15　停堆后的剩余功率

从 1979 年美国三里岛事故和 2011 年日本福岛事故的教训可以得知，反应堆停堆之后，必须保持可持续的冷却，以保证反应堆堆芯的安全。反应堆运行模式知识告诉我们，反应堆停堆之后的冷却分为两个阶段，第一个阶段为蒸汽发生器冷却阶段，第二阶段为余热排出系统冷却阶段，第一阶段和第二阶段连接的温度为 180 ℃。在反应堆停堆之后，压力容器和蒸汽发生器允许的最大冷却温度为 28 ℃/h。因此，冷却到此温度大约需要 4 h，此时反应堆衰变功率约为 1%FP。

6.3.2　系统工作原理

余热排出系统的原理如图 6-16 所示，它是一个热量传递系统，由一表面式热交换器来实现，系统冷却剂流动的驱动力来自于余热排出泵。反应堆的热量通过余热排出热交换器排到设备冷却水系统，最终由重要厂用水系统带走。

由于衰变余热随时间逐渐减小，为了保持一回路的温度，因此需要设置余热排出热交换器的旁路。

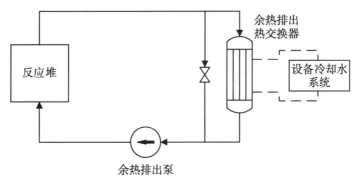

图 6-16　停堆余热的传递

为了保证在低压下冷却剂的净化，需要设置主回路系统、余热排出系统、化学与容积控制系统的净化系统，见 6.1.4.6。

余热排出系统是重要的衰变余热排出途径，因此属于安全二级的设备。由于 AP1000 核电厂设置了安全级的非能动余热排出系统，因此其余热排出系统为非安全级。

6.3.3 系统功能

1. 主要功能

当二回路停用时，由余热排出系统排出堆芯的衰变热、水和一回路设备的显热。

当反应堆在冷停堆状态，进行装卸料和维修操作时，余热排出系统排出堆芯余热，维持一回路温度低于 60 ℃。

2. 辅助功能

(1) 反应堆换料水池水的传输。在换料以后，通过余热排出系统把反应堆换料水池水重新打入反应堆换料水箱。

(2) 冷却剂系统的化学和容积控制。当一回路压力低到正常下泄管路不能工作时，余热排出系统-化学与容积控制系统联接管保障下泄流在下述工况实现反应堆冷却剂的净化：一回路系统充水及静态排气；一回路系统升压及动态排气；一回路系统加热升温；维修停堆或换料停堆。

(3) 当稳压器处于单相状态时，余热排出系统安全阀可用于防止一回路超压。

6.3.4 系统流程与主要设备

如图 6-17 所示，余热排出系统由两台热交换器、两台余热排出泵及有关管道、阀门和运行控制所必需的仪器仪表组成。余热排出系统的进水管连接到反应堆冷却剂系统 2 环路的热段，而回水管接到主回路系统的 1 环路和 3 环路的冷段。这两根回水管也是安全注入系统低压安全注入管线。

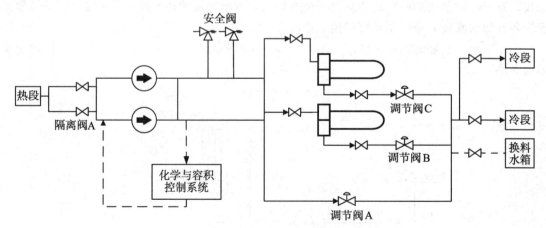

图 6-17 余热排出系统

2 环路与余热排出泵之间并列布置两条系列，每条系列设置两个隔离阀。每条通向 1 环路和 3 环路返回系列上，各设置了一个电动隔离阀和一个止回阀。

吸入系列向两台并联的泵供水。位于泵出口的母管向两台并联的热交换器供水；在泵与热交换器之间的母管上设置了两台安全(卸压)阀组，卸压阀组的排出管与稳压器卸压箱相连。

鉴于反应堆的衰变余热随停堆时间不断下降，特设置一条热交换器旁路管线，该管线上有流量调节阀 A。两台热交换器的流量分别由调节阀 B 和 C 控制，用以调节主回路系统的升温/降温速率，余热排出系统的总流量则由旁路调节阀 A 控制。

在余热排出泵出口总线上有一条连接到化学与容积控制系统高压降压站下游的管线，这就是低压下泄管线。这条低压下泄管线主要用于在一回路处于单相时的压力调节及反应堆冷却剂的净化。余热排出泵的入口连接着一条来自化学与容积控制系统除盐装置下游的管线，这就是低压下泄的回水管线。

余热排出系统的主要设备包括四部分。

1. 余热排出泵

余热排出泵是单级卧式离心泵。每台泵装有由反应堆冷却剂润滑的机械密封以及填料箱；机械密封以及填料箱的冷却由设备冷却水系统提供。

泵的主要特性见表 6-4。

表 6-4　余热排出泵特性参数表

参量	数值
设计压力/MPa. abs	4.75
设计温度/℃	180
运行温度/℃	15~180
最大运行压力/MPa. abs	3.0
名义流量/m³/h	910
名义流量下总压头/mH$_2$O	77
最小流量/m³/h	120
最大流量下轴功率/kW	320

2. 余热排出热交换器

余热排出热交换器为立式 U 形管壳式热交换器。U 形管束焊在管板上，管板被夹在壳体与封头法兰之间，封头内有隔板将进、出口流体分开，反应堆冷却剂在 U 形管的管内流过，设备冷却水从壳侧流过。热交换器的主要特性参数见表 6-5。

表 6-5　热交换器特性参数表

参数	管侧	壳侧
设计压力/MPa. abs	47.5	11.5
设计温度/℃	180	93
最高入口温度/℃	180	40
最大运行压力/MPa. abs	3.75	0.80
名义流量/m³/h	910	1000
名义入口温度/℃	60	35
名义出口温度/℃	50	44
名义热负荷/kW	10600	

3. 调节阀

调节阀 B 用于控制通过相应的热交换器的主回路系统流量，操纵员根据控制升降温度速率需要，手动给出开度整定值。而阀门 A 可以自动或手动控制，用来维持通过主回路系统的总流量在预定值，以保证泵的输出流量恒定。

4. 卸压阀

为一回路系统在低压运行时提供超压保护，在余热排出系统特设置了卸压阀，这样就可以避免核电厂在余热排出系统投入运行时，直到稳压器安全阀打开才能起到超压保护的作用。

卸压阀与稳压器安全阀组类似，由上游阀和下游阀串联而成。上游阀门起安全卸压作用，称为保护阀，下游阀起隔离作用，称为隔离阀，两组阀用于避免一回路和余热排出系统超压。在余热排出系统正常运行时，保护阀关闭，隔离阀打开，若保护阀发生故障即动作后不能重新关闭，那么将会使一回路过度减压，为了避免这一后果，保护阀对应的隔离阀在压力降低到其阈值时自动关闭。其主要特性参数见表 6 - 6。

表 6 - 6   卸压阀的主要特性参数

参数	卸压阀 A	卸压阀 B	隔离阀 A/B
开启压力/MPa. abs	4.5	4.0	3.8
关闭压力/MPa. abs	4.2	3.7	2.5
额定流量/m³/h	300	248	300

6.3.5   余热排出系统的运行

6.3.5.1   余热排出系统的备用状态和运行范围

电站正常运行时，余热排出系统处于隔离、备用状态，即：

(1)主回路系统与余热排出系统连接的阀门关闭，余热排出系统泵停运；

(2)余热排出系统-化学与容积控制系统下泄管关闭；

(3)设备冷却水处于备用状态，但与余热排出系统隔离。

余热排出系统的运行范围简单地表示为：一回路压力处于大气压到 3.0 MPa. abs 之间，一回路平均温度处于 10 ℃到 180 ℃之间；从一回路标准状态方面来描述，余热排出系统的运行区域包括：换料冷停堆、维修冷停堆、正常冷停堆、单相中间停堆和两相中间停堆。

6.3.5.2   余热排出系统的正常启动

余热排出系统的正常启动在反应堆从热停堆过渡到冷停堆的过程中进行，余热排出系统投入之前，反应堆冷却剂系统应具备的主要条件是：

(1)反应堆冷却剂平均温度在 160 ℃至 180 ℃之间；

(2)反应堆冷却剂压力在 2.4 MPa. abs 至 2.8 MPa. abs 之间；

(3)反应堆冷却剂压力若尚未降至 2.8 MPa. abs，则余热排出系统的 4 个入口阀都被闭锁而不能打开。

（4）主回路系统压力的控制仍然由稳压器进行，至少一台反应堆冷却剂泵仍在运行。

余热排出系统的启动准备主要包括两项操作：

（1）升压和加热，避免压力和热冲击，以保护余热排出系统泵和热交换器；

（2）硼浓度调整，防止在余热排出系统内硼浓度低于主回路系统的硼浓度情况下误稀释主回路系统。

6.3.5.3　余热排出系统的正常停运

余热排出系统的正常停运，在反应堆从冷停堆过渡到热停堆的过程中进行。停运时的外部先决条件是：

（1）主回路系统平均温度在 160 ℃ 至 180 ℃ 之间；

（2）主回路系统压力在正常范围 2.4 MPa. abs 至 2.8 MPa. abs，压力大于等于 3.0 MPa. abs 时有报警；

（3）至少有 2 台反应堆冷却剂泵在运行；1 台蒸汽发生器可用；

（4）应急柴油机可用，安全注入系统和安全壳喷淋系统可用。

余热排出系统的停运过程主要包括余热排出系统的降温、降压和压力监测等操作；余热排出系统的停运过程如下：

（1）如果余热排出系统 2 台泵都在运行，那么停 1 台泵；

（2）关闭余热排出系统出口管线阀门；

（3）余热排出系统的温度降低到约 120 ℃ 时，逐渐减小化学与容积控制系统下泄调节阀的开度，直到化学与容积控制系统中测得的流量达 15 m³/h；

（4）当余热排出系统热交换器上游的温度比原来降低了 60 ℃ 时，停运正在运行的余热排出系统泵，30 s 后启动另 1 台泵；

（5）逐渐关小化学与容积控制系统调节阀开度，同时降低下泄孔板下游的压力到约 1.0 MPa，以增加经过下泄孔板的流量；

（6）当余热排出系统热交换器上游的温度低于 50 ℃ 时，化学与容积控制系统调节阀全关，关闭余热排出系统入口阀；

（7）关闭化学与容积控制系统调节阀到约 10% 的开度，使余热排出系统减压到下泄孔板下游的压力，约 1.0 MPa. abs，然后关闭该阀。

余热排出系统停运的操作过程结束。

6.4　设备冷却水系统

6.4.1　核电厂运行对本系统的要求

压水堆核电厂除了蒸汽发生器带走的热量之外，还必须考虑其他系统热交换器必须带走的热量。这些热交换器来自于核电厂不同的系统，比如本章前述的化学与容积控制系统的下泄热交换器、余热排出系统的热交换器等。这些系统包括安全相关的系统和非安全相关的系统。由于在不同的运行模式下，核电厂投入的系统不同，因此，需要带走的热量也不尽相同。不同工况、不同系统需要带走的热量统计见表 6-7。

表 6-7　不同运行模式下热交换器的换热量

冷却器		启动		名义运行工况		冷停堆（停堆后 4 h 到 20 h）		保持冷停堆（停堆 20 h 后）		失水事故		次临界停堆	
		流量	热负荷	流量	热负荷	流量	热负荷	流量	热负荷	流量	热负荷	流量	热负荷
系列 A/B	安全壳喷淋系统热交换器	0	0	0	0	0	0	0	0	1920	52.0	0	0
	电气厂房冷冻水系统 电机与泵	3.8	0	3.8	0	3.8	0	3.8	0	3.8	0.02	3.8	0
	冷却器	130	1.06	130	1.06	130	1.06	130	1.06	130	1.06	130	1.06
	上充泵房应急通风系统热交换器	33.8	0.18	33.8	0.18	33.8	0.18	33.8	0.18	33.8	0.18	33.8	0.18
	安全注入系统 安注泵电机与泵	3.8	0	3.8	0	3.8	0	3.8	0	3.8	0.02	3.8	0
	设备冷却水系统 泵及电机	3.7	0.1	3.7	0.1	3.7	0.1	3.7	0.1	3.7	0.1	3.7	0.1
	余热排出系统 热交换器	0	0	0	0	1000	33.2	1000	9.75	0	0	1000	37.2
	泵	0	0	0	0	3	0.02	3	0.02	0	0	3	0.02
两个系列公共的冷却器	反应堆冷却剂系统 主泵,电机	350.4	2.50	350.4	2.50	350.4	1.09	350.4	0	0	0	350.4	2.50
	稳压器卸压箱	1	0.03	1	0.03	1	0.01	0	0	0	0	1	0.01
	化学与容积控制系统 轴封水热交换器	25	0.40	25	0.40	25	0.23	25	0.23	0	0	25	0.23
	下泄热交换器	244.2	4.8	135	1.49	28	1.49	28	0.50	0	0	28	1.49
	过剩下泄热交换器	75	1.46	0	0	0	0	0	0	0	0	0	0

续表

冷却器	启动		名义运行工况		冷停堆（停堆后 4 h 到 20 h）		保持冷停堆（停堆 20 h 后）		失水事故		次临界停堆	
	流量	热负荷	流量	热负荷	流量	热负荷	流量	热负荷	流量	热负荷	流量	热负荷
控制棒驱动机构风冷系统热交换器	101	0.63	101	0.63	101	0.1	0	0	0	0	101	0.1
核岛冷冻水系统冷冻机	752	5.24	752	5.24	752	5.24	752	5.24	0	0	752	5.24
蒸汽发生器排污系统热交换器	193	10.90	0	0	0	0	0	0	0	0	0	0
核取样系统冷却器（两个系列公共的冷却器）	39.8	0.8	39.8	0.8	39.8	0.6	39.8	0.6	0	0	39.8	0.6
乏燃料水池冷却系统热交换器	450	3.58	450	3.58	450	3.58	450	3.58	0	0	450	3.58
热洗衣房通风系统冷却器	62	0.43	62	0.43	62	0.43	62	0.43	0	0	62	0.43
棚回收、废液处理和废气处理系统 冷却器	563	10.85	563	10.85	563	10.85	563	10.85	0	0	563	10.85
棚回收、废液处理和废气处理系统 压缩机	0.8	0.01	0.8	0.01	0.8	0.01	0.8	0.01	0	0	0.8	0.01
辅助蒸汽冷却系统冷却器	0.92	0.03	0.92	0.03	0.92	0.03	0.92	0.03	0	0	0.92	0.03
必需的总流量和热负荷	3033.22	43.60	2656.02	27.73	4730.12	93.98	4628.12	44.29	2095.10	54.68	3552.02	63.02

这些热交换器的共同特点在于冷却剂均带有放射性,每个热交换器的设计功率都不大。需要设置专门的系统来带走这些热量。

6.4.2 系统工作原理

为了同时考虑冷却剂的放射性和热交换器的功率小的问题,设备冷却水系统在设计时,首先设置成闭式循环回路,然后将各个热交换器的热量合并后,通过设备冷却水热交换器传递到最终热阱中,这样可以避免由于热交换器传热管破裂造成的放射性释放事故。

考虑到所需带走热量的系统包含有安全级的系统,因此,设备冷却水系统和对其冷却的重要厂用水系统均被设置为安全级的系统。其基本原理图见图 6-18。

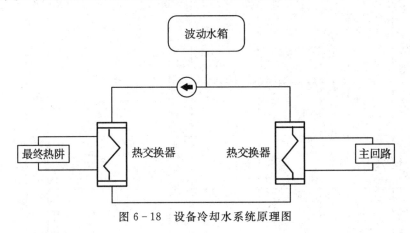

图 6-18 设备冷却水系统原理图

6.4.3 系统功能

(1)为核岛内需要冷却的设备提供冷却。

(2)在被冷却的核岛设备与重要厂用水系统之间,构建放射性屏障。设备冷却水系统既可以确保含有放射性的流体不可控地释放到海水中而污染环境,又可以防止海水对核岛各冷却设备的腐蚀。

6.4.4 系统流程与主要设备

设备冷却水系统是处于核岛设备与重要厂用水系统之间的封闭回路。对典型压水堆核电厂的每一个机组,设备冷却水系统包含有两个与核安全有关的独立系列及一个公共系列,而在两个机组之间还有设备冷却水系统的共用部分。

设备冷却水系统的系统流程简图见图 6-19。从图上可以看出,为了确保安全,系统设置了两条完全独立的系列。

设备冷却水系统的用户,包括安全相关和非安全相关的设备,具体见表 6-7。

1. 两条独立系列

每条独立系列由两台 100% 容量的单级离心泵、两台 50% 容量的设备冷却水/重要厂用水板式热交换器、一个波动箱和相应的管道及仪表组成,每条系列分别由相互独立的应急配电系统供电,且可由应急柴油发电机作备用电源,这两条系列分别由重要厂用水系统的两条

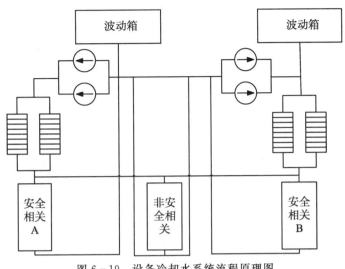

图 6 - 19　设备冷却水系统流程原理图

独立系列冷却。由于设备冷却水系统是与专设安全设施相关的系统，所以设计中需满足单一故障准则，而两个独立系列满足这一要求。

　　容积为 10 m³ 的波动箱布置在比泵的吸入口高约 10 m 处，为泵提供吸入压头，在发生泄漏的情况下能给系统补充水，并能承受系统因热胀或冷缩而引起的水容积变化。

　　在所有的运行工况下，设备冷却水系统的压力都低于被冷却设备的流体的压力，以防止设备冷却水系统的除盐水在热交换器出现泄漏时进入被冷却设备的流体，从而引起一回路系统硼稀释。

2. 公共系列

　　设备冷却水系统公共系列的用户，借助阀门的切换，可以由独立系列 A 提供冷水，也可由独立系列 B 提供冷水，或由独立系列 A 和 B 共同提供冷却水；只有在事故情况下，才停止向公共系列用户供水。

6.4.5　系统的运行

6.4.5.1　运行特性

　　设备冷却水系统的热交换器的工作台数取决于在不同运行工况下所排放的热量，设备冷却水系统泵的工作台数取决于所需要带走的总热量。在功率运行情况下，所排放的热量是常量。

　　在反应堆降温时，排放的热量是变化的，而最重要的用户是余热排出系统。

　　在更换燃料时，一回路水温被维持在 60 ℃，设备冷却水系统所需排放的热量比反应堆降温工况时少得多。

6.4.5.2　正常运行

　　在反应堆带功率正常运行的情况下，每一台机组只需要 1 台泵和 1 台热交换器运行，并且只需要独立系列 A 或独立系列 B 中的任一条系列投运即可，因为这时余热排出系统、安全壳喷淋系统不工作而不需要设备冷却水。如果一台泵由于出口压力低或电源事故而不可使用时，则该系列的第二台泵自动地启动，并且能连续地运行几个月；如果一条系列上的两台泵都不可用，则该系列就不可使用。

通常，投运的独立系列中，考虑到三废处理系统的用水量可能随时增加，备用的泵有时也需启动（特别是在夏季），另一条热交换器组处于备用状态。

设备冷却水系统的公共系列也由投运的独立系列来承担，也可由另一机组承担。

6.5　反应堆换料水池和乏燃料水池冷却及处理系统

6.5.1　系统的功能

反应堆换料水池和乏燃料水池冷却及处理系统的作用是保证乏燃料元件贮存池的持久冷却和反应堆换料水池的注水、排水和净化。其主要功能是：

（1）冷却。确保乏燃料贮存水池的冷却，同时作为余热排出系统的备用；

（2）净化。实现换料水池和乏燃料贮存水池的净化，即通过过滤和除盐的方法去除水池内的腐蚀产物、裂变产物及悬浮物；

（3）充水和排水。为换料水池、乏燃料贮存水池、乏燃料运输通道和乏燃料装罐水池充水和排水；

（4）安全功能。保证存放在乏燃料贮存池中的燃料组件处于次临界状态；通过乏燃料的覆盖水层对工作人员提供防护。

6.5.2　系统的组成

系统由反应堆水池、乏燃料水池、换料水箱和它们所连接的冷却、净化、充水和排水回路组成。其主要隔室见图6-20。

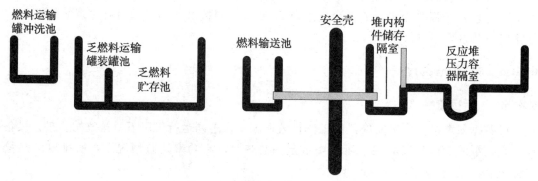

图6-20　系统主要隔室布置图

6.5.2.1　反应堆水池

反应堆水池位于反应堆厂房内。它分为两个部分：

（1）换料腔（或称为堆腔），该水池位于反应堆压力容器的正上方；

（2）堆内构件贮存池，该水池与换料腔相连。

这两个水池之间用气密封挡板隔开，可单独进行充排水。机组正常运行时，反应堆水池是不充水的。只有在换料、反应堆压力容器封头需要打开的情况下，反应堆水池才充水。

6.5.2.2　乏燃料水池

乏燃料水池位于燃料厂房内，它分为四个部分：

(1)燃料输送池。池底有一个连接燃料厂房和反应堆厂房堆内构件贮存池的传递通道，乏燃料由换料机从反应堆内吊出后，由运输小车装载穿过传递通道，送入燃料输送池。

通道在燃料输送池侧设有一个闸阀，可将通道隔离，在堆内构件贮存池侧由盲板法兰将其隔离。正常运行时，通道是隔离的，换料时才打开。

(2)乏燃料贮存池。它可以存放多个(如 13/3 个)堆芯的燃料组件。以 CPR 为例，这些燃料组件被分放在 20 个格架内。其中，有 5 个格架各可存放 30 个燃料组件，有 15 个格架各可存放 36 个燃料组件，总共可存放 690 个燃料组件。另外还备有一个可存放 5 个破损燃料组件的格架。该池只要储存有乏燃料，就必须充满水，且维持正常水位；

(3)乏燃料运输罐装罐池。乏燃料在该池被装入运输用的铅罐内；

以上三个水池彼此相通，并用气密闸门隔离。

(4)燃料运输罐冲洗池。与乏燃料运输罐装罐池相邻，但不相通，燃料运输罐在该池内进行冲洗。

6.5.2.3　换料水箱

换料水箱在机组出现失水事故情况下为反应堆提供应急水源。反应堆换料时，换料水箱可实现反应堆水池的充水和排水。

失水事故时，换料水箱可供高压安注泵、低压安注泵和安全壳喷淋泵同时使用。由于 AP1000 应急堆芯冷却系统为非能动系统设计，所以失水事故发生时，换料水箱的水只为安注第三阶段注入时使用。具体见第 4 章。

换料水箱可以安装在反应堆厂房外面(如 CPR 系列电厂)，也可以安装在反应堆厂房里面(如 AP1000，EPR 等)，取决于核电厂的设计。

6.5.2.4　反应堆水池的充水、排水、冷却和净化回路

(1)充水回路。换料水箱的水可以通过系统的循环泵充入到反应堆水池，在反应堆压力容器打开以后，也可以利用安全注入系统低压安注泵通过环路向反应堆水池充水。

(2)排水回路。大修换料完成后，可以用余热排出泵或者系统输水泵将反应堆水池的水排回到换料水箱，最后通过地漏将水排尽(到核岛排气和疏水系统)。

(3)冷却回路。正常情况下，反应堆水池的水是由余热排出系统来冷却的。在反应堆停堆换料、一回路已经打开、余热排出系统不可用的情况下，则由本系统应急冷却反应堆水池。

(4)净化回路。在反应堆压力容器开盖及水池充水的过程中，反应堆水池的水是通过余热排出系统送至化学与容积控制系统或硼回收系统的净化单元净化；反应堆水池满水后，水池中的水则改用净化水泵进行循环过滤。回路中设置了两台过滤器。

6.5.2.5　乏燃料水池的充水、排水、冷却和净化回路

(1)充水回路。换料水箱的水借助于本系统的输水泵充入燃料输送池、乏燃料贮存池和乏燃料运输罐装罐池。

（2）排水回路。乏燃料贮存池的水一般不能被排掉。必要时（如检修），可使用临时接管和一台潜水泵进行特殊情况下的排空。燃料输送池和乏燃料装卸罐贮存池的水一般通过本系统的输水泵排向换料水箱，也可以排向核岛排气和疏水系统。

（3）冷却回路。燃料输送池、乏燃料贮存池和乏燃料装卸罐贮存池的水用本系统的热交换器冷却，冷源是设备冷却水。冷却后的水返回到各水池。

两套冷却管线中的任何一条都能保证对上述三个水池的冷却能，同时可作为余热排出系统的应急备用。

（4）净化回路。冷却流量的一部分经循环泵出口旁路被送入过滤器和离子交换器实现净化。

图 6-21 给出了乏燃料水池的冷却与净化示意图。

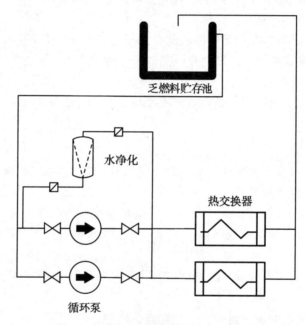

图 6-21 乏燃料水池冷却与净化回路

6.5.3 系统运行

6.5.3.1 系统的正常运行

对于反应堆水池，在反应堆维修或换料的情况下，反应堆堆芯的剩余释热由余热排出系统的正常运行带出。

对于乏燃料水池，正常运行时按贮存 10/3 个堆芯考虑。只要贮有乏燃料，就必须投入一台冷却循环泵和一台热交换器。冷却和净化的操作都是连续进行的。

6.5.3.2 特殊稳态运行

对于反应堆水池，当一回路处于打开状态（压力容器封头、蒸汽发生器或稳压器人孔打开）且一回路水温低于 70 ℃时，如果余热排出系统不可用，本系统将作为应急备用，代其冷却堆芯。

对于乏燃料水池，在反应堆压力容器要进行检查时，需要将整个堆芯移到乏燃料水池，此时将按贮存 13/3 个堆芯燃料组件来考虑，对于典型 1000 MWe 压水堆核电厂，须带出的剩余释热最高可达 7.22 MW。此时须同时投入两台冷却循环泵和两台热交换器，以保证乏燃料水池水温不超过 60 ℃。

习　题

基础练习题

1. 试述一回路水容积变化的原因。怎样才能维持稳压器的水位在程控液位上？
2. 为什么要进行一回路水化学控制？主要包括哪些方面？又是如何控制的？
3. 为什么要用调节硼浓度的方法来控制反应性？
4. 试述正常下泄的降温降压过程及其主要设备的运行参数。
5. 化容系统的净化管线中有哪些主要设备？各设备的主要功用是什么？
6. 说明 AP1000 化容系统与 CPR1000 化容系统的异同点。
7. 试述反应堆硼和水补给系统的功能和组成。
8. 在"自动"方式下的除盐除氧水泵和硼酸泵在什么信号作用下将自动启动？
9. 何谓稀释、硼化、自动补给和手动补给？
10. 简述余热排出系统的功能、流程。
11. 简述余热排出系统投入运行时，反应堆的净化流程。
12. 试述反应堆水池和乏燃料水池冷却和处理系统的功能。
13. 试述反应堆水池和乏燃料水池冷却和处理系统的特性及组成。
14. 试述设备冷却水系统的功能和组成。
15. 试述设备冷却水系统独立管线、公共管线和两机组间的共用管线的用户分类特点。
16. 分析各类工况下每个机组需由设备冷却水系统导出的总热负荷及不同工况下热负荷差异的原因。
17. 简述重要厂用水系统的功能和流程。

拓展题

通过查询资料，获得典型压水堆核电厂乏燃料水池的参数，建立合适的模型，分析在丧失反应堆水池和乏燃料水池冷却及处理系统后，乏燃料水池水位下降的规律，并针对规律，提出合适的对应措施。

第 7 章

二回路系统动力设备

二回路系统的功能是将核蒸汽供应系统提供的热能(高温、高压蒸汽)转变为汽轮机高速旋转的机械能，带动发电机发电，并在停机或事故工况下，保证核蒸汽供应系统的冷却。

7.1 热力循环简介

二回路系统工作的基本原理就是热力循环。上述的热能转变为机械能是通过热力循环来实现的，而热力循环的建立是必须满足热力学第一定律和第二定律的。热力学第一定律即能量守恒定律，它表明热能和机械能之间是可以相互转化和守恒的。热力学第二定律即卡诺定律，它表明载热体只有从热源中吸收热量，并向冷源放出热量才能做功。

7.1.1 卡诺循环(Carnot Cycle)

卡诺循环是由两个定温过程及两个绝热过程组成的理想循环。湿饱和蒸汽的卡诺循环如图 7-1 所示。

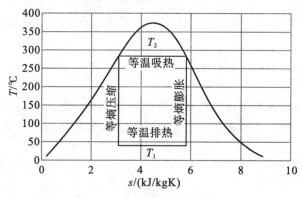

图 7-1 饱和蒸汽的卡诺循环

工质在等温 T_2 下从热源吸入热量 Q_1，在可逆绝热膨胀过程中，工质温度自 T_2 降至 T_1，然后，工质在等温 T_1 下向冷源放出热量 Q_2，最后经可逆的绝热压缩过程，工质温度由 T_1 升高到 T_2，从而完成一个可逆循环。

对于一切热功转换过程，热效率定义如下：

$$\eta = \frac{输出功}{从热源获得的热量} = \frac{L}{Q_1} = 1 - \frac{T_1}{T_2}$$

卡诺循环在历史上首先奠定了热力学第二定律的基础。它表明，从热源获得的热量，只有一部分可以转换为机械功，而另一部分热量放给了冷源。从卡诺循环的分析可以得到以下几条重要的结论：

（1）卡诺循环确定了实际热力循环的热效率可以接近的极限值，从而可以度量实际热力循环的热力学完善程度。

（2）卡诺循环对如何提高热力循环的热效率指出了方向：尽可能提高工质吸热时的温度，以及尽可能使工质膨胀至低的温度，在接近自然环境温度下对外放热。

（3）对任意复杂循环，提出了广义（等价）卡诺循环的概念，即以平均吸热温度$\overline{T}_H$及平均放热温度$\overline{T}_C$来代替 T_H 及 T_C的概念，两者具有相同的热效率。

尽管卡诺循环在热力学理论方面具有重大的意义，但是，迄今为止，在工程上还没有制造出完全按卡诺循环工作的热力发动机。这是因为在绝热膨胀末期，蒸汽湿度很高，对动力机不利。另外，在低温放热终了时，蒸汽未完全凝结，汽水混合物的比容很大，湿蒸汽压缩有困难，且耗功太多，是水的 165 倍。

实际蒸汽动力装置的热功转换过程，是以朗肯循环（Rankine Cycle）为基础的。

7.1.2　朗肯循环

朗肯循环是一种无过热、无再热、无回热的简单循环。理想朗肯循环是研究各种复杂蒸汽动力装置的基本循环。

饱和蒸汽的朗肯循环与卡诺循环的不同之处在于排放蒸汽是完全凝结成水的，如图7-2所示。显然，水的压缩要比汽水混合物容易得多，因而简化了设备。

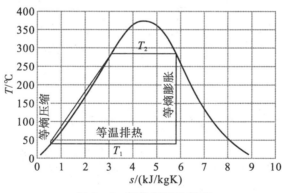

图 7-2　朗肯循环效率图

从图 7-2 中，可以明显地看出，朗肯循环的效率要低于卡诺循环的效率。

实际蒸汽动力装置的热功转换过程，是在朗肯循环加以改进的基础上完成的。

1. 再热朗肯循环（再热循环）

蒸汽在汽轮机中膨胀做功到一定压力后，又全部进入到再热器中进行第二次加热，故称再热，然后再回到汽轮机继续膨胀做功，直至终点。如图7-3所示。

采用蒸汽中间再热是否能提高整个再热循环的热效率，取决于附加循环的平均吸热温度是否高于基本循环的相应值。

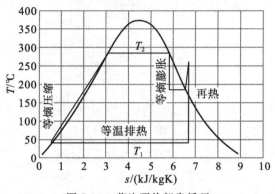

图 7 - 3　蒸汽再热朗肯循环

目前大型火电厂都采用蒸汽中间再热系统，其主要目的在于提高中、低压缸前蒸汽参数，从而提高大容量机组的热经济性。但是对于压水堆核电厂而言，采用再热的主要目的是提高蒸汽在汽轮机中膨胀终点的干度。图 7 - 4 为饱和蒸汽核汽轮机的膨胀过程。可见，若不采取任何措施，当蒸汽膨胀至 4.9 kPa 时，其湿度将近 30%。为了保障汽轮机组低压缸的安全运行，设置了中间汽水分离器及低压缸级间去湿机构，但末级叶片湿度仍接近 20%（膨胀线 A）。在此基础上再增加蒸汽中间再热装置，蒸汽被加热至过热，因而末级叶片的湿度提高到 11%（膨胀线 B）。图 7 - 4 中膨胀线 C 表示大型火电厂机组的膨胀过程，可见两者的末级湿度已相近。

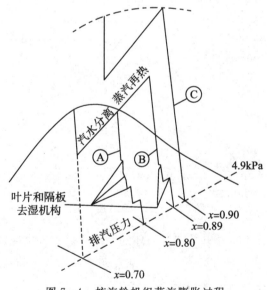

图 7 - 4　核汽轮机组蒸汽膨胀过程

2. 有回热的朗肯循环（回热循环）

在朗肯循环中，工质从热源获得的热量，大约有 60% 要向冷源排放，其余的热量才通过热动力装置对外做功。这是动力发电厂热经济性不高的基本原因。因此，减少热量向冷源的排放，是改善热力循环的主要方向，回热循环便应运而生了。

回热循环与朗肯循环的区别仅在于设置了给水加热器，对返回锅炉或蒸汽发生器的给水进行加热。加热器的热源是从汽轮机蒸汽膨胀过程中抽出的一部分蒸汽,如图7-5所示。这部分蒸汽把它的汽化潜热传给了给水而不是释放给了冷却水,这样回热循环就利用蒸汽的回热以进行对给水的加热,消除了朗肯循环在较低温度下吸热的不利影响,以提高循环的热效率。

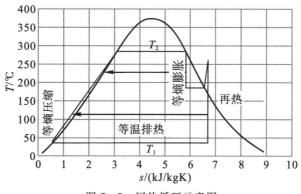

图 7-5　回热循环示意图

热力学原理告诉我们,采用饱和蒸汽工作时,相应的极限回热循环具有与卡诺循环相同的热效率。当采用过热蒸汽工作时,对应的极限回热循环的热效率虽不能达到相同温度界限间的卡诺循环的热效率,但比过热蒸汽的朗肯循环热效率高。因此,采用回热循环总是可以提高热效率的,提高热效率的原因可以从两方面来理解:

(1)从热量利用方面看,减少了向凝汽器的放热损失;

(2)从加热方面看,回热加热时换热器温差比热源直接加热时小,因而不可逆损失减小了。

7.1.3　典型核电厂的二回路热力系统

每个核电厂的二回路设计取决于设计单位、厂址信息,因此各有特点,但其部件和系统基本相同。本书以大亚湾核电厂为例,说明核电厂的二回路热力系统。

大亚湾核电厂的二回路热力系统由三台蒸汽发生器、一台汽轮机(包括一个高压缸和三个低压缸)、两台汽水分离再热器、三个凝汽器、三台凝结水泵、四级低压加热器、一个除氧器、两级高压加热器、三台给水泵组成,其原理如图7-6所示。

蒸汽发生器产生的饱和蒸汽被送往汽轮机高压缸做功,高压缸末级的排汽湿度达到了14.2%,故高压缸排汽进入汽水分离再热器进行分离和再热,这样进入低压缸的蒸汽已为过热蒸汽,过热蒸汽再进入汽轮机的低压缸做功,低压缸排汽进入凝汽器,被凝结成水,然后由凝结水泵将给水经加热、除氧、加压后送回蒸汽发生器,从而实现了二回路给水的热力循环。

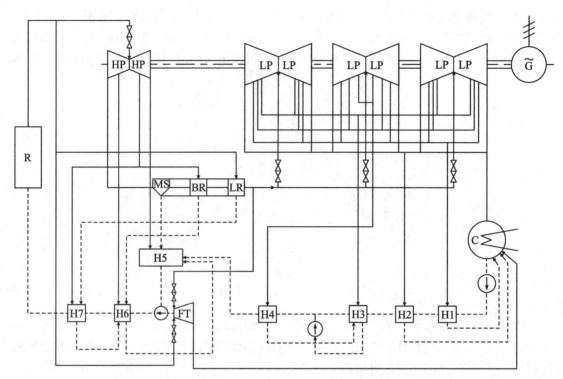

R—蒸汽发生器；HP—高压缸；LP-低压缸；MS，BR，LR—汽水分离再热器；
C—凝汽器；H—回热器；FT—给水泵汽轮机。

图 7-6　大亚湾核电厂二回路热力系统原理图

7.2　汽轮机

　　汽轮机是一种利用蒸汽做功的高速旋转式机械，其功能是将蒸汽带来的反应堆热能转变为高速旋转的机械能，并带动发电机发电。

　　核电厂汽轮机与普通火电厂汽轮机无论在理论、结构、设计方面，还是在建造、调试、运行方面，基本上是一样的，只不过由于使用了核蒸汽，给汽轮机带来了一系列特殊的问题，需要加以注意和解决。

7.2.1　汽轮机的基本工作原理

　　图 7-7 所示是一个单级汽轮机示意图。由图可见，汽轮机本体主要由两大部分组成：转子和静子，其中转子包括动叶片、叶轮、轴等；静子包括汽缸、喷嘴、轴承、排汽管等。

　　把固定在喷嘴箱或隔板中不动的喷嘴叶栅（又称静叶栅）与其后旋转叶轮上安装的动叶栅的组合称为汽轮机的级。

　　级是汽轮机中完成能量转换的最基本的工作单元。研究汽轮机的工作原理只要研究单个级的工作原理就行了。

7.2.1.1　纯冲动式级的工作原理

具有一定压力和温度的蒸汽通过一组沿圆周方向排列的、流通截面沿流动方向变化的通道喷嘴进行膨胀（压力降低）、加速。具有一定速度的蒸汽流出喷嘴后，冲击在喷嘴后面的、固定在一个轮子上的叶片上，使得轮子转动。轮子又带动轴转动，从而实现从热能转换为机械能的过程，这个过程实际上是分两步来完成的：

第一步：蒸汽在喷嘴叶栅内膨胀，压力降低、速度升高，将热能转换为蒸汽的动能，如图 7-7 所示。

在这个过程中蒸汽从喷嘴前的压力 p_0 膨胀到喷嘴后、动叶前的 p_1。这个压力的降低（热能的减少）使蒸汽速度由喷嘴前的 C_0 猛增到喷嘴出口处的 C_1（动能的增加）。由工程热力学可知，在某个截面内流动的每 1 kg 蒸汽所具有的能量等于其焓值 h 与其动能之和。这样，根据热力学第一定律（能量守恒定律），我们对喷嘴前、后两个截面蒸汽稳定流动可写出下面的能量守恒方程：

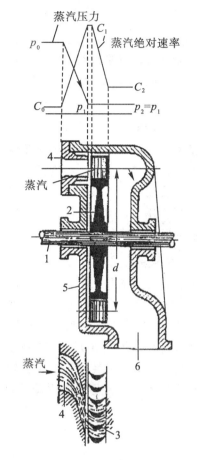

1—轴；2—叶轮；3—动叶；4—喷嘴叶栅；
5—汽缸；6—排汽管。

图 7-7　单级纯冲动式汽轮机示意剖面

$$h_0 + \frac{C_0^2}{2} + q = h_1 + \frac{C_1^2}{2} + W \qquad (7-1)$$

式中，h_0、h_1 为汽流进入和流出喷嘴的焓值，J/kg；C_0、C_1 为汽流进入和流出喷嘴时的绝对速度，m/s；q 为蒸汽通过喷嘴时从外界吸收的热量，W；W 为蒸汽通过喷嘴时对外界所做的功，W。

我们知道，蒸汽流过静止的喷嘴时，和外界不发生热交换，也不对外做功，是一个等熵膨胀过程，故式（7-1）可写为

$$h_0 - h_1 = \Delta h = \frac{C_1^2 - C_0^2}{2} \qquad (7-2)$$

式中，Δh 称为蒸汽在喷嘴中的焓降，J/kg。式（7-2）表明，汽流通过喷嘴膨胀时的焓降转变成了汽流动能的增加，即由热能转变成了动能。

第二步：蒸汽高速进入动叶栅，冲动叶轮旋转，只改变流动方向，压力不变、绝对速度降低，从而实现蒸汽动能转变为叶轮高速旋转的机械能的过程。蒸汽做功为

$$Lu = \frac{C_1^2 - C_2^2}{2}$$

在这个过程中蒸汽压力保持不变，即 $p_2 = p_1$，而蒸汽的绝对速度却由 C_1 降低到 C_2（蒸汽的动能减少），使叶轮及轴高速旋转（变成了机械能），可以导出蒸汽流过动叶栅所做的

功为

$$Lu = \frac{C_1^2 - C_2^2}{2} \qquad\qquad (7-3)$$

这就是冲动式汽轮机的工作原理。

7.2.1.2　反动式级的工作原理

图 7-8 所示是一个纯反动式级的示意图。静叶栅流通截面不变，而动叶栅流通截面逐渐收缩，呈喷嘴形。

在这种形式的汽轮机中，热能转变为机械能是在动叶栅中一步完成的；喷嘴叶栅只起集流蒸汽和导向蒸汽的作用，不进行蒸汽膨胀的能量转换。蒸汽在动叶栅中膨胀压力降低，蒸汽的相对速度增加，将热能转变为动能，当蒸汽以很高的相对速度离开动叶栅时，就对动叶片产生了反作用力，推动叶轮旋转，将动能转变为机械能。这种只在动叶栅中蒸汽膨胀做功的汽轮机叫纯反动式汽轮机。

7.2.1.3　反动度

实际上，纯反动式汽轮机是永远得不到应用的，即使在所谓的反动式汽轮机中，蒸汽的膨胀也是同时在喷嘴叶栅和动叶栅中进行的。蒸汽首先在喷嘴叶栅中膨胀，压力由 p_0 降至 p_1，速度由 C_0 升至 C_1。然后，蒸汽流向动叶栅。蒸汽在动叶栅中流动时，继续从压力 p_1 膨胀到动叶栅后的压力 p_2，而其相对速度升高，而且汽流还要发生转向。这样，蒸汽在动叶栅流道中，依靠汽流转向，形成了冲动部分作用力，而依靠汽流的膨胀加速，又形成了反动部分的作用力，二者都作用到动叶栅上。蒸汽在这种汽轮机级内的膨胀示于图 7-9 的 $h-s$ 图中。

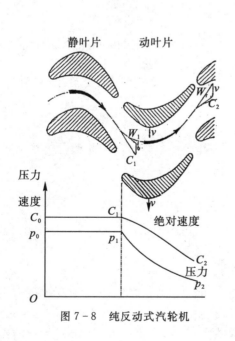

图 7-8　纯反动式汽轮机

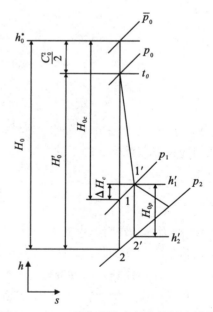

图 7-9　$h-s$ 图上蒸汽在级内的活动过程

图 7-9 中，$H_0 = h_0^* - h_2$：整个级的理想焓降，J/kg；$H_{0c} = h_0^* - h_1$：喷嘴叶栅中的理想焓降，J/kg；$H_{0p} = h_1' - h_2'$：动叶栅中的理想焓降，J/kg。

动叶栅中的理想焓降对喷嘴叶栅中的理想焓降及动叶栅中的理想焓降的和之比称为级的反动度 ρ，即：

$$\rho = \frac{h_1 - h_2}{(h_0^* - h_1) + (h_1' - h_2')} = \frac{H_{0p}}{H_{0c} + H_{0p}} \approx \frac{H_{0p}}{H_0}$$

由此可见，纯反动式汽轮机级的反动度 $\rho = 1$，纯冲动式汽轮机级的反动度 $\rho = 0$。

通常在实践中不使用纯冲动级，为了减少汽流损失，实际的冲动级也总是有一定的反动度的。因此，一般把反动度小于 0.25 的汽轮机级仍然归属于冲动式汽轮机。而把反动度等于和大于 0.4～0.6 的级称为反动式汽轮机。在多级反动式汽轮机中，通常使用反动度 $\rho \approx 0.5$ 的反动级。

7.2.1.4 具有反动度汽轮机级的工作原理

在具有反动度汽轮机级中的能量转换：

(1)在喷嘴叶栅中，蒸汽膨胀，压力降低，绝对速度升高，将热能转变为动能，同前，见式(7 - 2)。

(2)在动叶栅中，除了来自喷嘴叶栅的高速汽流作用于动叶栅上的冲动力外，蒸汽继续膨胀，压力继续降低，相对速度增加，形成了反动部分的作用力，也作用于动叶栅上，这两种力的共同作用使叶轮高速旋转，从而把动能和热能转变为机械能。

单位时间内汽流对动叶栅所做的有效功称为轮周功率，它等于蒸汽作用于动叶栅的切向力 Fu 和圆周速度 u 的乘积，即：$Nu = Fu \cdot u$。

通过三角换算，可以得到轮周功率的下述表达式：

$$Nu = \frac{G}{2}\left[(C_1^2 - C_2^2) + (W_2^2 - W_1^2)\right] = \frac{G}{2}C_1^2 + \frac{G}{2}(W_2^2 - W_1^2) - \frac{G}{2}C_2^2$$

式中，G 为蒸汽流量，kg/s；W_1、W_2 为汽流进入和流出动叶栅的相对速度，m/s；C_1、C_2 为汽流进入和流出动叶栅的绝对速度，m/s；$\frac{G}{2}C_1^2$ 为蒸汽由喷嘴出来时带入动叶栅的动能；$\frac{G}{2}(W_2^2 - W_1^2)$ 为蒸汽在动叶栅中由焓降转换成的动能；$\frac{G}{2}C_2^2$ 为蒸汽离开汽轮机级时带走的动能(余速损失)。

7.2.2 核电厂汽轮机的特点

7.2.2.1 核蒸汽参数在一定范围内变化

从核电厂的稳态运行方案可以得知，目前压水堆核电厂会在一回路平均温度不变和二次侧压力不变的两种方案中采用一种折衷的方案，也就是一个反应堆平均温度 t_{avg} 和汽轮机新蒸汽参数 t_0、p_0 都作适当变化，而变化又都不太大的方案。

图 7 - 10 所示为大亚湾核电厂反应堆的运行方式——反应堆入口温度不变。因此，蒸汽发生器的新蒸汽压力由零负荷的 7.6 MPa 变

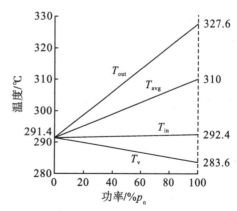

图 7 - 10 典型平均温度方案的温度与负荷曲线

化到 100％负荷时 6.71 MPa。

7.2.2.2　新蒸汽参数低，且多用饱和蒸汽

对于压水堆核电厂来说，二回路新蒸汽参数取决于一回路的温度，而一回路温度又取决于一回路压力。提高一回路压力将使得反应堆压力容器的结构及其安全保证措施复杂化。因此，压水堆核电厂汽轮机的新蒸汽压力应按照反应堆压力容器计算的极限压力和温度选取，一般为 6～8 MPa 的饱和蒸汽。

7.2.2.3　理想焓降小，体积流量大

一般饱和蒸汽汽轮机的理想焓降比高参数火电厂汽轮机的理想焓降约小一半。因此，在同等功率下核电厂汽轮机的体积流量比高参数火电厂汽轮机约大 60～90％。由于这一点使核电厂汽轮机在结构上有以下特点：

(1)进汽机构的尺寸增大(包括管路)；

(2)功率大于 500～800 MW 的汽轮机高压缸做成双分流的；

(3)由于叶片高度大，所以前面的几级叶片沿叶高已做成变截面的；

(4)调节级的叶片高度大，所以叶片中弯曲应力大，因此采用部分进汽方式困难，也就是不容易采用喷嘴配汽；

(5)因为低压缸流量大，所以需要增大分流数目，采用低转速。

7.2.2.4　汽轮机中积聚的水分多，容易使汽轮机组产生超速

核电厂汽轮机各缸之间也有大量蒸汽和延伸管道，所以在甩负荷时会使转子升速。另外，在使用湿蒸汽的汽轮机中，还要增添在转子表面、汽机停止部件和汽水分离器及其他部件上已凝结成水分的再沸腾和汽化而引起的加速作用。计算和经验证明，由于这一原因，在甩负荷时，水膜汽化可使机组转速增长 15％～25％。为了减少核电厂汽轮机转速飞升，可采取以下措施：

(1)在汽水分离再热器后蒸汽进入低压缸之前的管道上装设专用的截止阀；

(2)缩小高低压缸之间的管道尺寸，即提高分缸压力，将分离器和再热器联在一起；

(3)完善汽轮机和管道的疏水。

7.2.3　多级汽轮机及其结构

现代的火电厂和核电厂中，汽轮机的理想焓降为 1000～1600 kJ/kg，对超高压再热机组来说，其理想焓降可高达 1600～2100 kJ/kg。对于这样大的焓降，在现在能达到的金属强度水平下，制造经济性能高的单级汽轮机是不可能的。因为，在此情况下，单级汽轮机喷嘴的汽流出口速度可达到 1500～1700 m/s，平均直径处的叶片圆周速度将是 1000～1100 m/s。在这样大的圆周速度下，要保证转子和叶片的强度要求，实际上是不可能的。因此，大功率汽轮机都做成多级的。

在多级汽轮机中，蒸汽在依次连接的许多级中膨胀做功，在每一级中只利用整个汽轮机焓降的一小部分。因此，对多级汽轮机大多数高、中压缸部分的级来说，叶片的圆周速度为 120～250 m/s。对末几级叶片，圆周速度为 350～450 m/s。

7.2.3.1　汽轮机一般结构

多级汽轮机是由一个在汽缸上带有多个隔板的静子和一个在轴上装有多个叶轮的转子组

成。轮盘是在炽热状态下装到轴上，或是和轴做成一个整体的。轮子的轮缘上固定有叶栅——动叶栅，叶栅之间有固定的中间隔板隔开。隔板上装配有喷嘴叶栅，每一块隔板和相应的叶轮组成一个级，各级鱼贯相连，图 7-11 为半速高中压缸的多级汽轮机结构示意图。

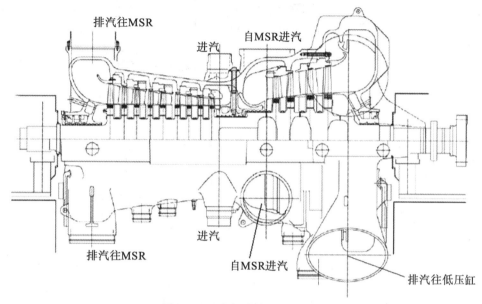

图 7-11　多级汽轮机纵剖面图

第一级喷嘴一般是装在汽轮机汽缸上的喷嘴室中，其他级的喷嘴是装在各级的隔板中。喷嘴叶栅和动叶栅的高度逐级增大，这是因为蒸汽逐级膨胀时其容积增大。蒸汽经过若干个阀门进入第一级喷嘴，然后逐级膨胀做功，并在每级中保持一定的压力，最后在后汽缸排出，进入凝汽器被凝结成水。

汽轮机轴穿过汽缸的地方装有汽封，轴前端的汽封是为了减少漏入厂房的蒸汽量，后端的汽封是为了防止空气进入排汽管和凝汽器。在汽轮机级之间的汽封是为了减少级间的漏气。

汽轮机转子以联轴器和发电机的轴头相联接。

为了便于安装、修理，汽缸和隔板一般在中分面分为上、下两半。上、下汽缸通过法兰和螺栓相联接。只要拆开联接螺栓，就可以打开汽轮机上半缸和上半隔板，将联轴器分开后，整个汽轮机转子就可以从汽缸中取出。

为了汽轮机的起动和停机，一般大功率汽轮机都装有电动机带动的盘车装置。在汽轮机开车前和汽轮机正常运行时，盘车装置是脱开的。

要保证汽轮机正常运行，发出所需的功率，保持所需的转速，汽轮机还需具有调节系统、保护系统和相应的油系统等。

7.2.4　典型核电厂汽轮机的设置

目前核电厂汽轮机的布置主要有两种，一种是一个高压缸带多个低压缸（如 M310、AP1000、EPR 等）；另一种则是高-中压缸带多个低压缸（如 CPR、华龙等）。如图 7-12 所示。布置的选取取决于电厂的具体特点。

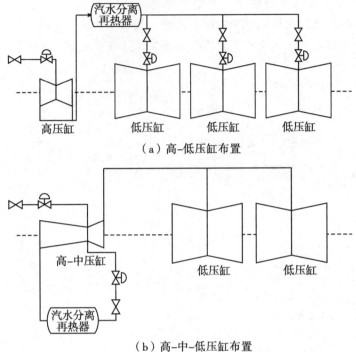

（a）高-低压缸布置

（b）高-中-低压缸布置

图 7-12 核电厂汽轮机布置

相对于双流高压缸，单流高压缸的二次流损失降低，有利于改善循环效率。单流中压缸使蒸汽经汽水分离再热器后直接进入中压缸膨胀，直至蒸汽压力降至 0.3 MPa 后进入低压缸，而不是按传统的方式压力降到 0.75 MPa 时就进入双流低压缸膨胀，使得蒸汽二次流损失得以降低。从中压缸出来的蒸汽线速度很高，二次流损失很大，但机组只有两个低压缸，且低压缸的叶片能使蒸汽获得很好的线速比，可降低二次流损失。另外，机组在高压和中压排汽口采用了一个特殊的抽汽排汽器，使从高压缸和中压缸排出蒸汽的轴向流损失减少。

7.2.5 核电厂汽轮机典型参数

大亚湾核电厂汽轮机的典型参数如表 7-1 所示。

表 7-1 大亚湾核电厂汽轮机典型参数

最大额定功率/ MW	983.8	湿度/%	14.2
额定转速/(r/min)	3000	流量/(kg/s)	1274.138
旋转方向：	顺时针（面对机头）	低压缸进汽参数：	
		绝对压力/ MPa	0.74
高压截止阀前蒸汽参数：		温度/ ℃	265.1(约 96 ℃过热度)
绝对压力/ MPa	6.63	流量/(kg/s)	1011.634
温度/ ℃	283	低压缸排汽参数：	
湿度/%	0.48	绝对压力/kPa	7.5
流量/(kg/s)	1532.7	温度/ ℃	40.3

高压缸进汽参数：		湿度/%	9.3	
绝对压力/MPa	6.11	流量/(kg/s)	3×276.47＝829.412	
温度/℃	276.7	热耗率/kJ/(kWh)	10128	
湿度/%	0.59	结构参数：	HP	LP
高压缸排汽参数：		长/m	6.31	3×7.3
绝对压力/MPa	0.783	宽/m	3.25	7.95
温度/℃	169.5	高/m	3.89	5.75

7.3　汽水分离再热器

7.3.1　汽水分离再热器功能

　　压水堆核电厂产生的是饱和蒸汽，通过汽轮机膨胀做功之后，如果不采取措施，在低压缸末级的排汽湿度将达到 24% 左右，大大超出了 12%～15% 的允许值。因此，在压水堆核电厂，汽轮机高、低压缸之间都设有汽水分离再热器。其目的是为了降低低压缸内的湿度，改善汽轮机的工作条件，提高汽轮机的相对内效率，防止和减少湿蒸汽对汽轮机零部件的腐蚀、浸蚀作用。由此可见汽水分离器对整个机组的可靠性有重要影响。

7.3.2　设备工作原理

　　汽水分离再热器本质上就是分离器加上再热器。由于高压缸排汽为汽水混合物，为了有效降低由于水在降压过程中汽化造成的汽轮机超速现象，需要尽量减少汽水分离与再热段的体积，所以现在普遍将汽水分离器和再热器结合，形成汽水分离再热器。

　　汽水分离采用波纹板分离器。波纹板分离器是常用的细分离设备，其工作原理是，当携带有微小液滴的气流通过波纹板分离器的波形板组件时，由于波形板的流道结构是曲折变化的，造成气流在波形板内做曲线运动。气流中的液滴和气体由于密度不同，相对质量不同，造成离心力、惯性力以及附着力不同，液滴在通过弯道时，不能随气流一起偏转而撞击到波形板上。液滴在吸附力的作用下，吸附在金属制成的具有较好吸附力的波形板壁面上，形成水膜，在重力的作用下不断往下流动，逐渐汇集成更大的水流，沿着波形板组件壁面向疏水槽流动，最后离开波形板组件。波形板组件是波纹板分离器的核心部件，直接决定分离器的分离效率。

　　根据波形板结构的不同可分为单钩和双钩两种典型结构，图 3－8 为典型的双钩波纹板示意图。相对于单钩波形板干燥器，双钩波形板干燥器具有更好的分离性能，能使出口蒸汽湿度低于 0.1%。

　　再热采用热交换器来实现。与火电厂不同，核电厂的再热只能通过热蒸汽来对汽水分离后的蒸汽进行加热。二回路温度最高的蒸汽来自于蒸汽发生器出口的新蒸汽，因此采用新蒸汽作为再热蒸汽的蒸汽来源。考虑到新蒸汽与汽水分离器出口的蒸汽温度差会导致循环效率的降低，因此，核电厂往往采用二级再热的方式以减少热交换器的有效平均温差。第一级再热器的加热蒸汽来自于高压缸的抽气，而第二级再热器的加热蒸汽来自于新蒸汽。如图 7-13所示。

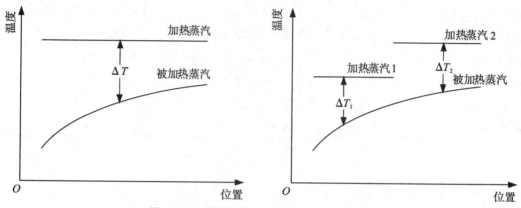

图 7-13 单级再热与双级再热的流体温度

根据朗肯循环理论，用新蒸汽加热压力较低的排汽只会降低循环效率，但由于湿度降低，提高了汽轮机的相对内效率，最终还是能够改善机组的经济性。经济性提高的程度，与再热压力、再热器端差、汽水分离再热器的压力损失等因素有关。

7.3.3 设备结构

汽水分离再热器由三部分组成，汽水分离器、第一级再热器和第二级再热器，这三部分都安装在一个圆桶形的压力容器内，如图 7-14 所示，筒体下部安装着汽水分离器，中部为第一级再热器，上部是第二级再热器。

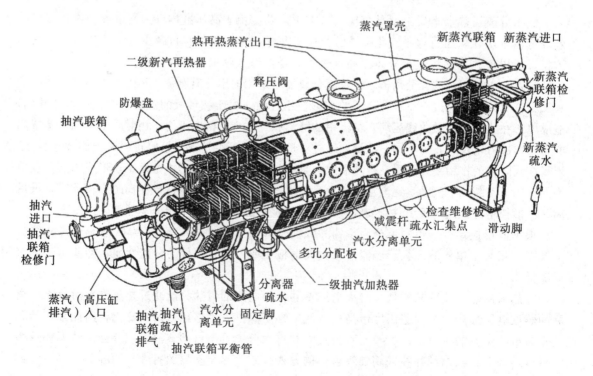

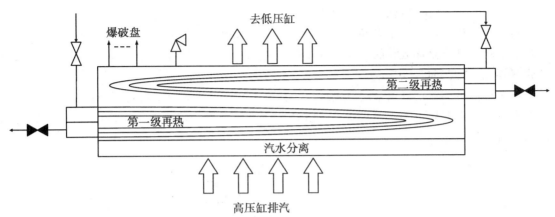

图 7 - 14　汽水分离再热器结构示意图

分离器入口处有一块分配板，由波纹板组成的汽水分离器组件组成。经过波纹板分离出来的水经过泄水水槽和泄水管导入容器底部，如图 7 - 15 所示。分离器组件按人字形布置分成两列，每列 16 块，所有分离器组件均为不锈钢制成。在正常工作参数下，蒸汽通过该汽水分离器时，约有 98％ 的水分可以被除去。

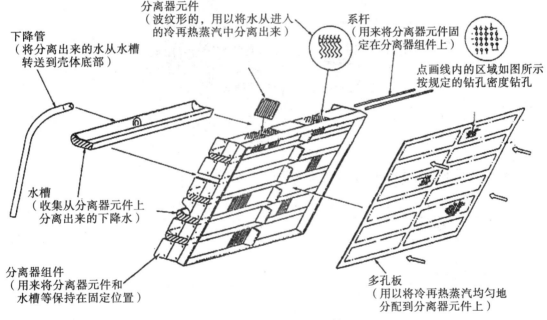

图 7 - 15　汽水分离器组件

一、二级再热器的结构形式相似，每个再热器由一组 U 形不锈钢管束组成。为了加强传热过程，管子采用的是带散热片的 429 型不锈钢管。管子由支承板支承以控制管子之间的间距，减少管子的挠度并限制和消除管子的震动，管子和管板是焊在一起的。

在进行汽水分离和再热过程中要产生大量的疏水，是通过汽水分离再热器系统的疏水系统来实现疏水的。汽水分离再热器的分离器、第一级再热器和第二级再热器各自有独立的疏水系统。每个电厂的设置各有不同，取决于其热力系统的设计。

为了防止极端情况可能发生的超压，在汽水分离再热器上设有卸压系统来进行保护。

每台汽轮机组设有一个先导式卸压阀和 8 个爆破盘。卸压阀能排出全部流量的 10％，8 个爆破盘可以排出全部流量的 100％。为了减少管网，将所有卸压装置都安装在一个汽水分离再热器上，排汽向大气排放。

汽水分离再热器也可以采用立式结构，如图 7-16 所示。湿蒸汽自下部进入，经过立式多组布置的分离器后，进入再热器，而后自上部出口引出过热蒸汽。加热蒸汽自顶部引入，凝结水自底部引出。

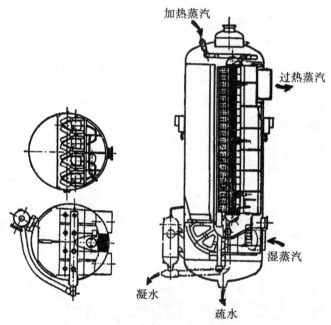

图 7-16　立式汽水分离再热器

表 7-2 给出了典型核电厂的汽水分离再热器的系统参数。

表 7-2　汽水分离再热器典型参数表

分类	参数	数据
冷再热蒸汽	入口温度	169 ℃
	湿度	14.2％
	压力	0.78 MPa
热再热蒸汽	出口温度	265 ℃
	过热度	96 ℃
	压力	0.74 MPa
汽水分离器	类型	人字形
再热器	管外径×内径	19.05×13.3 mm
	U 形管数量（一、二级各）	1321
	管子直线长度	15 m

分类	参数	数据
新蒸汽	压力	6.43 MPa
	温度	279 ℃
抽汽	压力	2.757 MPa
	温度	229 ℃

7.4 凝汽器

7.4.1 凝汽器功能

凝汽器是动力循环的冷源，将在汽轮机内膨胀做过功的蒸汽排至凝汽器并凝结成水，蒸汽凝结过程中放出汽化潜热被循环水带走。

7.4.2 凝汽器的工作原理

从热交换角度来看，凝汽器是表面式热交换器的一种。在汽轮机内做过功的蒸汽进入凝汽器，在传热管外表面，而循环水在管内流动，蒸汽在管子外表面凝结成水，同时放出汽化潜热被循环水带走。由于进入凝汽器的蒸汽是汽水两相共存的饱和蒸汽，蒸汽凝结时体积骤然缩小，其压力为凝结水温度相对应的饱和压力。例如凝结的蒸汽量为 824.56 kg/s，冷却水进口平均温度为 23 ℃，冷却水流量为 44.96 m³/s，冷却水温升 10.3 ℃，凝结水的温度为 40.56 ℃，对应的饱和压力为 0.0755 bar.a，明显低于大气压力，形成了高度真空。

建立和维持凝汽器真空是动态平衡过程，即蒸汽源源不断地进入凝汽器、冷却水连续地流过凝汽器，将蒸汽凝结时放出的汽化潜热带走，凝结水不断地从热井中抽出、漏入的少量空气不断地被抽走，这样才能维持凝汽器的稳定真空。如果上述任一环节发生故障，都会影响凝汽器的真空度。

7.4.3 凝汽器结构

每一低压缸设置有一个独立壳体的凝汽器，但它们的汽侧和水侧均有联络管相连接，故又可看成一个凝汽器，它们的运行参数和结构都一样。

每个凝汽器由壳体、膨胀连接件、管板、管束、水室、热井等组成，如图 7-17 和图 7-18所示。

1. 壳体

凝汽器的单独壳体内有两组单流程管束，管束两端有冷却水进、出口水室，通过膨胀件和内衬为玻璃纤维加强的树脂碳钢管与冷却水进、出口暗渠相连接。

壳体由碳钢板焊接而成，其喉部装有一台复合式低压加热器(第 1、2 级低压加热器组装在同一外壳内)、去第 3、4 级低压加热器的抽汽管和汽机旁路系统的 2 个扩散器。喉部下面装有管板、管束和管子支持板，壳体底部有除氧盘、磁性和机械过滤器及热井。壳体进汽口与低压缸排汽口之间用"哑铃"状橡皮膨胀件连接和密封。

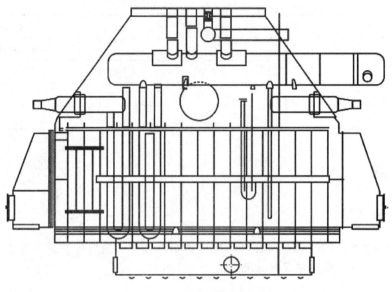

图 7-17 凝汽器结构简图

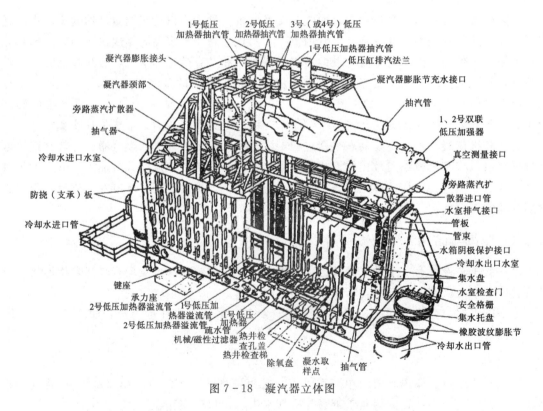

图 7-18 凝汽器立体图

各个独立的凝汽器汽侧用平衡管连接，保证各壳体内汽侧压力平衡；同理，热井侧也有平衡管连接，平衡各个热井的凝结水位。

2. 管板

凝汽器两端固定管束的是管板。

有的核电厂采用双层管板，其中内层管板为碳钢，外层管板与海水接触为铝青铜，防止海水腐蚀。内外层管板之间借定位块形成中间空腔，并充满来自高位水箱的除盐密封水。高位水箱放在与除氧器同一层，使双层管板的中间空腔的密封水压力大于循环水最高压力。这样设计的好处是：当外层管板的胀口发生泄漏时，因密封水压力高于冷却水，冷却水不会漏入密封水空腔中；当内层管板胀口泄漏时，因密封水压力高于凝汽器汽侧压力，密封水漏入汽侧空间，不会污染凝结水。密封水通过高位水箱经阀门、过滤器分配到两端双侧管板中，从外层管板顶部进口连接管到中间空腔。

也有很多电厂采用单层管板。管板与传热管采用统一的管材，并通过胀管和焊接连接，提高了抗泄漏性能，同时也就取消了密封水系统。

3. 管束

管束是凝汽器的传热面。管子在管板上的排列方式有三角形排列、正方形排列和辐向排列。三角形排列具有换热效果好、布置紧凑等优点，被广泛应用，但其流动阻力较大。

每一凝汽器壳体有两组独立的管束，管子用胀管器胀接在双层管板孔内。沿钛管纵向有21 块厚度为 20 mm 的碳钢支持板，使管子由中间向两侧向下倾斜 66 mm，即钛管在两块支持板之间倾斜 6 mm。这种布置既能保证管子自行疏水，又可防止管子振动和补偿热膨胀变形。支持板管孔数与管板相等，但孔径稍大些。管束布置属分区向心式，这样的布置使比蒸汽负荷（单位面积凝结的蒸汽量）趋于均匀，又可减少汽侧流动阻力，最后不凝结的空气从管束中心被液环式真空泵抽出。

管束一半高度处设有上凝结水收集盘，使管束上部凝结的水通过收集盘流向下收集盘，不至于造成上部管束的凝结水直接淋到下部管束，形成水膜，影响下部管束热交换。下部管束凝结水汇总在下凝结水收集盘内，再由下凝结水集盘流至除氧托盘。凝结水借重力向下流，有少量蒸汽由下往上流动，对凝结水进行加热除氧，要求凝结水含氧量小于 12 ppb，同时防止凝结水过冷（凝结水温度低于凝汽器压力下的饱和温度）。

4. 水室

每组管束两端各有一个水室，它们与循环水进、出口管相连。水室用碳钢制成。水室的形状能使循环水进入管子速度均匀分布。水室采用玻璃纤维加强的树脂做内衬，防止腐蚀和冲刷。水室设有阴极保护夹持器，铅板放在夹持器内，保护钛管不受腐蚀。

5. 热井

每个凝汽器壳体底部都有一个汇集凝结水的空间，称为热井。热井是一个长方形容器，位于两组管束之间。热井上方布置有联合式过滤器（机械式和永久磁性过滤器）。凝结水经磁性过滤器和机械过滤器汇集到热井。热井之间有管子连通，其上装有波形节补偿热膨胀。凝结水泵从凝汽器热井中抽水。

7.4.4　凝汽器特性曲线

实践表明，在汽轮机运行中，排到凝汽器的蒸汽量、冷却水进口温度、冷却水量、漏入凝汽器空气量以及其冷却表面的清洁度等都会变化，都将引起凝汽器压力（或真空）变化。当凝汽器的运行工况偏离了设计参数，称为凝汽器的变工况。

由理论分析可知，上述影响凝汽器压力的诸多因素中以凝汽器的蒸汽流量（又称凝汽器负荷，常用百分比表示)、冷却水量和冷却水进口温度是决定凝汽器压力的主要因素。可以通过理论计算，求出冷却水温升 ΔT 和凝汽器端差 δT(排汽温度 t_s 与冷却水出口温度之差)，从而求得排汽温度 $t_s = t_{w1} + \Delta t + \delta t$。通过查水蒸汽性质表得到 t_s 温度相对应的饱和压力 p_s。由于正常状况下凝汽器内空气量很小，即对应的空气分压力 p_a 也很小，常可略去不计。而凝汽器的压力 p_c 由蒸汽分压力 p_s 和空气分压力 p_a 组成，根据道尔顿分压定律，凝汽器压力 p_c 可以写成 $p_c = p_s + p_a \approx p_s$，即凝汽器的压力近似地可用蒸汽的饱和压力表示。

现设冷却水量为 100% 额定流量、管子表面清洁度为 90%(即 0.90)和一定冷却面积条件下，根据不同的凝汽器负荷(实际工况排汽量与设计工况排汽量之比)和冷却水进口温度，求得一系列凝汽器压力，并将它们之间关系曲线绘在图上，称为凝汽器特性曲线图，如图 $7-19$ 所示。由图可见：

(1)若冷却水量和冷却水进口温度不变，随着凝汽器负荷减小，凝汽器压力也随之减小(即真空提高)；

(2)若冷却水量和凝汽器负荷不变，随着冷却水进口温度的降低，凝汽器压力也降低(即真空提高)；

(3)图中 $1\sim3$ 台泵运行线是指凝汽器真空系统的液环式真空泵运行状态。当汽轮机启动或低负荷时，由于漏入凝汽器的空气量多，需要投入三台液环式泵才能建立和维持真空；正常运行时，只需投运一台真空泵就能维持凝汽器压力 75.0 mbar。这时一台泵抽出空气量为 61.4 kg/h，凝汽器负荷为 100%，冷却水进口温度为 23 ℃；

(4)当凝汽器在变工况下运行时，利用此图就可方便地查得该工况下凝汽器压力。如果实际凝汽器压力与图中查得的值相差很大，又发现凝汽器端差大于 10 ℃，说明该凝汽器传热表面脏了，需要清洗。

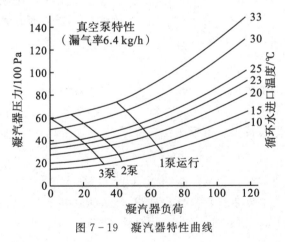

图 7-19　凝汽器特性曲线

7.4.5　凝汽器主要参数

一台典型 1000 MWe 凝汽器的参数见表 $7-3$。

表 7 - 3 额定工况凝汽器主要参数

参数	数据
低压缸排至凝汽器总蒸汽流量	829.41 kg/s
蒸汽温度	42.15 ℃
给水泵汽机排汽流量	28.5 kg/s
给水泵汽机排汽温度	43.97 ℃
No.1 低压加热器来的疏水流量	53.00 kg/s
No.1 低压加热器疏水温度	72.76 ℃
No.2 低压加热器来的疏水流量	48.40 kg/s
No.2 低压加热器疏水温度	98.04 ℃
凝汽器压力	7.5 kPa
凝结水出口流量	962.34 kg/s
凝结水出口温度	40.32 ℃
循环水流量	44.96 m³/s
循环水入口温度	23 ℃
循环水温升	10.3 ℃
凝结水含氧量	$<12\times10^{-9}$ g/g

7.5 除氧器

7.5.1 除氧器功能

给水除氧器的功能如下：

(1)对给水进行除氧，保证向给水泵连续提供合格的含氧量不大于 5×10^{-9} g/g 的给水；

(2)作为给水回热加热器之一的混合式加热器，对给水进行加热，提高循环效率；

(3)保证给水泵要求的净正吸入压头，防止给水泵汽蚀；

(4)除氧器水箱有一定给水贮存量，以应付蒸汽发生器需求与可能获得的凝结水供应量之间的任何瞬时失配，起流量调节和缓冲作用。

7.5.2 除氧原理

运行实践表明，给水(或凝结水)中溶解的氧气对热力设备和管道等都会产生腐蚀，因此，在正常运行时，要求给水的含氧量不应大于 5 ppb。为此，对给水必须进行除氧，电厂中采用的除氧器是一种物理除氧方法，其理论依据是道尔顿分压定律和亨利定律。

道尔顿分压定律指的是任一容器混合气体的总压力等于各种组成气体分压力之和，对除氧器而言

$$p_D = p_S + p_a$$

式中，p_D、p_S、p_a 分别为除氧器中混合气体总压力、蒸汽分压力、空气分压力，Pa。

亨利定律指的是一容器中水中溶解的气体量与水面上该气体的分压力成正比。根据该定律，若在等压下，将水加热至沸点(饱和点)，使蒸汽的分压力 p_S 几乎等于水面上的总压力，即 $p_D \approx p_S$，使空气的分压力 p_a 趋近于零，这就意味着空气在水中含量趋近于零，便可达到除氧的目的。

为了确保除氧效果，在除氧过程中还必须满足以下条件：

(1)在除氧器中凝结水的温度必须加热到与除氧压力相对应的饱和温度，即过冷度为零；

(2)应及时排除凝结水中析放出来的气体，防止气体在除氧器内聚积。若空气分压力 p_a 提高，会影响除氧效果；

(3)尽可能扩大凝结水与加热蒸汽的接触面积，加快加热过程。故进入除氧器的凝结水应喷成雾状，加大接触面积，改善加热效果；

(4)除氧器应有足够大的空间，保证凝结水与加热蒸汽之间热交换有足够的时间，使气体有足够的时间从水中逸出；

(5)运行中应尽量保证除氧器的压力稳定。

7.5.3 除氧器形式

除氧器可以划分为有头除氧器和无头除氧器。除氧过程可以分为初步除氧和深度除氧两个过程，其原理如图 7-20 所示。

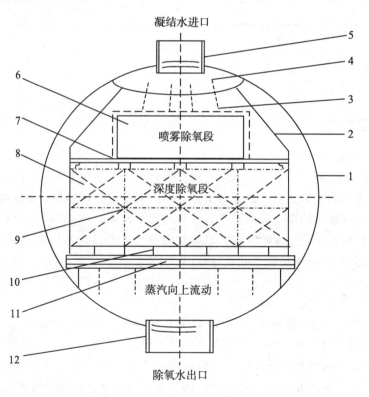

1—除氧器本体；2—侧包板；3—恒速喷嘴；4—凝结水进水管；5—凝结水进水口；6—喷雾除氧段空间；
7—布水槽钢；8—淋水盘箱；9—深度除氧段空间；10—棚架；11—工字钢托架；12—除氧水出口管。

图 7-20 除氧器基本原理图

有头除氧器的类型有喷雾填料式、淋水盘式及喷雾淋水盘式。除氧过程是在除氧头中完成的，包括在喷雾层的初步除氧，可除去水中的大部分气体，以及在下面的淋水盘层或填料层进行深度除氧，除去水中的残余气体。

而对于无头除氧器，凝结水从盘式恒速喷嘴喷入除氧器汽空间，进行初步除氧，然后落入水空间流向出水口；加热蒸汽排管沿除氧器筒体轴向均匀排布，加热蒸汽通过排管从水下送入除氧器，与水混合加热，同时对水流进行扰动，并将水中的溶解氧及其他不凝结气体从水中带出水面，达到对凝结水进行深度除氧的目的。水在除氧器中的流程越长，对水进行深度除氧的效果越好。

蒸汽从水下送入，未凝结的加热蒸汽（此时为饱和蒸汽）携带不凝结气体逸出水面，流向喷嘴的排汽区域（喷嘴周围排汽区域为未饱和水喷雾区），在排汽区域未凝结的加热蒸汽凝结为水，不凝结气体则从排气口排出。

不凝结气体在流向排气口的流程中，在水容积一定的情况下，除氧器筒体直径越大，汽空间不凝结气体分压力越小，这样就能有效控制不凝结气体在液面的扩散，避免二次溶氧的发生，因此，除氧器筒体采用大直径为佳。

分析表明内置式无头除氧器采用先进的设计方案和制造工艺，同常规除氧器相比具有很多优点。除氧效果好，可靠性高，能保证各工况下除氧水含氧量小于等于 $5\ \mu g/L$。适应负荷变化能力强，采用定压、滑压运行方式，负荷在额定负荷的 $10\% \sim 110\%$ 变化时均能保证上述除氧效果。内置式无头除氧器启动时不存在有头除氧器启动时的振动现象。此外其系统设计简单，结构紧凑，检修维护方便。工作过程中，排气损失极少，大大节约了运行费用。因此目前建造的核电厂普遍采用无头除氧器。

7.5.4　除氧器设备

下面以国内某 1000 MWe 级核电厂的除氧器为例，介绍除氧器的具体结构。

除氧器主要由除氧水箱、四个凝结水喷雾器、两个主蒸汽分配装置、一个辅助蒸汽分配装置、疏水接管、安全阀接管及支座等组成，如图 7-21 和图 7-22 所示。

7.5.4.1　除氧器水箱

除氧器水箱是一个带圆穹形封头的圆筒形碳钢压力容器，其内径 4300 mm、长度 5000 mm，无水重量为 190 t，满水重量为 900 t。除氧器放在汽轮机厂房的高处，保证给水泵有足够的正吸入压头，防止给水泵汽蚀。

除氧器水箱水平放置在一个固定支座和三个滑动支座上。水箱以固定支座为死点可向左右端自由膨胀。水箱内部有 6 块防浪涌挡板，其由三段搭接组成，防止水箱内的给水波动。中间两个凝结水喷雾器两侧都装有挡板，两端的两个喷雾头只有内侧各装一块防浪涌挡板，其下端浸在水箱的给水中且略低于应急低水位端，稍高出喷水区。具体结构如图 7-21 所示。

在水箱底部有三个漏斗，与给水泵进口管连接。

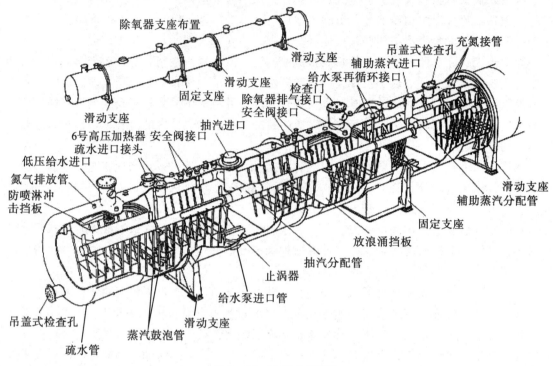

图 7-21 除氧水箱结构

7.5.4.2 蒸汽分配装置

除氧水箱内装有三个独立的蒸汽分配装置,有两个主蒸汽分配装置和一个辅助蒸汽分配装置,每个蒸汽分配装置包括一根供汽管、两根平行布置的蒸汽分配管和若干根蒸汽鼓泡管。

1. 主蒸汽分配装置

两个主蒸汽分配装置的结构和布置是相同的。各个主蒸汽分配装置由 1 根名义直径为 750 mm 的蒸汽进口管和 2 根纵向平行布置的直径为 400 mm 的蒸汽分配管组成。每根蒸汽分配管下侧焊有 40 根蒸汽鼓泡管,并向内侧偏转一角度,两根蒸汽鼓泡管之间间隔地焊有一根纵向拉杆。蒸汽鼓泡管的下端被封住,钻有 104 个直径 8 mm 的放汽孔,这些孔总是低于紧急低水位线。

加热蒸汽通过 2 个蒸汽进口管引到蒸汽分配管,然后再分至各蒸汽鼓泡管,即将加热蒸汽引到除氧器水箱底部。蒸汽从鼓泡管的放汽孔流出,加热除氧水箱中的给水,一部分蒸汽在加热给水过程中凝结成水,而另一部分未凝结的蒸汽从液面逸出,继续向上升,与喷雾器喷成雾状的给水进行热交换,把除氧器水箱中的给水加热到对应压力下的饱和温度,最后不能凝结的气体从排气管排至凝汽器。

2. 辅助蒸汽分配装置

辅助蒸汽分配装置的结构与主蒸汽分配装置相似,布置在两个主蒸汽分配装置之间。辅助蒸汽来自辅助锅炉,启动时用来加热除氧器水箱中的贮水。

7.5.4.3　除氧器喷雾器

除氧水箱上部沿长度方向均匀地布置了 4 个喷雾器,用来雾化进入除氧器的给水,见图 7-22。喷雾器由一叠不锈钢盘组成,它们在内部水压作用下,将薄钢处张开(见图 7-22 中充满水流状态),并将给水以很细的雾滴喷出,射到水箱内部的溅射挡板,在其周围的空气形成雾化区。雾滴向下降落过程中与向上升的加热蒸汽均匀接触,对雾滴进行加热。使给水加热到除氧压力下的饱和温度,除氧效果最好。不凝结的气体从排气管排至凝汽器。每个喷雾器的流量在 10%~100% 变化时,均能达到雾化和除氧的效果。

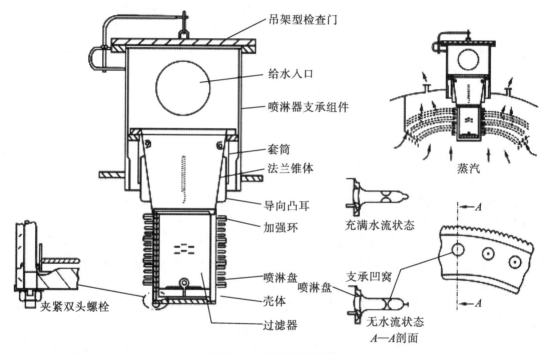

图 7-22　除氧器喷雾器

7.5.4.4　除氧器放气管

在每一喷雾器两侧各装有一根放气管,共 8 根,均装有孔板。

7.6　给水泵

7.6.1　功能

将除氧器的水抽出、升压,经过高压加热器,最终送到蒸汽发生器。

7.6.2　给水泵的运行方式

给水泵可以采用汽动给水泵、电动给水泵,或者两者的结合。从目前核电厂的设计来看,电动给水泵是主流设计。

1. 电动调速给水泵

电动调速给水泵为适应负荷变化，一般使用变速调节。变速调节需要设置液力联轴器来进行。液力联轴器是利用工作油传递转矩，泵轮与涡轮不直接接触，无磨损，可隔离电动机和泵的振动，减小冲击。利用快速充、排油能做到空载离合，降低启动电流，无级调速，适应汽轮发电机组的启、停和大范围负荷变化及滑参数运行的需要。控制方便，可通过手动、遥控及自动进行控制。其启动电流大，耗用的厂用电多。与汽动给水泵相比，其优点是系统简单。

2. 汽动给水泵

汽动给水泵是通过一个单独的小汽轮机驱动的给水泵。该汽机从抽汽管道上抽取蒸汽，通过小汽机的转动带动给水泵进行给水循环。调节泵的转速是通过小汽轮机的调速器控制进汽量来进行的。小汽轮机可采用凝汽式或背压式。小汽机的正常运行，需要相应的汽、水管道系统、调速系统、备用汽源等。汽动给水泵多采用不同轴的串联方式。

汽动给水泵的优点是：

(1)小汽机的容量可以很大，使得大机组的给水泵台数减少；

(2)不耗厂用电，因而可增加对外的供电量；

(3)其转速的调节是通过调节流入小汽机的蒸汽量进行的，效率高于电动调速给水泵中的液力联轴器；

(4)转速约在 5000～8000 r/min，使得给水泵的轴较短，短轴刚性好、挠度小，提高了给水泵运行的安全性；

(5)当电力系统故障或全厂停电时，可保证锅炉供水不间断，提高了电厂的可靠性。

由于功率大，为避免主给水产生汽蚀等现象，每台给水泵都由前置泵和压力级泵构成。前置泵从除氧器抽水，并进行初步加压后进入到压力级泵，进行进一步的升压。

汽动泵由一台给水泵汽轮机带动压力级泵，并通过减速箱带动前置泵运行。调节进入到给水泵汽轮机的蒸汽流量，就可以调节整个泵系的转速，从而调节给水的流量。

电动泵由电机来带动前置泵，电机与压力级泵的连接则通过液力联轴器来实现。通过调节液力联轴器，就可以调节压力级泵的转速，从而调节给水的流量。

图 7-23 给出了不同给水泵的连接方式。

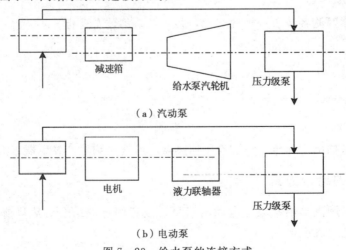

图 7-23　给水泵的连接方式

7.6.3　引漏管线

在二回路启动过程中，给水流量会从 0 逐步上升到额定流量。相反地，在停运过程中，给水流量会从额定流量逐步下降到 0。为了确保主给水泵在二回路启动和停运过程中有足够流量以避免汽蚀，特设置了引漏管线。

从压力级泵出口逆止阀前引出一根 ϕ200 mm 的引漏管线，然后再分成两根 ϕ150 mm 管线。两根平行支管上都装有引漏控制阀 A 和 B，控制阀前后各有一个隔离阀，最后接到除氧器。

升压泵与压力级泵跨接管上装有测量流量孔板，当测得孔板两侧规定压降所对应的流量值时，使引漏控制阀自动开启和关闭。A、B 引漏控制阀依次开启和关闭的流量值如下：

（1）引漏控制阀 A：在 55％额定流量时关闭，而在 34％额定流量时开启；

（2）引漏控制阀 B：在 51％额定流时时关闭，而在 28％额定流量时开启。

引漏气动控制阀借压缩空气压力关闭，阀门由弹簧开启。若失去气源会使引漏控制阀开启，需时间约 5 s，关闭时间在 2～20 s 调整。

给水泵启动过程与引漏控制阀 A、B 开启和关闭状况如图 7-24 所示。

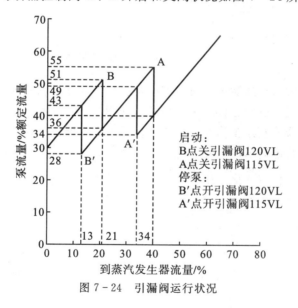

图 7-24　引漏阀运行状况

7.6.4　液力联轴器

液力联轴器的作用是：①传递电动机扭矩，驱动压力级泵；②根据给水流量控制系统信号的大小，调节压力级泵的转速。其基本原理如下：

液力联轴器如图 7-25 所示。由主动轴 1、泵轮 B、涡轮 T、从动轴 2 和防止漏油的转动外壳 3 等主要部件组成。泵轮和涡轮一般对称布置，几何尺寸相同，在轮内装有许多径向辐射叶片 4。工作时，在联轴器中充以工作油，当主动轴带动泵轮旋转时，工作油在叶片带动下，因离心力的作用由泵轮内侧流向外缘，形成高压高速液体流冲击涡轮叶片。工作油在涡轮中由外缘流向内侧的流动过程中减压减速，从而使从动轴 2 获得力矩，使涡轮跟着泵轮同向旋转。工作油也依靠泵轮和涡轮之间的压力降进行循环。在这种循环流动过程中，泵轮把输入的机械能转换为工作油的动能和势能，而涡轮则把工作油的动能和势能转为输出的机械能，从而实现功率的传递。

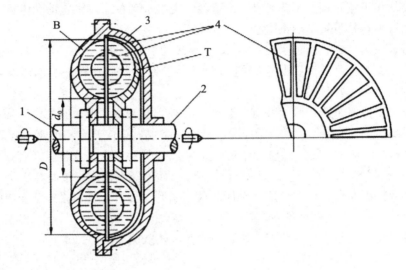

1—主动轴；2—从动轴；3—转动外壳；4—叶片；B—泵轮；T—涡轮。

图 7-25　液力联轴器结构原理

因为联轴器是靠油来传递能量，所以连续地改变泵轮和涡轮间腔室的充油量就可实现无级调速。充油量是通过改变勺管位置来实现的，如图 7-26 所示。为了设置勺管，联轴器增设外油室，通过若干流通孔使工作油内外相通。外油室室壁的一侧或两侧装有副叶片，使外油室的油随泵轮的转速旋转形成油环，旋转的油在勺管头上产生一定的压头，在此压头作用下，油环的油便自动地由勺管排出。因此沿 5 方向移动勺管就可得到不同的液面，也即不同的充油度，从而实现无级调速。

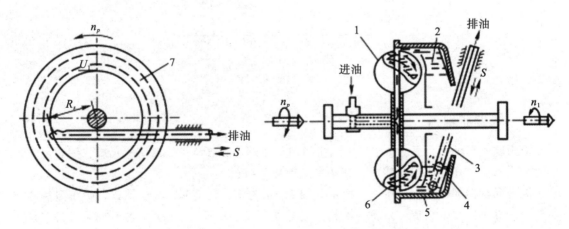

1—泵轮；2—外油管；3—导流管；4—副叶片；5—流通孔；6—涡轮；7—油环。

图 7-26　勺管调速原理

7.7　给水加热器

二回路回热循环就是利用汽轮机高压缸或低压缸的抽汽加热给水，从而进一步提高热循环效率。实现回热过程的重要设备就是给水加热器。根据抽汽来源的不同，可以分为高压给水加热器和低压给水加热器。这些加热器尽管运行参数和结构参数不同，但其结构形式是一样的，普遍采用 U 形管壳式加热器。

7.7.1　给水加热器结构

给水加热器均为双流程 U 形管表面式热交换器，给水在管内流动，蒸汽在管外流动。高压加热器除冷凝段外，还有独立的疏水冷却段，其结构如图 7-27 所示。

壳体用 1.25％铬钢制造，U 形管为铁索体不锈钢有缝焊接管，外径为 19 mm，壁厚 1.75 mm，与碳钢管板密封焊接。为了便于焊接，管板表面堆焊了一层因科镍，然后再与 U 形管胀接。

给水从下侧给水口进入，流经 U 形管后，从上侧给水出口流出。加热蒸汽从上侧的蒸汽入口进入，在入口处设有不锈钢覆片，以防止蒸汽对管束的直接冲刷。蒸汽凝结成水汇入疏水冷却区，最后从疏水口流出。

疏水冷却区位于加热器底部一个独立的罩壳内，设有挡板使疏水与管内的给水逆向流动，提高传热效果。

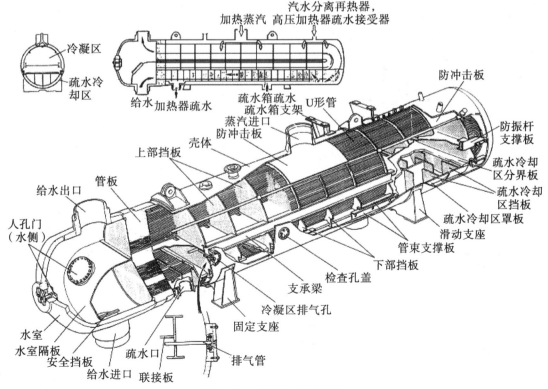

图 7-27　给水加热器结构

7.7.2 复合式给水加热器结构

为了降低汽轮机低压缸超速的风险，核电厂在设计时会尽量减少抽汽管道的长度尺寸。其中最典型的体现就是将1号和2号低压加热器整合到一个加热器壳体中，形成一个复合式加热器，并将该复合式加热器安装到凝汽器的喉部。

复合式加热器外壳内包容着两级加热器，它们之间用内壳体分隔开，每级都是双流道U形管的表面式热交换器。给水在U形管内流动，加热蒸汽在U形管外倒流动。三列复合式加热器的结构完全相同，如图7-28所示。

复合式加热器由外壳体、内壳体、U形管束、防蒸汽冲击挡板、给水进出口端部水室和管板以及滑动支座等组成。U形管与管板采用胀管连接，将第1、2级加热器分开的内壳体焊接在管板上，管板再与水室、外壳体焊接在一起。

外壳体上有6个抽汽进口接管，其中4个为第1级加热器抽汽管，2个为第2级加热器抽汽管。

蒸汽入口处设有防蒸汽冲击挡板，以防蒸汽正面冲击管束，蒸汽入口接管经过一个蒸汽传送套筒，引导蒸汽经管束与壳体之间的环形空间进入管束，使蒸汽沿管束长度方向均匀分布。

给水进、出口接管集中在加热器水室一端，水室被分隔成3个空间。给水从水室的进口水室进入，经第1级加热器U形管至第1级加热器出口水室，也就是第2级加热器进口水室，再经第2级加热器U形管后从其出口水室流出。

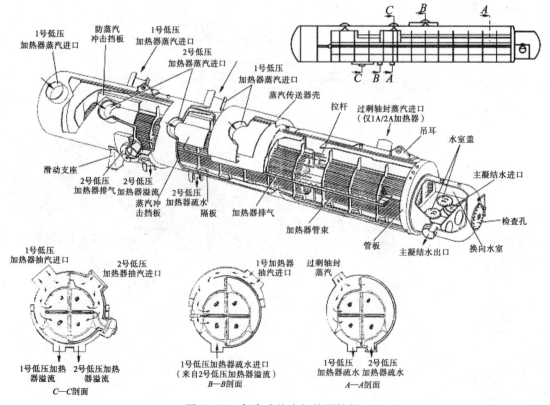

图7-28 复合式给水加热器结构

习　题

基础练习题

1. 画出卡诺循环、朗肯循环、过热循环和再热循环的 $T-S$ 图。

2. 画出二回路热力系统流程简图。

3. 说明压水堆核电厂汽轮机的主要特点。

4. 汽水分离再热器系统的功能是什么？并简述汽水分离再热器的结构。

5. 说明汽水分离再热器多级再热的优点。

6. 简述给水除氧器系统的功能和除氧器的结构。

7. 简述给水除氧器的原理。

8. 说明给水泵的特点及其运行方式。

9. 说明给水加热器的结构及其特点。

拓展题

1. 通过查询资料，结合我国目前核电厂的实际，说明汽动给水泵与电动给水泵的优缺点。

2. 通过查询资料，获得我国典型压水堆核电厂的二回路系统流程图，并结合工程热力学知识，分析该核电厂二回路的循环热效率。

第 8 章

二回路主系统

　　第 7 章讲述了压水堆核电厂二回路系统的主要动力设备，这一章将具体介绍构成二回路的循环主系统。从大的角度看，二回路系统可以划分为蒸汽系统和给水系统。其中蒸汽系统主要包括主蒸汽系统、汽水分离再热系统、汽轮机旁路系统等。而给水系统则为低压给水加热系统、除氧系统、高压给水加热系统和给水流量调节系统。蒸汽系统与给水系统的接口之处有：汽轮机的乏汽排入凝汽器中；给水进入蒸汽发生器后汽化产生蒸汽，然后进入到主蒸汽系统；汽轮机的抽汽用来加热给水加热器的给水。各个系统的关系如图 8-1 所示。

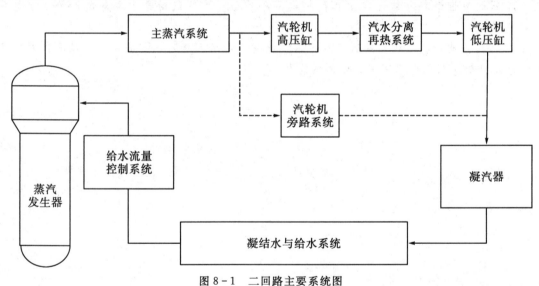

图 8-1　二回路主要系统图

8.1　主蒸汽系统

8.1.1　系统功能

1. 主要功能

　　主蒸汽系统的功能是将要求流量的蒸汽从蒸汽发生器输送到汽轮机和汽水分离再热器等蒸汽用户。主蒸汽系统还将蒸汽送到下列蒸汽用户：汽轮机轴封系统，通向凝汽器和大气的蒸汽旁路系统，辅助给水泵汽轮机(如果采用汽动给水泵)，除氧器。

2. 安全功能

(1)通过蒸汽发生器安全阀保护二回路系统，使其免受蒸汽发生器超压的影响；

(2)在余热排出系统投运之前，通过大气释放阀排出来自反应堆的余热；

(3)在发生安全壳内的主蒸汽管道破裂事故时限制反应堆冷却剂的过度冷却，因而，限制蒸汽的释放，并从而防止超过安全壳设计压力；

(4)作为安全壳屏障，位于反应堆厂房贯穿件和蒸汽发生器之间的蒸汽管道被认为是反应堆安全壳的延伸。

8.1.2　系统描述

主蒸汽系统流程核岛侧简图如图 8－2 所示，常规岛侧如图 8－3 所示。

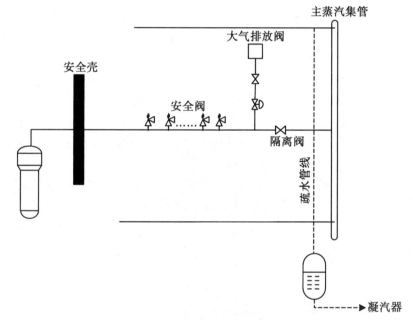

图 8－2　主蒸汽系统(核岛侧)

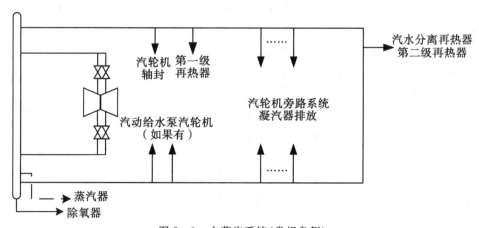

图 8－3　主蒸汽系统(常规岛侧)

　　主蒸汽系统的主要部件有：主蒸汽管道、流量限制器、主蒸汽安全阀、主蒸汽隔离阀、大气排放阀以及汽机旁路阀。大气排放阀以及汽机旁路阀是汽机旁路系统的一部分，流量限制器与蒸汽发生器出口管嘴是一个整体部件(见 3.2 节)。

　　在安全壳外侧，每根主蒸汽管线在安全壳贯穿件和主蒸汽隔离阀附近的管道限制件之间的设置如下：

　　多个蒸汽发生器安全阀(个数取决于核电厂的设计)和一根通向大气释放阀的支管；主蒸汽隔离阀的旁路管线，连接一根向汽动辅助给水泵供汽的蒸汽管线；一根疏水管线。

　　这些固定装置都通过压制的管嘴连接到主蒸汽管道以限制焊接的数量，从而避免安装在应力集中区。

　　主蒸汽隔离阀下游的主蒸汽管道连接到一个位于汽轮机附近的主蒸汽集管。

　　主蒸汽集管上的连接管有：4 根独立的管道向汽轮机供汽、连接到凝汽器的汽机旁路管线包括 2 根独立的蒸汽总管和各自装有旁路排放阀的旁路蒸汽管道。2 根汽机旁路蒸汽总管还向给水泵(如果采用启动给水泵)、除氧器、蒸汽转换器以及第二级再热器供应高压蒸汽。

　　管道疏水为：

　　(1)在机组启动暖管期间或热停堆期间，主蒸汽隔离阀上游的主蒸汽管疏水到凝汽器。当凝汽器不可用时，这些疏水混合并冷却到 60 ℃以便送至可能带放射性的疏水系统。

　　(2)在主蒸汽隔离阀上游还接有一个疏水管线，以便于在主蒸汽隔离阀关闭时排出蒸汽管中的疏水，疏水收集在疏水罐中，正常情况下排放到凝汽器中，当凝汽器不可用或疏水含有放射性时，疏水排往常规岛废液排放系统。

　　在蒸汽母管上引出四根管道向汽轮机高压缸供汽。从其延伸管引出通往凝汽器的蒸汽旁路排放管线、一根向除氧器的排放管线、两根向汽水分离再热器的供汽管线、一根轴封系统的供汽管线等。

8.1.3　主要设备

8.1.3.1　主蒸汽安全阀

　　设置主蒸汽安全阀的目的与设置稳压器安全阀的目的类似。

　　在发生汽轮机脱扣、反应堆不停堆和保持主给水流量等故障时，防止主蒸汽压力超过主蒸汽系统设计压力的 110%，特设置主蒸汽安全阀，其具体功能是：为蒸汽发生器二回路侧和主蒸汽系统提供超压保护；防止一回路过热和超压。

　　主蒸汽安全阀的误动作(误开启)会导致蒸汽流量的意外上升，从而引起蒸汽发生器换热量的意外增加，一回路平均温度下降，从而引入正反应性，其后果类似于蒸汽管道破裂事故。

　　为了尽量降低主蒸汽安全阀误动作的后果，往往需要将安全阀的释放容量降低。因此在核电厂设计中，将主蒸汽安全阀按整定压力，分成多个多组阀门，每个阀门的容量是有限的。将阀门分组的另一个优势就是阀门按顺序打开，可以避免蒸汽压力过大的波动。

　　以 CPR1000 为例，每条主蒸汽管线上安装有 7 个安全阀并分为两组，两组阀门全部为弹簧加载安全阀，第 1 组(两个阀门)整定值为 8.5 MPa(a)，第 2 组(5 个阀门)整定值为 8.7 MPa(a)。

　　而 AP1000，则设置了每个整定值不同的 6 个阀门，其设定压力分别为 8.17，8.25，

8.33，8.41，8.49，8.56 MPa。

安全阀的总排放量一般都取额定蒸汽量的 110％。但单个安全阀的排放量设计成在反应堆热停堆工况下，不会引起反应堆所不允许的过度冷却。

8.1.3.2　主蒸汽隔离阀

在正常运行时，蒸汽发生器的蒸汽管道之间通过位于汽轮机厂房的主蒸汽集管相互连通。当发生主蒸汽管道破裂时，所有蒸汽发生器产生的蒸汽都会通过破口排放，因此会影响到所有的蒸汽发生器，对堆芯的影响会非常大。

因此，为了主蒸汽管道破裂事故发生时将对堆芯的影响限制在规定的燃料设计限值之内和把安全壳压力限制在设计值之下，特设置主蒸汽隔离阀，使蒸汽排放量被限制为一台蒸汽发生器的蒸汽量。

主蒸汽隔离阀在发生主蒸汽管道破裂时自动关闭，具体体现的信号为任一蒸汽发生器压力低或安全壳压力高或任一蒸汽发生器压力快速下降或任一主回路冷段温度低或手动触发。

主蒸汽隔离阀为双向楔形闸阀。执行机构由连接氮气蓄压箱的液压机构构成，蓄压箱内的氮气如同弹簧一样，能确保阀门可靠关闭，不需要任何其他能源。相反，为了开启阀门，要用一个带气动油泵的液压系统提供足够能量来克服氮气压力阀。

主蒸汽隔离阀设有旁路阀（通常关闭），用于电厂启动期间加温和平衡主蒸汽隔离阀两侧的压力。

8.1.4　系统运行

主蒸汽系统的正常运行是指：当汽轮发电机组并网后，电站机组在大于 15％额定功率下正常运行。这时，反应堆和汽轮机处于自动控制，且无蒸汽向冷凝器排放。

在电站正常运行期间，主蒸汽隔离阀开启，所有旁路以及主蒸汽隔离阀上游疏水管线都隔离。主蒸汽压力不受控制，它等于给定蒸汽温度下对应的饱和压力。汽轮机负荷的增加使汽轮机蒸汽入口调节阀开度增大，并从堆芯提升控制棒，使堆功率与汽轮机负荷需求相匹配。负荷变化引起的蒸汽流量增加使蒸汽压力降低。

8.2　汽轮机旁路系统

8.2.1　系统设置原理

8.2.1.1　甩负荷过程

当汽轮机发生甩负荷时，反应堆功率不能像汽轮机发电机负荷那样快速地改变。如图 8-4 所示。

当甩负荷的幅度小于 10％额定负荷或小于每分钟 5％额定负荷的线性变化时，控制棒会根据平均温度的控制逻辑进行动作，使反应堆功率最终与汽轮机负荷相匹配，控制棒的动作足以保证蒸汽发生器的压力。当甩负荷的幅度大于 10％额定负荷或大于每分钟 5％额定负荷的线性变化时，由于控制棒的调节能力有限，在反应堆热负荷大于汽轮机负荷的这个阶段，反应堆产生的热量会大于汽轮机带走的热量，使得蒸汽发生器的压力上升。这就需要设置一个专门的系统，为反应堆提供一个人为负荷，避免二回路超温和超压。

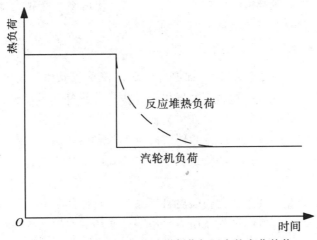

图 8-4　汽轮机甩负荷后热负荷与压力的变化趋势

　　这个人为的负荷就是将多余的蒸汽发生器蒸汽向特定的设施排放，从而降低二回路压力。由于凝汽器有足够大的体积，因此凝汽器就成了首选的排放设备。由于新蒸汽为高温高压蒸汽，而凝汽器为高度真空设备，为避免新蒸汽对凝汽器产生破坏，需要对排放的蒸汽进行降温降压处理。

　　除此之外，有些电厂还将除氧器的水箱也作为可选的方案。但由于除氧器的能力有限，只能作为大流量排放的一种备份。当凝汽器或凝汽器排放系统不可用时，系统还可以设置大气排放阀(见 8.1 节)向大气排放蒸汽。

　　为了不对系统产生过大的压力冲击，在排放时，往往根据平均温度的设置值，设置多组多容量的排放措施。

8.2.1.2　余热排出阶段

　　反应堆停堆阶段，在余热排出系统投入之前，反应堆衰变余热依赖于蒸汽发生器带走，此时，给水来自于应急给水系统，而产生的蒸汽则由汽轮机旁路系统带走。

8.2.2　系统功能

　　综上，汽轮机旁路系统执行以下功能：

　　(1)在电厂正常运行期间，允许将反应堆冷却剂系统从热停堆工况冷却到余热排出系统能够投入工作的工况点；在甩负荷阶段，提供蒸汽发生器压力控制的措施以防止蒸汽发生器安全阀开启；

　　(2)事故工况期间，与蒸汽发生器应急给水系统一起排出反应堆余热，从而在操作人员响应之前限制事故后果；与蒸汽发生器应急给水系统一起冷却反应堆冷却剂系统以确保降压。

8.2.3　系统描述

　　以 CPR1000 核电厂为例，汽轮机旁路系统如图 8-5 所示。

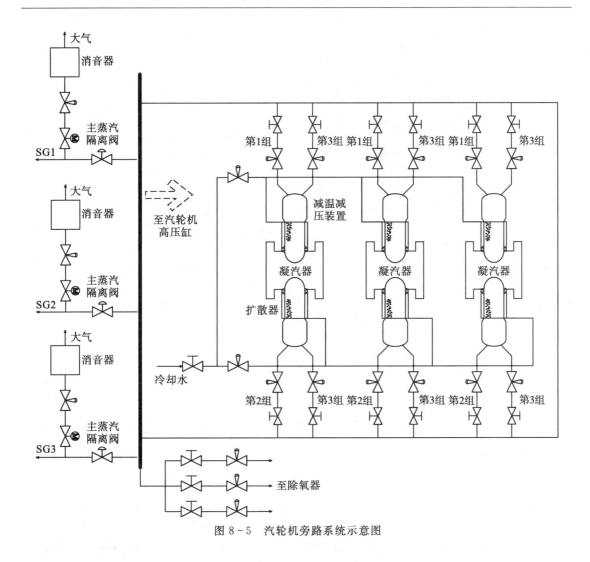

图 8-5　汽轮机旁路系统示意图

1. 去凝汽器和除氧器的汽机旁路系统

从主蒸汽系统汽轮机截止阀的上游有 6 根管子通向每台凝汽器的壳侧（每侧有 3 根），还有 3 根管子通向除氧器。每根管子有一个气动旁路控制阀，在它的前面有一个常开隔离阀。每台凝汽器各侧的 3 根管子穿过凝汽器的壁，接入在扩散器联箱内的半球形多孔节流板处。位于凝汽器内的扩散器（见图 8-6）具有多孔的节流孔板，它们是扩散器的壳体组成部分。通往凝汽器的旁路蒸汽降压后进入扩散器，进一步降压。当离开扩散器时，蒸汽在扩散器和挡板之间减温，然后进入凝汽器。减温用的凝结水来自凝结水泵出口。

为了有效地控制系统压力，排放控制阀共分为四组。其中，通往凝汽器的为 1-3 组，而通往除氧器的为第 4 组。排放控制阀的开启方式有两种：调制开启和快速开启。调制开启是指按照调制信号的大小阀门成比例地开启。其中第 1 组 3 个阀是一个接一个依次调制开启，第 2 组 3 个阀是同时调制开启，第 3 组 6 个阀也是同时调制开启，第 4 组 3 个阀无调制开启功能，但作为加热除氧器的汽源用来调节除氧器压力时，其具有调节功能。快速开启是指收到快开信号时，阀门快速全开，这是为适应在瞬态工况下蒸汽排放的需求而设置的。

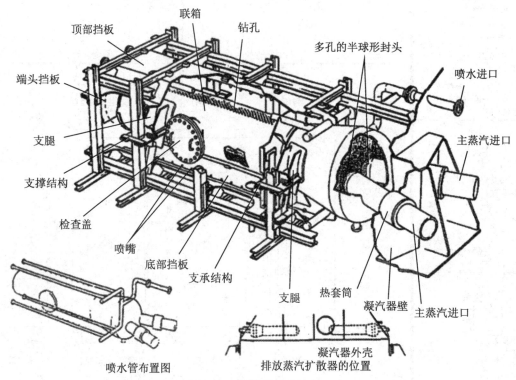

图 8-6 扩散器及其冷却

4 组阀均有快开功能，而且快开信号优先。

2. 蒸汽大气排放系统

每条蒸汽发生器出口管路上设有一条向大气排放的管路，每条排放管路设有一个电动隔离阀和一个远距离气动控制阀。每条管线的排放口处装有一台消音器。

每台气动控制阀配备一个独立的压缩空气缓冲罐。在压缩空气系统故障情况下，该缓冲罐的气源能保证 6 小时内阀门的驱动。该缓冲罐的供气可就地进行。

8.2.4 系统运行

1. 正常运行

电站在稳态带功率运行时，蒸汽旁路排放系统处于备用状态。

汽轮机甩负荷时，堆芯提供的功率与汽轮机负荷之间出现暂时的不平衡。由于控制棒的调节能力有限，当甩负荷的幅度大于 10％额定负荷或大于每分钟 5％额定负荷的线性变化，旁路排放系统就要投入运行，为反应堆提供的一个人为"负荷"，避免一回路超温和超压。

在这种工况下，凝汽器的排放系统为平均温度控制模式，它发出一个反映反应堆功率和汽轮机负荷失配大小的温差信号 ΔT。当 $\Delta T > 3$ ℃且允许阀门开启的逻辑信号有效情况下，排放阀逐组部分或全部以调制方式或快开方式开启。

随着旁路排放阀的开启和控制棒的下插，一回路平均温度的实测值逐渐接近整定值，当 $\Delta T < 3$ ℃时，排放阀关闭，最后靠反应堆平均温度控制系统移动 R 棒来达到最终的平衡状态。

当汽轮机甩负荷至厂用电时，反应堆功率为最终功率整定值30％FP(即为额定功率的30％)，汽轮机负荷为带厂用电(约为6％FP)，二者的偏差转为排放阀的开启信号，使旁路排放系统为反应堆提供约为24％FP的"人为"负荷，从而维持一回路和二回路的功率平衡。

2. 特殊的稳态运行

在反应堆启动和停运过程中(余热排出系统未投入情况下)及反应堆处于热备用、热停堆状态下，由汽轮机旁路排放系统投入导出一回路的热量。

8.3　汽水分离再热器系统

8.3.1　系统功能

汽水分离再热器的目的是为了降低低压缸内的湿度，改善汽轮机的工作条件，提高汽轮机的相对内效率，防止和减少湿蒸汽对汽轮机零部件的腐蚀、侵蚀作用。设置汽水分离再热器系统的功能就是为汽水分离再热器提供相应的加热蒸汽管道及相应的疏水管道。汽水分离再热器系统如图8-7所示。

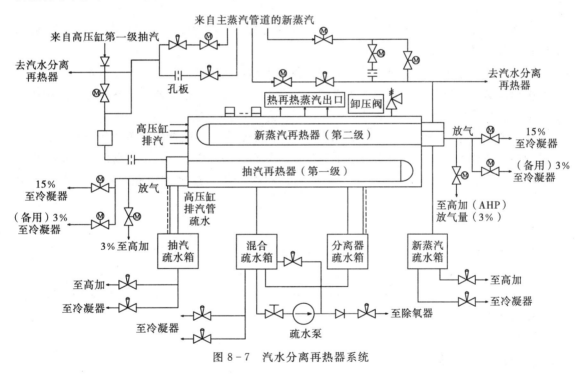

图 8-7　汽水分离再热器系统

8.3.2　系统流程

1. 再热蒸汽流程

高压缸的排汽沿管道进入汽水分离再热器筒体后首先由下部进入汽水分离器，将蒸汽中的水分除掉，然后上行，先通过第一级再热器，被汽轮机抽汽加热，然后继续上行，进入第二级再热器，被新蒸汽加热。被分离再热后的蒸汽由筒体上部的出汽口排出，沿管道送往低压缸做功。

2. 加热蒸汽流程

为了提高机组的经济性，这里再热循环不仅采用新蒸汽加热高压缸排汽，还利用汽轮机抽汽来加热，称为两级再热。

第一级再热器（抽汽再热）用的加热蒸汽来自高压缸的抽汽，在抽汽管线上设有一个逆止阀和一个电动隔离阀。抽汽隔离阀在汽轮机运行时始终是打开的。当处于低负荷时，由于高压缸抽汽有限，所以其加热蒸汽也来源于新蒸汽。

第二级再热器（新蒸汽再热）的热源是新蒸汽。在供汽管线上装有再热蒸汽温度控制阀及其旁通阀。在汽轮机从启动到带负荷稳定运行以及停机过程中（小于 30％额定负荷），通往第二级再热器的新蒸汽量由温度控制阀根据相应控制程序进行控制。在机组稳定运行（大于30％额定负荷）的情况下，温度控制阀的隔离阀关闭，旁通阀开启，而温度控制阀停留在原开度不再参与再热蒸汽温度控制。在再热器冷启动时，设有和旁通阀并联的预热管线，预热蒸汽同样来自新蒸汽。

3. 再热器疏水

汽水分离器、抽汽再热器和新蒸汽再热器各自有独立的疏水系统，将产生的疏水排出，保障汽水分离再热器及汽轮机的安全运行。

汽水分离器中分离出来的水分，汇积于壳体下部，利用重力排入分离器疏水箱中，然后从这里用泵送到除氧器前的凝结水管道中。当泵不工作或凝结水不能排入除氧器时，则排入凝汽器。这里采用泵是因为除氧器位于汽轮机厂房的最高位置。

抽汽再热器和新蒸汽再热器的疏水系统是一样的，每个再热器疏水箱中的凝结水利用重力排入各自的疏水箱中。从疏水箱出来的凝结水分别排入相应的高压加热器的疏水箱。当排入隔离阀关闭时，疏水箱中水位上升，从而自动打开紧急排水控制阀，将凝结水排入凝汽器。

4. 卸压系统

为了防止极端情况可能发生的超压，在汽水分离再热器上设有卸压系统来进行保护。

每台汽轮机组设有一个先导式卸压阀和 8 个爆破盘。卸压阀能排出全部流量的 10％，8个爆破盘可以排出 100％。为了减少管网，将所有卸压装置都安装在一个汽水分离再热器上，排汽向大气排放。

8.4　凝结水与给水系统

8.4.1　系统功能

凝结水和给水系统的系统功能为利用汽轮机的抽汽加热凝结水和给水，进一步提高热力循环效率。

8.4.2　系统流程

通常将从凝汽器到除氧器的水称为凝结水，而将除氧器到蒸汽发生器的水称为给水。

凝结水与给水系统主要包括凝结水/给水流程、加热蒸汽及其疏水流程。

以 CPR1000 为例，其凝结水系统和给水系统分别如图 8 - 8 和图 8 - 9 所示。

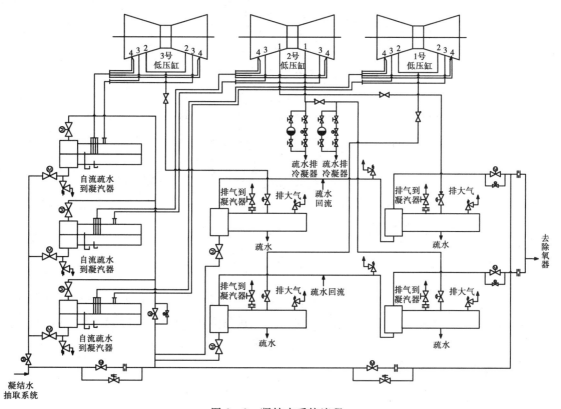

图 8 - 8　凝结水系统流程

8.4.2.1　凝结水/给水流程

（1）凝结水的补给。依靠气动控制阀把凝汽器热井内凝结水水位维持在随负荷变化的某个范围内。该气动控制阀接收来自凝汽器液位控制器的信号，并在凝汽器水位上升到预定点时，关闭气动隔离阀。

（2）凝结水流程。从每台凝汽器热井底部，用单独的管道吸取凝结水。然后两根管道合并到一根母管，从该母管分出来的连接管分别接到 3 台 50％容量（2 台运行，1 台备用）的凝结水泵的吸入口。

（3）低压加热给水管道。从凝结水泵出口至除氧器之间的管道称为低压加热器给水管道。在每台凝结水泵的出口管上配备一个逆止阀和一个电动隔离阀，这三条出口管线连接到供给低压加热器和除氧器的低压给水管线上。大约取 30％名义流量的轴封蒸汽冷却器置于这些凝结水泵出口与低压加热器之间。通往除氧器的正向流量用两个相同的并联运行的控制阀调节，并用从除氧器贮水箱内的液位控制器取得的信号来控制。这些控制阀置于轴封蒸汽冷却器和低压加热器之间。

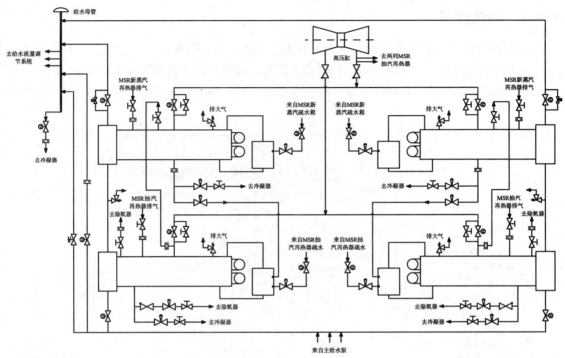

图 8-9　给水系统流程

（4）高压给水管道。经给水泵升压后的给水，进入两级并联的高压加热器进一步加热，加热后的给水汇入给水联箱，然后进入三个给水流量调节站。在每组加热器进口和出口管上各安装一台电动平行滑阀。这些阀门一收到装在加热器壳体内的高水位开关的信号就关闭，用给水加热器的电动旁路阀保持正向流量。

8.4.2.2　抽汽

（1）去1号、2号和3号低压加热器的抽汽。1号、2号和3号低压加热器的抽汽，直接从汽机低压缸内部管道引出。因为1号、2号加热器布置在凝汽器喉部，其正常疏水和应急疏水都没有限制，也不会因蒸汽倒灌而引起汽机超速，所以其抽汽管上不装逆止阀和隔离阀。

（2）去4号低压加热器的抽汽。4号低压加热器的抽汽，取自中压缸，用两条管道输送，每个加热器壳体一条。每条抽汽管线上装有一个具有倾斜阀座的斜置板型逆止阀，它设计得能靠重力和反向流帮助其关闭。隔离阀是一个带有弹簧关闭装置和气动开启执行机构的蝶阀。逆止阀尽可能靠近汽机，以防止甩负荷时蒸汽倒入汽机。隔离器要靠近加热器，以防止泄漏管子的水或堵塞的疏水进入抽汽管内。

（3）去除氧器的抽汽。除氧器的抽汽取自高压缸排汽，由装有一个逆止阀和一个隔离阀的管道输送到除氧器。

除氧器配备三条新蒸汽连接管，以完成下列功能：

①在汽机负荷低于20%，供给除氧器的抽汽压力不够时，新蒸汽经过微调控制阀维持其压力。

②甩负荷时，通过除氧器阀门提供汽轮机旁路系统的第四组排放装置。

除氧器抽汽加热子系统如图 8-10 所示。

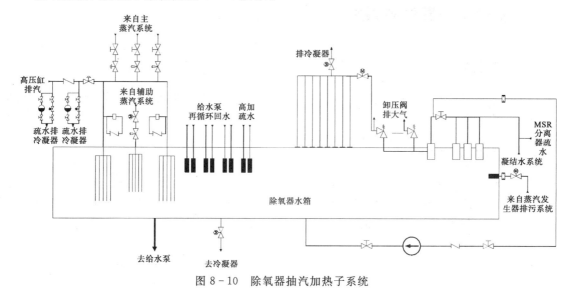

图 8-10　除氧器抽汽加热子系统

（4）去 6 号和 7 号高压加热器的抽汽。用两条管道从汽轮机高压缸抽汽供给 6 号和 7 号高压加热器。

各加热器的抽汽管都是从汽轮机向加热器连续倾斜布置的。每个逆止阀和隔离阀靠汽轮机一侧都装有疏水管道，以保证在必要的场合实现疏水，疏水管的尺寸要能让汽机暖机时积聚的最大凝结水流量通过。疏水用电动平行滑阀来控制，当加热器隔离时滑阀自动开启。隔离阀有一个与疏水装置成套的应急旁路，该旁路排放到凝汽器疏水扩容箱。

8.4.2.3　蒸汽疏水

第 1 级和第 2 级复合式加热器的疏水采用逐级自流方式。第 1 级和第 2 级加热器设有大口径 U 形溢流管，第 2 级低压加热器疏水溢流到第 1 级低压加热器，再由第 1 级低压加热器溢流至冷凝器。溢流管容量能承受 5 根加热器传热管破裂的漏水溢流至冷凝器。

第 3 级和第 4 级低压加热器设有专门的疏水系统——低压加热器疏水系统（ACO），经过疏水混合系统后再返回到凝结水系统中。

汽水分离再热器的第 1 级再热器的疏水经隔离阀和控制阀排入 6 号高压加热器疏水箱，其闪发蒸汽则进入 6 号高压加热器汽侧，疏水箱疏水先进入 6 号如热器壳体与 6 号高压加热器自身的疏水汇集后排往除氧器。

每台高压加热器都配有一个疏水接收箱。首先，汽水分离再热器的第 2 级再热器的疏水经隔离阀和控制阀排入 7 号高压加热器疏水箱，其闪发蒸汽则进入 7 号高压加热器汽侧，疏水箱的疏水先进入 7 号高压加热器壳体再与 7 号高压加热器自身的疏水汇集后流入 6 号高压加热器疏水箱。进入 6 号高压加热器疏水箱的疏水由 7 号高压加热器壳体上的水位传感器自动控制调节阀来保证。当水位过高时，开启应急疏水阀直接把疏水排入冷凝器。

高压加热器抽汽管道逆止阀前后都设置有疏水管线，疏水管线由疏水器及并联的电动疏水阀组成。当负荷高于 30% 额定负荷时，由疏水器进行疏水。负荷低于 30% 额定负荷时，电动疏水阀自动开启进行大流量疏水。所有疏水都排放到冷凝器。

8.5　主给水流量控制系统

8.5.1　系统功能

主给水流量控制系统的功能是：控制向蒸汽发生器的给水流量，保证蒸汽发生器二回路侧的水位维持在整定值上。

8.5.2　系统组成及描述

主给水流量控制系统主要由给水母管和三个给水调节站及孔板等组成。来自主给水泵的给水经高压加热器加热送入一根给水母管，从给水母管再分配到三个给水调节站，最终送到三台蒸汽发生器的给水环管，如图8-11所示。

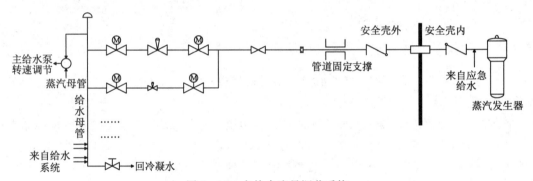

图8-11　主给水流量调节系统

1. 给水母管

给水母管上的进口和出口位置的布置，能保证给水在输送到调节站前其温度得到均匀混合。给水母管上还有一些附加接管，用于在停运期间的化学取样和疏水。另外母管上设有一根支管，以提供给水到冷凝器的再循环，用于系统的清洗。

2. 给水调节站

三台蒸汽发生器的每条给水管线上均设有一个给水调节站，每个给水调节站由一个承担90％容量的主给水调节阀和一个承担18％容量的旁路调节阀组成，在各调节阀的两侧都设有电动隔离阀，主给水调节阀的隔离阀上还装有旁路阀。

主给水调节阀由一个三冲量（蒸汽发生器水位、给水流量、蒸汽流量）控制通道进行控制。它在高负荷（从18％额定流量到100％额定流量）运行时调节给水流量。此时，旁路调节阀保持全开状态。

旁路调节阀由一个单冲量（蒸汽发生器水位与负荷曲线）控制通道进行控制，它在低负荷（小于18％额定流量）运行时调节给水流量。

3. 给水流量测量

在每条给水管线的给水调节站下游装有一个流量孔板，其测量信号用于蒸汽发生器水位控制及相应的反应堆保护通道等。

8.5.3　系统运行

1. 正常运行

主给水调节系统的正常运行是指：机组在 983.8 MW 最大输出负荷下运行，三条给水管道共送 1613 kg/s 流量的给水到三台蒸汽发生器。如果蒸汽发生器排污系统也投入，另有 14 kg/s 的给水供蒸汽发生器排污。此时，给水流量在 0～100％额定功率范围内自动调节，所有保护通道投入工作。

2. 特殊稳态运行

当机组在小于 18％额定负荷的低负荷运行时，由给水旁路阀控制供给蒸汽发生器的给水，主给水调节阀关闭。

8.5.4　主给水系统控制

在主给水调节系统正常运行时，有三个相应的控制系统投入运行。

1. 主给水泵转速控制

汽动主给水泵和电动主给水泵的转速控制系统用于维持蒸汽母管和给水母管之间的压差等于一个随负荷而变化的压差整定值，原理如图 8-12 所示。

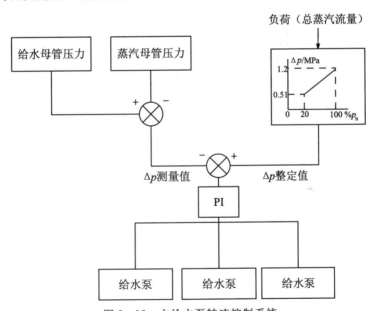

图 8-12　主给水泵转速控制系统

压差实测值是给水母管压力和蒸汽母管压力之差，压差整定值是根据蒸汽负荷（即三台蒸汽发生器的总蒸汽流量）经函数发生器转换产生。二者的偏差送 PI 调节器，调节器的信号作为转速整定值送到主给水泵转速控制器。

2. 蒸汽发生器水位控制

每台蒸汽发生器装有一个水位控制器，用于使蒸汽发生器保持在一个随负荷变化的程序规定的水位，如图 8-13 所示。

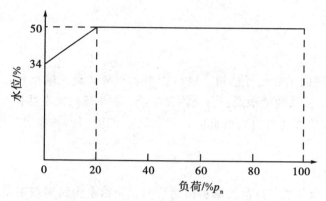

图 8-13 蒸汽发生器水位整定值曲线

3. 主给水调节阀和旁路调节阀的控制

主给水调节阀用于 18％～100％功率范围的高流量调节，是三冲量控制通道，此时旁路阀全开，原理如图 8-14 所示。蒸汽发生器水位实测值与水位参考值的偏差送到水位调节器，再考虑给水流量和蒸汽流量的失配信号送到流量调节器去控制主给水调节阀。

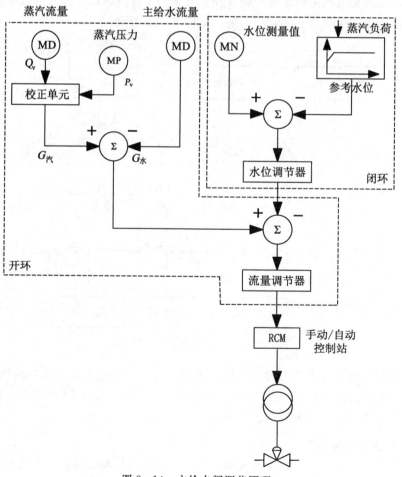

图 8-14 主给水阀调节原理

　　旁路给水阀用于负荷小于 18％额定负荷以下的低流量调节，是个单冲量控制通道，原理如图 8-15 所示。蒸汽发生器水位实测值与整定值之差送至水位调节器，同时再引入总蒸汽流量作为前馈信号送至给水流量调节器去控制旁路给水阀。

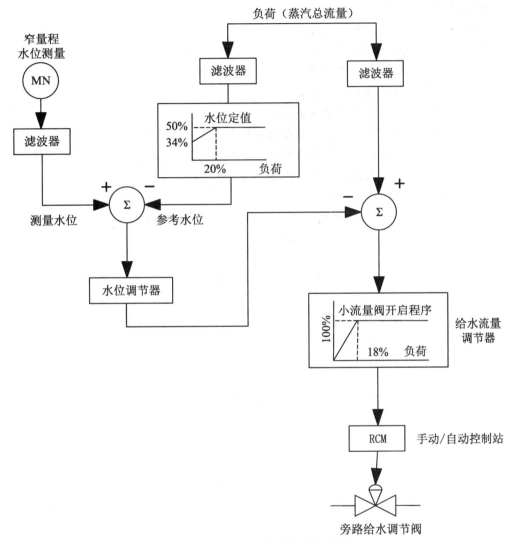

图 8-15　旁路调节阀控制原理图

4. 主给水通道和旁路给水通道的自动切换

　　(1)在机组升负荷过程中的切换。在低负荷下，一个阈值继电器向主给水调节阀施加一个偏置信号，使其关闭。当负荷大于 18％时，偏置信号消失，主给水调节阀开启，此时，旁路调节阀全开。

　　(2)在机组降负荷时的切换。随着机组降负荷，主给水阀慢慢关闭，在负荷小于 18％时，由旁路给水阀控制给水流量，同时给主给水调节阀增加一个偏置信号，使其关闭。

习　题

基础练习题

1. 简述主蒸汽系统的功能。

2. 每条主蒸汽管线上设置多个分组安全阀的作用是什么?

3. 简述主蒸汽隔离阀的动作原理。

4. 简述汽轮机旁路排放系统的功能。

5. 汽轮机旁路排放系统由几部分组成?

6. 汽水分离再热器系统共有几个加热汽源? 各在什么情况下使用?

7. 低压加热器的加热汽源来自何处? 疏水到何处?

8. 除氧器有几个加热汽源? 各在什么情况下使用?

9. 简述给水加热器系统的流程。

10. 说明主给水流量控制系统的功能。

11. 简述主给水调节阀和旁路给水调节阀的控制原理。

拓展题

通过查询资料,获得至少两组我国两个压水堆核电厂的二回路系统流程图,并说明其异同点。

第9章

二回路辅助系统

9.1 汽轮机润滑、顶轴和盘车系统

9.1.1 系统功能

本系统有以下功能：
(1)为汽轮机、发电机和励磁机轴系的轴承提供润滑和冷却所需的润滑油；
(2)向发电机密封系统供油；
(3)提供汽轮发电机组顶轴用油。

9.1.2 系统的描述

本系统由主油泵、增压泵、交流油泵、直流油泵、顶轴油泵、冷却器、过滤器、主油箱、回路密封箱、油汽分离器、顶轴油管路、电动和手动盘车齿轮、有关的管道和仪表等部件组成，如图9-1所示。

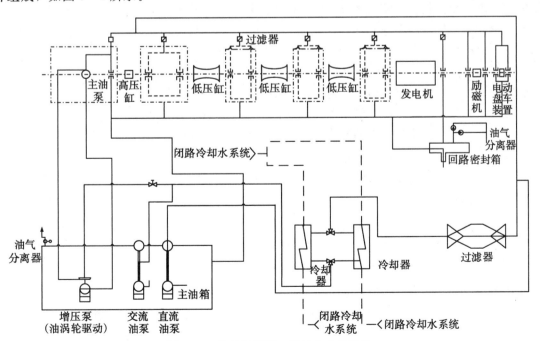

图9-1 汽轮机润滑、机轴和盘车系统

当汽轮机润滑、顶轴和盘车系统的启动条件满足后，手动启动交流油泵，向汽轮发电机组的轴承、顶轴油泵和密封油系统主油泵供油，建立汽轮发电机组启动升速所需要的油流量、压力、温度。当汽轮发电机组升速至额定转速时，由汽轮机轴驱动的主油泵已达到它的额定运行工况，可以手动停止交流油泵。这时，主油泵向油涡轮供油，后者带动增压泵，使增压泵向主油泵供油并使主油泵的进口油压维持在正常水平，油涡轮向系统的不同用户提供符合要求的润滑油。

本系统还可以在机组启动前或停运后，转子慢速转动时，向各轴颈送入很高压力的油，靠油的压力将轴颈顶起 0.03～0.05 mm，强制形成油膜，以消除转子各轴颈与轴瓦的干摩擦，防止轴瓦的磨损。在启动盘车时还可因摩擦力矩的减小而降低所消耗的功率。

电动盘车装置设于机组轴头上，特殊情况下还可以用手动装置盘车，以防止汽轮机上、下缸因散热条件不同而造成受热(或冷却)不均，引起转子热弯曲，造成设备损坏。

9.1.3　系统的运行

1. 启动和正常停闭

对于全速汽轮机，在启动汽轮机润滑、顶轴和盘车系统之前，必须先将油温升到大于 30 ℃。然后启动主油箱的油气分离器、回路密封箱的油气分离器和交流油泵。通过交流油泵向机组轴承、主油泵、密封油系统和顶轴油泵供油。如果顶轴油泵建立了顶轴油的压力，盘车装置又建立了润滑油压力，即可启动盘车电动机，转速为 37 r/min。然后，蒸汽可冲转汽轮机使汽轮机升速，当汽轮机升速到 250 r/min 时，停闭盘车电动机和顶轴油泵电动机。汽轮机转速升到 2000 r/min 时，就能产生维持其自身运转的正压头，主油泵投入运行，直到汽轮发电机升速到额定转速稳定运行时，交流油泵才被手动停止。这时，由主油泵向油涡轮供油，通过油涡轮向汽轮发电机组的不同用户提供符合要求的润滑油。

当汽轮发电机组停闭时，无论是正常停闭还是事故停闭，本系统主油泵的转速必然下降，轴承润滑油的压力也下降。为了保持这个压力，交流油泵自动启动投入运行。当汽机转速下降到 250 r/min 时，顶轴油泵和盘车电动机启动；当机组转速继续下降时，盘车装置的离合器投入运行，使机组的转速最终维持在盘车转速 37 r/min。

当汽轮机高压缸温度降至低于 150 ℃时，手动停止盘车装置的电动机，再手动停止顶轴油泵电动机，依次手动停止主油箱油气分离器电动机和回路密封箱油气分离器的电动机，最终实现汽机润滑油系统的正常停闭。

半速汽轮机的启动过程类似。

2. 正常运行

汽轮发电机组以额定转速运行时，汽机润滑、顶轴和盘车系统的主油泵、油涡轮、增压泵、冷却器和过滤器都正常投入运行，提供机组轴承压力为 0.1 MPa(g)、温度为 38 ℃的经过滤的润滑油，其流量与各轴承的特性相对应。

3. 非正常瞬态运行

(1)轴承油压下降，当汽轮机润滑油系统的润滑油压力从正常的 0.1 MPa 相对压力下降至 0.09 MPa 相对压力时，中央控制室控制台将显示低油压报警信号；如压力继续下降到 0.08 MPa 相对压力时，交流油泵自动启动，并维持在这个压力下工作；压力如再继续下降到 0.07 MPa 相对压力时，通过压力开关自动启动直流油泵维持其压力；压力继续下降至 0.025 MPa 相对压力时，汽轮机保护系统动作使汽轮发电机组脱扣。当汽轮机转速下降至 250 r/min 时，启动顶轴油泵及盘车电动机，使机组的转速最后维持在盘车速度 37 r/min，待汽轮机高压缸的温度降到低于 150 ℃时，手动操纵先停盘车装置，再停顶轴油泵，最后停交流及直流油泵以至完全停机。

（2）若汽轮发电机组密封发生氢泄漏，这时在回路密封油箱中产生正压力，应及时打开排汽阀门把系统中的气体排走。

（3）若顶轴油泵故障，另一台备用的顶轴油泵自动启动投入运行。

4. 其他运行

（1）汽机润滑油处理系统的运行，应与汽轮机润滑油、顶轴和盘车系统的运行相配合以控制润滑油的质量。

（2）为发电机密封油系统供油。

（3）在汽轮机停机减速过程中，如果电动盘车装置由于某些原因不能投入运行，而高压缸温度又大于 150 ℃时，即用手动操纵盘车。

9.2　汽轮机轴封系统

汽轮机为高速旋转的转动机械，因此，在汽轮机的轴端势必存在与外界大气的间隙。对于高压缸(中压缸)，其排汽压力高于大气压，因此，汽缸内的蒸汽会向大气排放。而对于低压缸，其排汽压力为高度真空，因此，空气会进入到汽缸。对于系统中的蒸汽阀门，也会有类似的问题。为了避免上述问题，特设置汽轮机轴封系统。

9.2.1　系统功能

汽轮机轴封系统的功能是对主汽轮机、给水泵汽轮机和蒸汽阀杆提供密封，用以防止空气进入和蒸汽外漏。

9.2.2　系统工作原理

汽轮机轴封系统的设计思想就是构造两条管线，一条为密封管线，另一条为排汽管线。密封管线的压力稍高于一个大气压，而排汽管线的压力则略低于一个大气压。其布置如图 9 - 2 所示。高压缸转子端部的中间汽室和低压缸端部的内部汽室都连接在密封管线上。所有的主汽轮机和给水泵汽轮机转子的端部汽封的外部汽室，和所有的主蒸汽阀杆汽封都有排汽管线，如图 9 - 2 所示。

对于高压缸，由于其端部压力高于密封管线的压力，因此其漏气会进入到密封管线，漏气和空气的混合物会进入到排汽管线。对于低压缸，由于其端部压力远低于大气压，所以来自于密封管线的压力会分别进入到汽缸的内部和端部，去端部的蒸汽和外部漏入的空气混合后进入到排气管线。由此，起到了汽轮机端部与外部空气的隔绝的效果。

保持密封管线和排汽管线的压力是保证汽轮机轴封系统运行的关键。

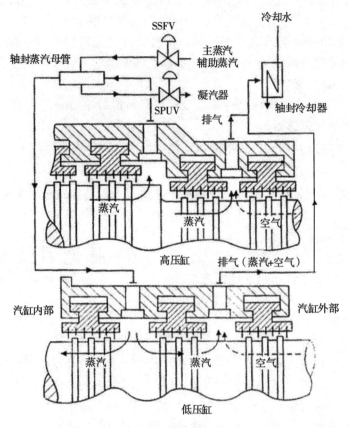

图 9-2　汽轮机轴封系统原理

9.2.3　系统描述

汽轮机轴封系统由压力控制器、分离器、轴封冷却器、轴封冷却器疏水箱、排气风扇、调节风门以及有关的阀门和管线组成，其流程如图 9-3 所示。

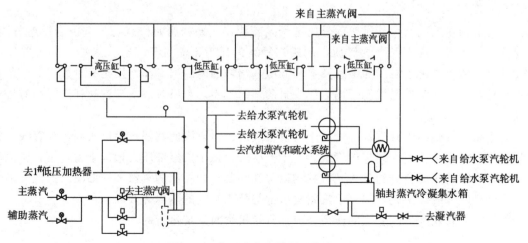

图 9-3　典型汽轮机轴封系统流程图

汽轮机轴封系统由密封管线、排汽管线和漏汽管线所组成。

在起动、低负荷及停机时，根据实际情况可以用辅助蒸汽系统和主蒸汽系统通过节流干燥用于密封。在高负荷时，高压缸转子端部汽封由来自高压蒸汽阀后的蒸汽经过节流干燥密封。

密封管线的压力由压力控制器控制的供汽阀和排汽阀进行调节。

所有的主汽轮机和给水泵汽轮机转子的端部汽封的外部汽室，和所有的主蒸汽阀杆汽封都由排汽管线与轴封凝汽器相连，而轴封凝汽器维持轻微的负压，以避免蒸汽的外漏。所有低压缸蒸汽阀杆密封的最内部汽室由漏汽管线与三号低压加热器相连，这样可以减少流入密封管线的流量，从而提高循环的效率。

密封管线的压力为 1.07 bar，排汽管线的压力为 0.986 bar，轴封凝汽器蒸汽和空气混合物的压力为 0.95 bar。

由低于大气压力的汽室排出的蒸汽和空气混合物排汽到轴封凝汽器的壳侧，主凝结水则经管内流动来冷凝蒸汽和空气混合物。轴封凝汽器安装在凝结水抽取系统的凝结水泵和 1 号低压加热器之间。经冷凝后的水排至密封蒸汽排水箱，水箱的水位通过阀门根据信号手动调节。由轴封凝汽器排出的未冷凝的蒸汽和空气通过两台容量为 100％的排气风扇导出向大气排放，两台风扇一台运行，另一台备用。当运行风扇故障时，备用风扇能自动投入运行。

系统还设置了两个安全阀进行保护，防止蒸汽回路压力过高，保护值为 6 bar。

9.2.4　系统运行

当汽轮机负荷较高时(60％～70％额定负荷)，密封蒸汽主要来自于高压缸内密封槽内蒸汽，此蒸汽来自主蒸汽。主蒸汽被节流干燥后引到高压缸转子汽封的内部汽室，由该汽室漏到密封管线的蒸汽被引到低压缸转子端部汽封和给水泵汽轮机汽封以及阀杆汽封。正常运行时，供汽阀是关闭的，当密封管线压力升高时，排汽阀打开进行调节，把多余的蒸汽排到 1 号低压加热器。

汽轮机轴封系统投入运行的主要步骤：

(1)启动一台 100％的排气风扇建立轻微负压；

(2)选择主蒸汽或辅助蒸汽中的一种，先暖管，再建立蒸汽压力；

(3)将分离器中的水排向凝汽器；

(4)由压力控制器将密封蒸汽压力控制在 0.07 bar；

(5)随着负荷增加，约 60％～70％负荷时，密封蒸汽主要由高压缸内侧的密封槽的蒸汽提供。

9.3　凝汽器真空系统

在机组启动过程中，除氧器加热凝结水后，就可能会有热水进入到凝汽器中，待到蒸汽发生器投入运行，汽轮机进汽暖机时，将有更多的蒸汽进入到凝汽器。如果凝汽器内没有建立一定的真空，汽水进入到凝汽器就会使凝汽器形成正压，损坏设备。因此凝汽器建立真空是汽轮机冲转必不可少的条件。

另外，在正常运行时凝汽器以及一些低压设备工作于真空状态。由于管道和壳体不严密，空气会不可避免地渗漏进来，从而破坏凝汽器的真空度。凝汽器真空度破坏的影响主要有：

(1)空气在凝汽器中的分压增加，致使凝结水的溶氧量增加，会加剧对热力设备及管道的腐蚀。

(2)空气的存在增大凝汽器的传热热阻，影响循环冷却水对汽轮机排汽的冷却，增加厂用电消耗。

因此，核电厂必须设置凝汽器真空系统，不断抽走其中的空气，以保持凝汽器的真空度。

9.3.1 系统功能

凝汽器真空系统的功能是抽出凝汽器中随蒸汽带入的不凝结气体和由大气漏入的空气，建立和保持凝汽器真空度，提高汽轮机组经济性。

该系统能满足汽轮机在各种运行工况下抽真空的要求，同时能有效地将凝汽器内的不凝结气体排出。

9.3.2 系统描述

凝汽器抽真空系统的类型主要有两种，射水式抽气器抽真空系统和真空泵抽真空系统。在核电厂中都有应用。

9.3.2.1 射水式抽气器及工作原理

喷射式抽气器具有布置紧凑、结构简单、维护方便、工作可靠以及能在短时间内建立所需的真空度的优点。根据工作介质的区别，喷射式抽气器可以分为射汽式抽气器和射水式抽气器。对于高参数大容量机组，往往采用射水式抽气器。

射水式抽气器的结构简图见图9-4。射水抽气器的工作原理为，由射水泵泵来的加压水，通过喷嘴将压力能转换为动能，以一定的速度从喷嘴喷出，在混合室内形成高度真空。于是，凝汽器中的汽水混合物就自然

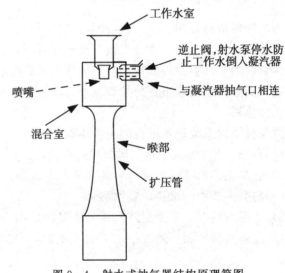

图9-4 射水式抽气器结构原理简图

会被抽入到混合室中与工作流体混合，然后在扩压管中将动能转换为压力能，以略高于一个大气压的方式流出。

9.3.2.2 液环式真空泵工作原理

液环式真空泵的结构示意图如图9-5所示。由转子(叶片和轴)、壳体、进口、出口、锥面及旋转压缩剂液(液环)等组成。转子与外壳(图中黑圆圈表示)之间有一偏心距，当转子在壳体内旋转时，在泵壳内形成一个偏心的旋转液环，对凝汽器内的空气进行吸入、压缩和

排出等过程，达到从凝汽器内抽出空气的目的。在 AB 弧段中，液环向外运动，使转子叶片内的空间体积增大，从进口处吸入空气，所以 AB 段为吸入空气过程。转子在 BC 弧段转动时，液环对叶片内空间进行压缩（空间体积减小），空气压力升高，故 BC 段为压缩过程。CD 弧段是受压空气从出口处的排出过程。由此可见，转子带动液环旋转一圈，完成了对空气的吸入、压缩和排出三个过程，并在吸入进口处形成高度真空（即进口处是整个凝汽器汽侧空间压力最低的）。

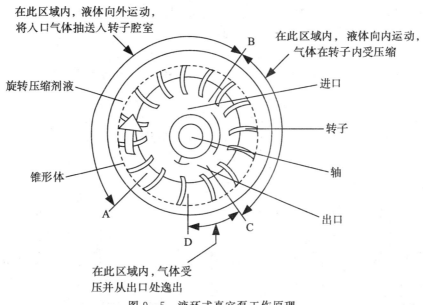

图 9-5　液环式真空泵工作原理

对两级液环式真空泵而言，第一级转子旋转从凝汽器中吸入不凝结空气，经压缩，最后从第一级排出口排气，直接与第二级进口相连，再经第二级压缩，从第二级出口处排出至水气分离箱。

9.3.2.3　真空泵抽真空系统

双级液环式真空泵组见图 9-6。从凝汽器来的汽水混合物经隔离阀后至液环式真空泵入口。由运行的真空泵抽出的不凝结气体经逆止阀进入水气分离箱。分离出的空气从分离箱顶部排至大气或核辅助厂房通风系统。一般情况下，只在机组启动开始抽真空时，抽出的空气排至大气；其他情况下，经辐射监测后排放。分离箱作为液环式真空泵密封供水和工作用水的贮存水箱，密封水泵从分离箱底部吸水，经过滤器和板式冷却器降温后，一部分由孔板以雾状进入真空泵，一方面起到冷却空气及汽水混合物的作用，另一方面可以补充液环水的损耗；另外一部分供真空泵轴封水。板式冷却器由辅助冷却水系统提供海水作为冷却水，为抗海水腐蚀，该冷却器由钛板制作。

凝汽器真空系统由三套并联的抽气系统和一个真空破坏系统组成，如图 9-7 所示。

在每套抽气系统中，有一台两级液环式电动真空泵、一个水气分离箱、一台密封水泵、一台密封水冷却器及真空测量系统等。而真空破坏系统包括一台过滤器、一个节流孔板和真空破坏阀。

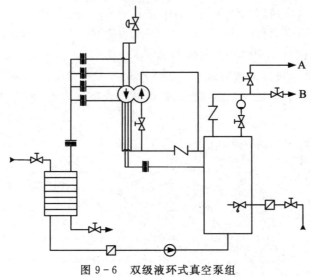

图 9-6　双级液环式真空泵组

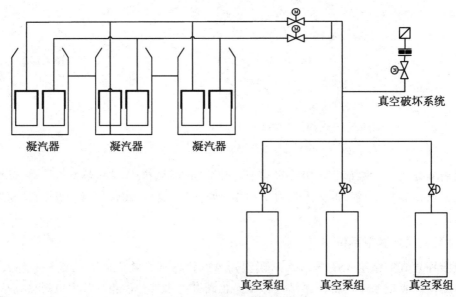

图 9-7　凝汽器抽真空系统

三台凝汽器中的各组冷却管束都布置有抽气管,分成两列经隔离阀后汇集于抽气母管,从抽气母管经隔离阀后进入到真空泵组中。液环式真空泵运行台数取决于汽轮机运行工况,如启动、正常运行、异常运行、汽轮机负荷及循环水温度等因素。

9.3.2.4　真空破坏系统

真空破坏系统位于抽气母管,其作用是在汽轮机停机过程中,当转子转速降到2000 r/min时打开真空破坏阀使空气进入凝汽器,使汽轮机背压明显提高,汽轮机转速迅速降至盘车转速 37 r/min,能有效地缩短停机时间。

9.3.3　系统运行

1. 正常运行

正常运行工况是指汽轮发电机组在最大连续输出电功率时，由一台真空泵运行，维持冷凝器真空。

2. 启动

在汽轮发电机组启动时，首先投入汽轮机轴封系统向轴封供汽。然后根据要求的启动速度，可同时投入一套、两套或三套抽气装置。若三台真空泵同时投入，可在 30 分钟内把冷凝器内压力从 1 个（绝对）大气压降至 0.03 MPa。真空进一步升高到 0.019 MPa 时，只需一台真空泵运行，另两台转入备用。最后维持冷凝器压力。

3. 停运

冷凝器抽真空系统的停运与主汽轮机转速联锁，当汽轮机脱扣后转速降至 2000 r/min 以下时，运行人员才可停运抽气系统。通过打开真空破坏阀以缩短汽轮机停运时间。

9.4　蒸汽发生器排污系统

与一回路系统类似，二回路侧不合格的水质会造成设备加速腐蚀（特别是蒸汽发生器）及回路完整性的破坏。如果不合格的给水使蒸汽发生器 U 形管腐蚀，就会引起一次侧向二次侧的泄漏，所以通过蒸汽发生器的连续排污净化二回路的水质。

二回路的氧控已经在除氧器和凝汽器中完成，二回路中水的杂质问题需要蒸汽发生器排污系统予以解决。具体的控制原理与化学与容积控制系统类似。

9.4.1　系统功能

蒸汽发生器排污系统的功能是通过对蒸汽发生器在不同工况下的连续排污，以保持蒸汽发生器二次侧的水质符合要求并对蒸汽发生器的排污水进行收集和处理。

此外，该系统还可实现蒸汽发生器二次侧安全疏水，蒸汽发生器干湿保养的充气和充水以及在某些情况下调节蒸汽发生器水位等。

9.4.2　系统组成

与化学与容积控制系统类似，排污水的除盐处理需要在离子交换器中进行，而离子交换器需要一个低温的环境。所以，首先需要对二回路排污水进行降温降压处理，然后再进行除盐。排污水的降温降压和排污水的除盐处理两部分组成如图 9-8 和图 9-9 所示。

9.4.2.1　排污水降温降压回路

二回路的杂质往往容易在蒸汽发生器管板位置沉积，所以在每台蒸汽发生器距管板上表面的径向位置开有两个对称的排污孔，用来收集蒸汽发生器排污水，并把污水送到每台蒸汽发生器可控流量的排污管线。三台蒸汽发生器的排污水管穿出安全壳后汇集到一根母管，然后流入再生热交换器或非再生热交换器，冷却降温到 60 ℃ 以下。降温后的排污水通过两条并列的减压和流量控制站降压后引入除盐处理回路。

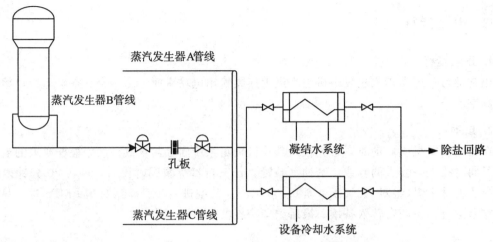

图 9-8　蒸汽发生器排污水降温降压流程

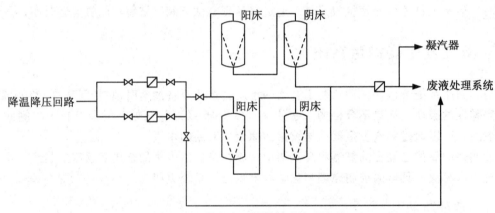

图 9-9　蒸汽发生器排污水处理流程

在再生热交换器中，凝结水将排污水冷却到 56 ℃，而凝结水被加热到 168.1 ℃后送除氧器水箱，使排污水热量得到利用（故称为再生热交换器）。

非再生热交换器用设备冷却水进行冷却，其热量最终被海水带走不再被利用（故称非再生热交换器）。

在正常运行时，再生热交换器管路投入运行。机组在热停堆及进入、离开冷停堆的瞬态工况下或功率运行工况下对再生热交换器检修时，非再生热交换器管路才投入运行。

9.4.2.2　排污水处理回路

冷却和减压后的排污水经并列的两台细过滤器之一，进入两条并列的除盐床处理回路或进入排放管线。每条除盐床管路均设有一台阳床和一台阴床。

除盐床处理过的排污水经过滤器滤去离子交换材料释放的"细颗粒"后进入排放管线。

排污水的排放有三种排放方式：

（1）正常运行时，经采样分析水质合格，送往机组的凝汽器继续使用；

（2）处理后排放：当经处理的排污水不能引向凝汽器或水质不合格时，则排放至废液排放系统；

（3）不经处理的排放：当处理设施故障或凝汽器不能投运但还需排污时，则开启隔离阀，把排污水经连续监测后，直接排放到废液排放系统。

9.5　常规岛闭路冷却水系统

与核岛系统类似，常规岛系统也必须考虑其他系统热交换器必须带走的热量。这些热交换器来自于不同的系统，每个热交换器的设计功率都不大，需要设置专门的系统来带走这些热量。与核岛系统不同的是，这些流体不带有放射性。需要指出，蒸汽发生器排污系统虽处于常规岛，但鉴于蒸汽发生器传热管破裂会导致放射性外泄，所以排污系统的非再生热交换器采用设备冷却水系统冷却，而不是常规岛闭路冷却水系统冷却。

某典型 1000 MWe 压水堆核电厂需要带走的热量见表 9 - 1。

表 9 - 1　常规岛需要带出的热量

负荷点	台　　数	总流量/(m³/h)	排热/kW
励磁机空冷器	4×50％	234（指 4 台总流量）	500
发电机氢气冷却器	4×25％	900（可调）	7644
发电机定子水冷却器	2×100％	130（可调）	4356
汽轮机组冷油器	2×100％	853.2（可调）	4268
发电机密封油空侧冷却器	4×50％	190（可调）	340
发电机密封油氢侧冷却器	2×100％	25（可调）	46
调速抗燃油冷却器	2×100％	13.8（可调）	3.1
1 号汽动给水泵辅助冷却		16	57
1 号汽动给水泵润滑油冷却器	2×100％	90	285
2 号汽动给水泵辅助冷却		16	
2 号汽动给水泵润滑油冷却器	2×100％	90	
电动给水泵辅助冷却		74	353
电动给水泵工作油冷却器	1×100％	97	1126
电动给水泵润滑油冷却器	1×100％	45.5	150
取样室冷却器		36	274.52
BOP 循环泵及空压机		120	900
凝结水抽取泵推力轴封冷却	3×50％	1.5（指 3 台泵总流量）	9
低压加热器疏水泵冷却	2×100％	1.44（指 2 台泵总流量）	0.74
励磁机空冷器	4×50％	234（指 4 台总流量）	500
汽水分离再热器疏水泵冷却	2×100％	1.44（指 2 台泵总流量）	0.74
给水泵汽轮机润滑油室空调	4×100％	68（指 4 台泵总流量）	120
辅助给水除氧器冷却器	1×100％	10	290
发电机母线冷却器	2×100％	100.8	209
发电机负荷开关冷却器	2×100％	7.00	38
发电机氢干燥器	1×100％	0.01	2
系统旁路		149.31（可调）	

9.5.1　系统功能

常规岛闭路冷却水系统的功能是将常规岛系统设备以及部分 BOP 设备运转产生的热量

导出，保证这些设备的安全运行。

9.5.2　系统组成及描述

系统的设置与设备冷却水系统类似，所不同的是，常规岛闭路冷却水系统冷却的热交换器都是非安全相关的，所以只要设置一个系列的冷却回路即可。

常规岛闭路冷却水系统由 1 台高位水箱、3 台各为 50％容量的卧式离心泵、3 台各为 50％容量的板式冷却器以及除盐冷却水母管及各用户冷却器组成，如图 9 - 10 所示。

系统的冷却用户可以分为两类，一类是固定流量的，另一类则需要根据对象的温度要求进行流量调节，如发电机的氢气冷却器、定子水冷却器、抗燃油冷却器、汽轮机润滑油冷却器、发电机密封油冷却器(空气侧和氢侧)等。

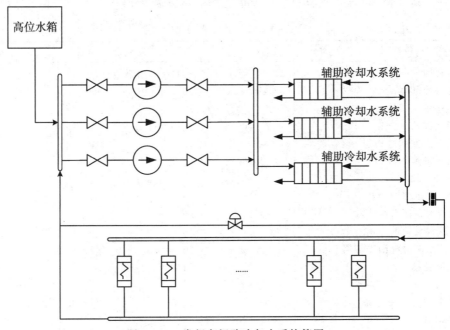

图 9 - 10　常规岛闭路冷却水系统简图

常规岛闭路冷却水系统是一个闭式回路。在正常情况下，两台泵运行，一台泵备用。将除盐冷却水升压后经逆止阀和隔离阀汇集在泵出口母管，然后进入三台并联的板式冷却器(两台运行，一台备用)，冷却器进、出口管线上装有手动隔离阀。该冷却器由辅助冷却水系统的水冷却。被冷却的除盐水经流量孔板至除盐水供水母管再分配到各用户冷却器，所有用户冷却器的进出口都装有隔离阀。各用户冷却器的排水经孔板汇集于回水母管后，送往冷却水泵入口，完成除盐冷却水的闭路循环。

在某些用户冷却器的出口设有温度调节阀，根据被冷却介质所要求的出口温度来调节除盐冷却水的流量。

旁路阀的控制信号来自跨接在流量孔板上的流量变送器，在用户冷却器流量减小时，旁路阀开大，使泵运行在最佳工作点。

高位水箱为冷却水泵提供正吸入压头起到容积缓冲的作用，同时来自常规岛除盐水分配系统的补水经高位水箱上的浮子阀控制进入常规岛闭路冷却水系统，以补偿冷却水的损失。

9.6　启动给水系统

9.6.1　系统功能

启动给水系统能在下列情况下向蒸汽发生器二回路供水：

(1)机组启动和反应堆冷却系统加热，从余热排出系统连接的中间冷停堆开始升温，直至 2% ~ 3%功率运行时给水切换到主给水系统。

(2)热停堆；

(3)使反应堆冷却剂系统冷却至堆芯余热排出系统可以投入运行。

蒸汽发生器最初的充水以及冷停堆后的充水由辅助给水系统提供。

当凝汽器可用时，启动给水系统才能投入。当凝汽器和凝结水泵不可用时，辅助给水系统作为启动给水系统的备用。蒸汽发生器首次充水和冷停堆后的再充水均由辅助给水系统完成。

在早期设计的一些核电厂，启动给水系统的功能由辅助给水系统实现。

9.6.2　系统描述

启动给水系统流程图见图 9 - 11。

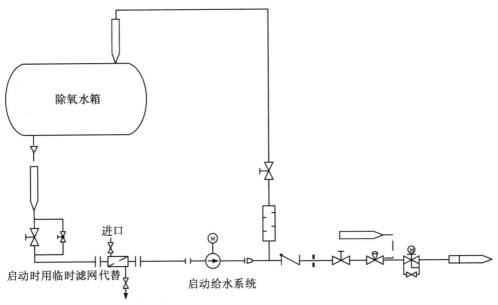

图 9 - 11　启动给水系统流程图

启动给水系统只设有一台电动机驱动的启动给水泵，与电动泵系统并联布置。

启动给水系统从除氧器一个独立的出水口取水，经过一个不锈钢滤网后进入启动给水泵，然后经过高压加热器系统注入到蒸汽发生器。给水泵出口有一路再循环管到除氧器，并一直保持通路状态。给水泵的流量由泵出口的控制阀调节，蒸汽发生器液位由给水流量调节系统的小旁路控制阀调节。

习 题

基础练习题

1. 汽轮机轴封系统的功能是什么？简述汽轮机轴封系统的投运过程。

2. 汽轮机润滑油、顶轴油和盘车系统的功能是什么？并简述该系统的启动、正常运行及停运过程。

3. 说明蒸汽发生器排污系统的功能和排污水的排放方式。

4. 冷凝器真空系统的功能是什么？

5. 常规岛闭路冷却水系统的功能是什么？

第 10 章

循环水系统

核电厂产生的热量除了做功发电的部分之外，剩下的会全部释放到最终热阱中。最终热阱即为核电厂周边的水源和大气。循环水系统就是利用核电厂周边水源带走反应堆热量的系统。根据核电厂周边环境的不同，可以有不同的布置方式，但其用途和系统设置应该是一致的。包括从水源抽取循环水的系统、到凝汽器冷却的循环水系统、冷却闭路冷却水系统热交换器的辅助冷却水系统、冷却设备冷却水热交换器的重要厂用水系统。

10.1 循环水系统介绍

10.1.1 概述

循环水系统的功能是通过独立的进水渠向机组的冷凝器、辅助冷却水系统和重要厂用水系统提供冷却水。

核电厂在生产过程中需水量大，用水量随装机容量的不同有差异。循环供水的可靠与否直接影响汽轮发电机组的安全经济运行。因此，循环水应满足以下要求：

(1)水源必须可靠，保证发电厂任何时候都有充足的水量；

(2)水质必须符合使用要求，若采用海水或腐蚀性水源，则应采用相应的措施或特殊设备；

(3)厂址应靠近水源，并力求系统简单，以减少设备投资和运行费用。

核电厂的循环供水系统由水源、取水设备、供水设备和管道等组成。根据地理条件和水源特征，循环水系统可分为开式循环水和闭式循环水系统两种。由于我国目前建设的均为滨海电厂，所以其循环水系统均为开式循环水系统。

10.1.1.1 开式循环水系统

开式循环水系统就是以江、河、海为水源，将冷却水供给凝汽器等设备使用后，再排放回水源的供水系统。

如图 10-1 所示，它是将循环水泵置于岸边水泵房内较低的标高上冷却，经循环水泵升压后由铺设在地面的供水管道送至汽机房。从凝汽器和其他冷却设备出来的热水经排水渠流至水源的下游。在冬季时，为防止水源结冰，可将部分热水送回取水口，以调节水温。在取水设备的入口处，设有拦污栅，以防大块杂物或鱼类等进入。

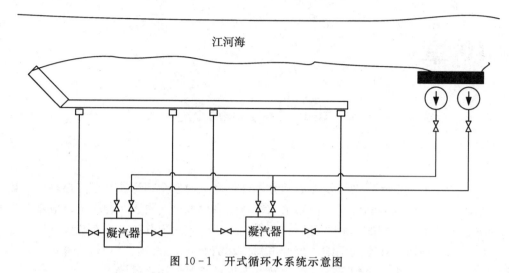

图 10-1 开式循环水系统示意图

10.1.1.2 具有冷却水塔的闭式循环水系统

闭式循环供水系统,即冷却水经凝汽器吸热后进入冷却设备,将热量传给空气而本身冷却后,再由循环水泵送回凝汽器重复使用。

在水源不足地区,或水源虽充足,但采用直流供水系统在技术上较困难或不经济时,则采用闭式循环供水系统。大型电厂广泛采用自然通风冷却塔的闭式循环供水系统。

自然通风冷却塔闭式循环供水系统如图 10-2 所示。其工作流程是:由凝汽器吸热后出来的循环水,经压力管道从冷却塔的底部进入冷却塔竖井,送入冷却塔上部。然后分流到各主水槽,再经分水槽流向配水槽。在配水槽上设有喷嘴,水通过喷嘴喷溅成水花,均匀地洒

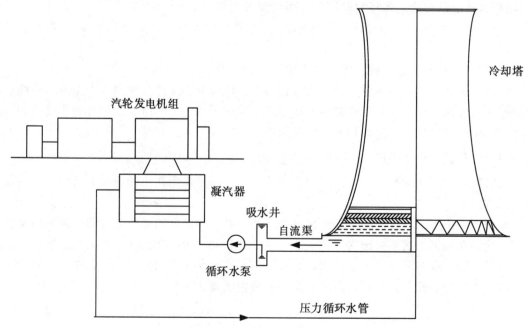

图 10-2 闭式循环供水系统

落在淋水填料层上，其喷溅水逐步向下流动，造成多层次溅散。随着水的不断下淋，将热量传递给与之逆向流动的空气，同时水不断蒸发携带汽化潜热，使水的温度下降，从而达到冷却循环水的目的。冷却后的循环水，落入冷却塔下部的集水池中，而后沿自流渠进入吸水井，由循环水泵升压后再送入凝汽器重复使用。

循环供水系统主要设施是冷却塔，按通风方式分为自然通风冷却塔和机械通风冷却塔两种。

10.1.2　循环水过滤系统

循环水过滤系统处于循环水系统的前端，功能是过滤一台机组所需的全部冷却水，它包括：循环水系统、重要厂用水系统和辅助冷却水系统的用水。

该系统主要由四条独立的进口水渠、水闸门、拦污栅、旋转滤网等组成，如图 10-3 所示。

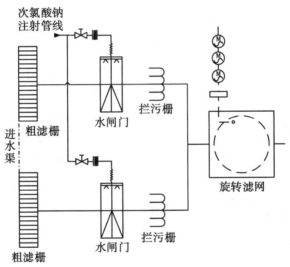

图 10-3　循环水过滤系统

从取水渠来的循环水，由粗滤栅挡住大块的漂浮物体进入水闸门。水闸门用于在泵站内部水渠或滤网检修时隔离海水。水闸门滑动的框架上装有带喷嘴的次氯酸钠注射母管，该管与循环水处理系统相连接，用于向进口循环水中注射次氯酸钠杀死水生生物。拦污栅的栅格间距为 50 mm，各自装有一个垃圾耙斗，按时间顺序或根据拦污栅压力损失对拦污栅去污。经过粗滤网过滤的海水接着进入细过滤设备——鼓型旋转滤网。

循环水从滤网外部流过 3 mm×3 mm 筛孔进入旋转滤网内侧。旋转滤网直径为 15 m，每台旋转滤网由二台低速电机（正常情况下，一台运行，一台备用）、一台中/高速电机驱动。它的转速分三挡，由滤网两侧的压差探测器控制。旋转滤网设有反冲洗系统，滤网表面被冲洗掉的垃圾通过排水沟排走。

经旋转滤网过滤的海水还供向重要厂用水系统，由于重要厂用水系统属专设安全设施系统，向重要厂用水系统供水必须得到充分保证。因此循环水过滤系统也属于部分与核安全相关系统。具体体现在旋转滤网的低速电机、低压冲洗泵等可由应急柴油机供电。

10.1.3　循环水系统布置

循环水系统为两条完全相同的系列，每系列承担 50% 的循环水流量。每个系列的前端均为独立的循环水过滤系统，由一台循环水泵、冷凝器进出口水室等组成，如图 10 - 4 所示。

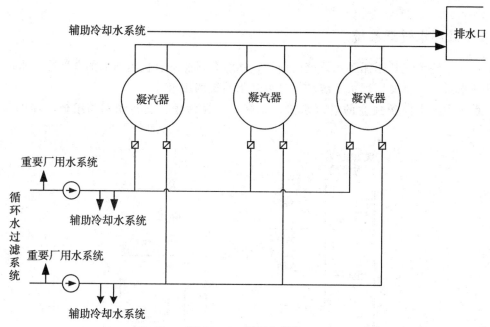

图 10 - 4　循环水系统

循环水泵从旋转滤网内侧取水升压后沿水渠送到冷凝器入口水室，流经冷却管束带走热量，经出口水室和排水渠送回大海。在循环水泵出口还接有向辅助冷却水系统提供海水的管线。

循环水的进水渠的低点在循环水泵的区域，然后以不变的斜率升到汽轮机厂房冷凝器下部。进水渠截面是直径为 3 m 的圆形，用钢筋混凝土在现场浇制而成，为防止海生物和贝类在水渠内壁吸附滋生，循环水流速不小于 3 m/s。12 根冷凝器循环水入口和出口连接支管为直径 1.9 m 的碳钢管，涂有玻璃纤维增强树脂复合保护衬里，经橡胶膨胀波纹管与水室连接。

排水渠截面为倒角的正方形(2.85 m×2.85 m)，也用钢筋混凝土在现场浇制而成。它用于连接冷凝器和虹吸井。两台机组公用一个排水池(称为虹吸井)，每个循环水系统有一个独立的溢流口，以便在水室中得到足够的剩余压力，缓冲运行瞬态造成的水锤。

10.2　重要厂用水系统

重要厂用水系统是完全与质量和核安全相关的系统，这是因为无论在电站正常运行工况或事故运行工况下，该系统都将导出设备冷却水系统所传输的热量，传到最终热阱中。该系统又称为核岛的最终热阱。

　　重要厂用水系统的功能是冷却设备冷却水系统，并将其热负荷输送到最终热阱（如海水）中。

　　重要厂用水系统为一个开式循环系统，流动工质为海水。

　　与设备冷却水系统类同，每台机组中，重要厂用水系统也分为两个相互独立的系列。两个系列的设备和流程基本相同，流程如图 10-5 所示。

　　系统的每个系列均由两台重要厂用水系统泵并联从循环水过滤系统吸入循环冷却水，经管道、水生物捕集器及两台并联的设备冷却水/重要厂用水热交换器，将冷却后的循环水排入集水坑，再由排水管将其排往排水渠。

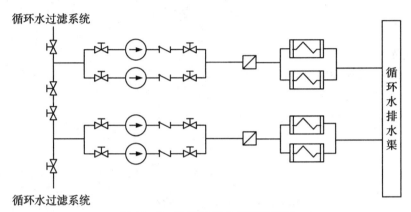

图 10-5　重要厂用水系统流程图

10.3　辅助冷却水系统

　　辅助冷却水系统的功能是为常规岛闭路冷却水系统的冷却器和冷凝器真空系统的冷却器提供过滤的冷却水（海水）。

　　辅助冷却水系统由 4 台各为 50% 容量的增压泵、1 台自动清洗过滤器、3 台各为 50% 容量的常规岛闭路冷却水系统的冷却器以及 3 台冷凝器抽真空系统液环式真空泵的密封水冷却器等组成，如图 10-6 所示。

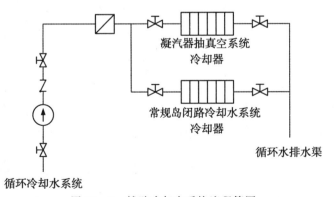

图 10-6　辅助冷却水系统流程简图

　　辅助冷却水来自两条循环水进水渠的 4 个吸入口（即在循环水泵出口）。4 台 50% 容量的增压泵分为 A、B 两列。正常情况下，每一系列各一台泵运行，另两台备用。在增压泵的入口有隔离阀，出口有逆止阀和隔离阀。每台泵的进出口两端跨接有水位开关，它与泵的电机联锁，防止泵在未充水情况下启动。辅助冷却水经增压泵升压后送至泵的出口母管，进入一台带自动反冲洗装置的过滤器。经过滤后的冷却水分成两路进入冷却器：一路通往常规岛闭路冷却水系统的 3 台并联的容量各为 50％的冷却器（正常情况下，2 台运行，1 台备用）；另一路通向冷凝器抽真空系统 3 台并联的容量各为 100％的冷却器。从冷却器出来的水流入循环水系统的排水渠，最后回到大海。

习　　题

基础练习题

1. 画出循环水系统流程简图。
2. 辅助冷却水系统功能是什么？
3. 重要厂用水系统功能是什么？

第 11 章

三废处理系统

所有的工业设施在生产过程中都会产生一些废物，如粉尘、热量和化学产物等。对于一个核电厂来说，由于存在裂变产物和腐蚀产物以及冷却剂的活化，还会产生一些带有放射性的气体、液体和固体废物。

为保护环境免受污染，为防止工作人员和电厂周围居民受到过量的放射性辐照，核电站在排出或再利用这些放射性废物之前，一定要采用必要的工艺对它们进行处理，经监测符合有关标准后再进行排放或回收再利用。

11.1 放射性废物的来源与分类

11.1.1 废液的分类

废液按其不同来源，可分为可复用的和不可复用的两种废液。

可复用的废液是指从一回路排出的未被空气污染的、含氢和裂变产物的反应堆冷却剂。这部分废液经排水系统送往硼回收系统，经处理后供一回路重新使用。

不可复用的废液又分为工艺排水、地面排水和化学废液三类。其中，工艺排水是指从一回路排出的、已暴露在空气中的、低化学含量的放射性废液；地面排水是指来自地面的、化学含量不定的低放射性废液；化学废液是指被化学物质污染的，并可能含有放射性的废液。这三种废液都送往废液处理系统的工艺排水箱、地面排水箱和化学废水贮存箱，经处理后通过废液排放系统排放。

除了上述三种废液外，还有一种废液叫做公用废液，是指淋浴、洗涤和热加工车间使用去污剂去污的废水，这些废水通常会有较弱的放射性。公用废液由连接核岛、机修车间和厂区实验室的放射性废水回收系统收集，经监测，或直接排放或被送往废液处理系统的地面排水箱，随地面排水进行处理和排放。

11.1.2 废气的分类

按照废气的化学性质，将废气分为两类：一类是含氢废气，另一类是含氧废气。

含氢废气是指那些由稳压器卸压箱、化学与容积控制系统的容控箱、核岛排气和疏水系统的冷却剂排水箱以及硼回收系统的前置贮存箱和除气器排出的气体。这些气体都含有氢气和裂变气体。这些废气将被送往废气处理系统的含氢废气分系统，经压缩贮存和放射性衰变后排往大气。

含氧废气是指那些来自反应堆厂房通风系统和通大气的各种水贮存箱的排气。这种废气是被轻度污染的空气。含氧废气将被送往废气处理系统的含氧废气分系统，经过滤后直接排往大气。

11.1.3　固体废物的分类

固体废物被分为四类，它们是各种除盐器的废树脂、蒸发器的浓缩液、过滤器的失效滤芯和其他固体废物。其他固体废物包括被污染的零部件和工具以及在现场使用过的纸张、抹布和塑料制品等。

所有固体废物都将在生物防护的条件下被送往固体废物处理系统经处理后贮存。

排出物的分类如图 11-1 所示。放射性废物的来源、分类和特点如表 11-1 所示。

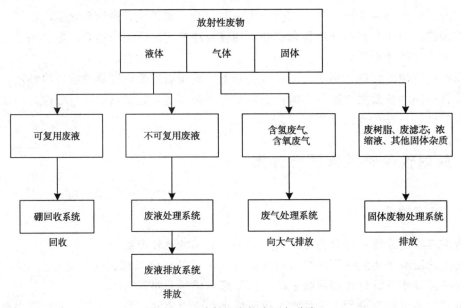

图 11-1　放射性废物来源与分类

表 11-1　放射性废物的来源、分类和特点

分类		来源	特点	
			正常运行	停堆
废水	可复用废水	一回路冷却剂升温膨胀和硼浓度变化时的排水；收集不接触空气的排水	含放射性、含硼、含氢气、含放射性气体	含放射性、含硼、含空气
	不可复用废水 工艺废水	收集一回路的疏排废水	放射性、含硼、不含氢气、无化学污染	地面去污排水增加，放射性污染增高
	不可复用废水 化学废水	化学污染的废水和核取样废水；乏燃料容器洗涤排水；核岛厂房内化学贮槽的排水	含放射性、含空气、化学污染	
	不可复用废水 地面废水	放射性厂房地面冲洗水、放射性洗衣房水；淋浴等废水	含放射性及化学污染低，含空气	

续表

分类		来源	特点	
			正常运行	停堆
废气	含氢废气	一回路冷却剂脱气； 含氢废水贮槽排气	放射性气体、氢气、水蒸气等	
	含氧废气	含空气废水贮槽的呼排气	极低放射性	
	通风排气	核岛等现场通风	有可能受放射性污染	
固体废物	浓缩液	废液处理系统蒸发浓缩液 特殊情况下，硼回收系统浓缩液及放射性废水回收系统排水	硼：40000 mg/kg（废液处理系统） 放射性：0.05 Ci/L 盐量：250 g/L	
	放射性树脂	废液处理系统； 硼回收系统； 乏燃料水池冷却系统； 化学与容积控制系统	树脂吸附放射性高； 树脂被硼酸饱和	
	非放射性树脂	蒸汽发生器排污系统	无或极低放射性	
	过滤器滤芯	乏燃料水池冷却系统； 化学与容积控制系统； 废液处理系统； 硼回收系统	剂量率>2 mSv/h	
	各种杂物	各操作间的放射性废纸、破布等； 小于 2 mSv/h 的过滤器芯子； 金属固体废物(<2 mSv/h)	放射性水平低；有些可压缩	

11.2　硼回收系统

11.2.1　系统功能

硼回收系统收集来自化学与容积控制系统下泄管线以及来自核岛排气和疏水系统的可复用一回路冷却剂，经净化(过滤和除盐)、除气和硼水分离后，向反应堆硼和水补给系统提供除盐除氧水和硼浓度为 7000~7700 mg/kg 的硼酸溶液。

系统还用于化学与容积控制系统下泄流的除硼，以补偿堆芯寿期末的燃耗。

11.2.2　系统组成与流程

硼回收系统的工作原理如图 11-2 所示，其大致流程如图 11-3 所示。硼回收系统由净化、硼水分离和除硼三部分组成。净化部分包括前置暂存、过滤除盐和除气三个阶段。

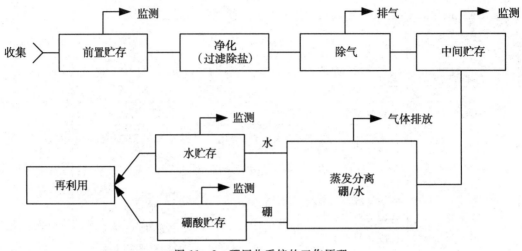

图 11-2 硼回收系统的工作原理

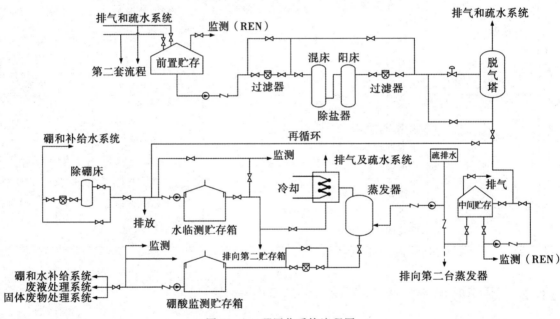

图 11-3 硼回收系统流程图

(1)前置贮存。贮存箱的容积约 100 m³，进料由核岛排气及疏水系统供应，贮存箱配备有一个辅助的蒸汽加热系统以维持硼酸溶液的温度，并与核取样系统相连接，能对排水进行物理分析和放射化学分析。有两个输送泵与贮存箱相接，向去污和脱气装置送料。

(2)去污。对排水的去污由以下设备完成：一个保证悬浮物滞留的细网眼过滤器、一个混床除盐器和一个阳床除盐器(特别对于铯)，以保证除去溶液中悬浮状和离子态的放射性裂变产物；一个床后过滤器，用来滞留除盐器流出液中可能夹带的碎树脂。

(3)脱气。用于去除溶在一回路冷却剂中的气体，如氢、氮、氙，脱气在由蒸汽供汽的除气器中进行，气体被抽出、冷却，送往废气处理系统；溶液被冷却并转往中间贮存罐。

(4)中间贮存。有三个贮存罐，其单个容量为 350 m³，由废气处理系统的通风系统维持负压(0.004 MPa)，并有一个保持贮存罐不致结冰的电加热系统。此外，有一个再循环回路，保证排出物混合，以进行监测，并保证需要时将其从一个贮存罐转移到另一个贮存罐。

(5)水-硼酸分离。由一台泵把一个中间贮存箱中贮存物抽送至蒸发器蒸发，这样就能将一回路冷却剂分离为两种溶液：水和浓缩的硼溶液，冷凝或蒸馏可使水中硼含量低于 5 mg/kg 及氧含量低于 0.1 μg/g，浓缩液硼含量可达到 7000 mg/kg，以供在化学和容积控制系统以及补给水系统中再度使用。

(6)蒸发产物的监测。贮存来自蒸发器的浓缩液和蒸馏液，并检查其化学成分。

11.2.3　系统主要设备

11.2.3.1　除气装置

除气装置的结构如图 11-4 所示，主要用于去除堆冷却剂废液中的氢气、氮气和放射性裂变气体。

硼回收系统的除气装置采用的是热力学除气法。料液经再生热交换器加热到 70~95 ℃后从除气塔顶部喷入塔中，以增加气体的扩散面积。除气塔下部的料液由辅助蒸汽系统蒸汽加热，使其处于饱和状态。水蒸气和不凝结气体一起从塔顶进入排气冷凝器，冷凝器由设备冷却水系统冷却。凝结水靠重力流回除气塔，而不凝结气体则断续地排往废气处理系统的含氢废气分系统。

经除气后的料液由输液泵经再生热交换器和冷却器冷却到 50 ℃ 以下，通过三通阀门进入到下一阶段。

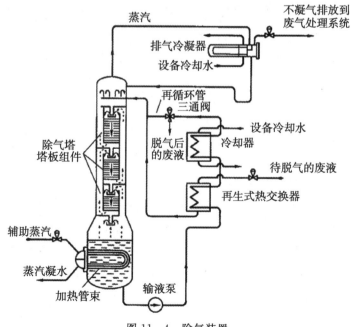

图 11-4　除气装置

11.2.3.2 蒸发

料液由进料泵通过再生热交换器加热升温后送至蒸发塔与强制循环泵入口之间的再循环管线，由强制循环泵使料液进行强制循环。蒸发器的结构如图 11-5 所示。

强制循环回路中的再沸腾器是管壳式立式热交换器。辅助蒸汽在壳侧加热使循环液在沸腾器上升管内加温，在下降管内部分汽化，然后在蒸发塔内形成上升蒸汽流。

蒸汽由蒸发塔顶引入凝汽器（壳侧用设备冷却水冷却），蒸汽在管内冷凝。不凝结气体排往废气处理系统的含氧废气分系统。

蒸汽在凝汽器内被凝结为蒸馏液。蒸馏液由蒸馏液输送泵经再生热交换器和蒸馏液冷却器冷却到温度低于 50 ℃，送往蒸馏液监测箱。

浓硼酸则会进入到硼酸监测贮存箱。

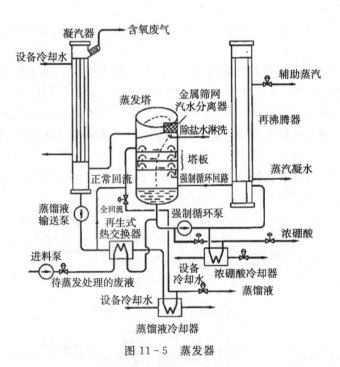

图 11-5 蒸发器

11.2.4 基于离子交换的放射性废液处理技术

蒸发技术所使用的多个蒸发器体积大、复杂、昂贵，而且维护困难。它要求更多的操作人员并且其运行产生严重的放射性照射，蒸发的残渣会产生更多的放射性固体废物。

使用离子交换技术比较简单。离子交换处理技术所产生的放射性固体废物较少，通常要减少至原来的 1/10，而且，离子交换处理技术所产生的固体废物，其处理比较容易，它可以通过脱水处理后存放在密闭容器内待处置。离子交换系统流程如图 11-6 所示。

放射性废液系统包括箱体、泵、离子交换床和过滤器。

暂存箱内的废液先通过前过滤器，而后经四个串联的离子交换树脂床处理。任何一台树脂床都能手动旁通。最后两个离子交换树脂床的次序可以互换，以便使离子交换树脂得以充分利用。

第一台树脂床的顶部一般装有活性炭，起到深层过滤器的作用，并去除地疏水中的油，大多数的废液也可通过该树脂床。处理相对干净的废液流时，树脂床可旁通。这台树脂床比其他三台稍大，设有一个排放接口用于更换床顶部的活性炭。这一特征和树脂床的深层过滤功能有关。上层的活性炭吸收杂质颗粒物，且在不影响下层阳床（硅酸盐）的情况下将其去除，减小固体废物的产生量。

第二、第三、第四台离子交换树脂床是相同的，根据电厂主要运行工况有选择地装填树脂。

离子交换处理后，废液通过一个后过滤器，将放射性颗粒物和碎粒树脂阻截，处理后的废液送入三台监测箱。

监测箱中的废液需进行再循环和取样，在极少可能出现的放射性水平高于可接收限值的事件中，监测箱中的废液返回废液暂存箱再处理。然而，通常情况下放射性水平低于排放限值，稀释的硼酸排入循环水排污水中以降低其浓度。

该子系统也可同样用于废液处理系统。

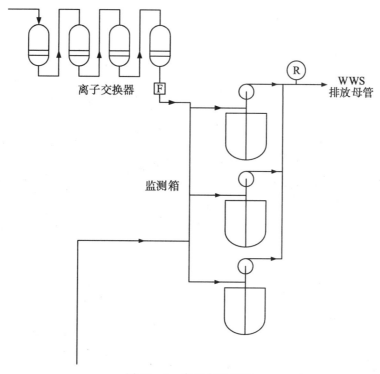

图 11-6 离子交换系统

11.3 废液处理系统

11.3.1 系统功能

废液处理系统用于接收机组来自核岛排气和疏水系统、硼回收系统、固体废物处理系统、废液排放系统和放射性废水回收系统收集的热洗衣房废水等不可复用的废液，对它们进行贮存、监测和处理。废液经过滤、除盐或蒸发处理和监测后送往废液排放系统排放，蒸发产生的浓缩液送往固体废物处理系统装桶固化。

11.3.2　系统组成与流程

废液处理系统流程如图 11-7 所示。

它大致包括贮存、监测、去污处理、排放等步骤。

疏排水回路有 4 个相同的贮存箱，这些贮存箱设有一个再循环系统，可进行疏排水的混合、物理和放化特性的监测，以及增添化学添加剂。经监测的疏排水由 1 台输送泵送往由过滤器和蒸发器组成的去污设备，从疏排水中分离出凝结水后，含盐类和悬浮物质的浓缩液被导向固体废物处理系统。而凝结水（蒸馏液）则输送到监测贮存箱，根据监测结果，被排至硼回收系统的前置贮存箱、本系统的前置贮存箱（再循环）或经废液排放系统排入河流中。

公用废水、地面排水和化学废液三个处理回路的原理相同，每个回路有两个相同的前置贮存箱（一个进料，另一个处理），一台泵保证废液再循环，并进行监测后排放。

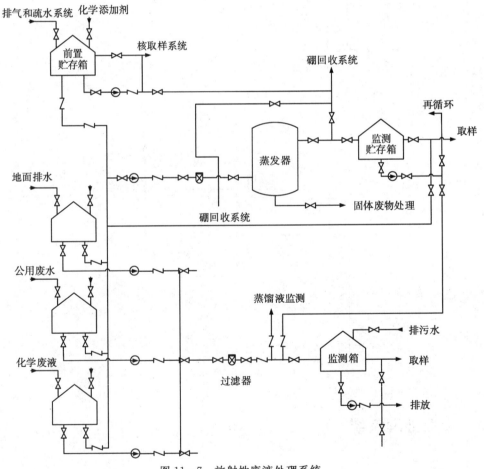

图 11-7　放射性废液处理系统

11.4　废气处理系统

11.4.1　系统功能

废气处理系统用于处理由核岛排气和疏水系统分类收集的、在机组正常运行和预期运行事件中产生的放射性含氢废气和含氧废气。

含氢废气经压缩贮存，使放射性裂变气体衰变后，排到核辅助厂房通风系统，再经放射性监测、过滤除碘和稀释后排入大气。

含氧废气经过滤除碘后，由核辅助厂房通风系统排入大气。

11.4.2　系统组成与流程

含氢废气分系统由缓冲箱、汽水分离器、两台气体压缩机、两台冷却器、两台汽水分离器、6 个衰变箱、气动排气阀及相应的测量仪表、管道和阀门组成。

含氧废气分系统由两台串联的加热器、两台活性炭碘吸附器、两台风机及相应测量仪表、管道和阀门组成。

废气处理系统流程如图 11 - 8 所示。含氢废气系统的废气来自含有一回路水的容器。反应堆停闭时，反应堆冷却剂在化学和容积控制系统的容积控制箱内将其所溶解的气态裂变产物释放出来。正常运行时硼回收系统脱气器内有大量含氢废气，这类含氢废气中含有氢、氮和裂变产物，其放射活性可能相当高，处理的方法是贮存，让废气衰变到可以向环境排放的水平。

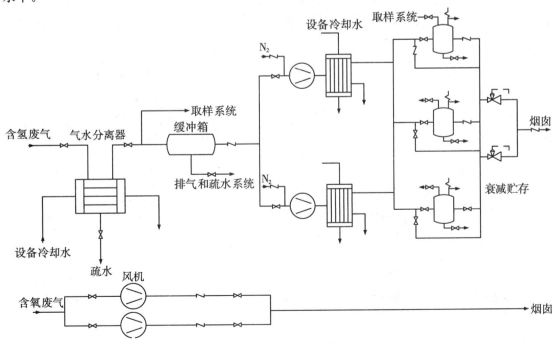

图 11 - 8　废气处理系统

首先将废气引入缓冲箱，而后用压缩机加压至 0.8 MPa 以限制其体积。送入衰变箱贮存，贮存箱设计容量在核电厂基本负荷运行时以衰变期为 60 天来考虑。在负荷跟踪运行情况下，以 45 天来考虑。系统设有两台互为备用的密封压缩机，由一台压缩机把废气送入 6 个贮存箱中的一个贮存起来，待其冷却，将凝结下来的废液导入核岛排气和疏水系统。6 个衰变贮存箱的配置方式为：1 个贮存箱在充装废气时，另 1 个在进行衰变贮存，而第 3 个则在排放，其余 3 个处于备用状态。一旦废气量过多，可应急充装入 3 个备用贮存箱中。对贮存废气要作定期监测，达到允许值时废气通过减压阀释入核辅助厂房排气系统，再经碘过滤后通过烟囱排放。

含氧废气分系统接收的废气主要是核岛系统盛装放射性液体的贮水箱等一些容器的通风的排气。它由互为备用的两台排风机中的 1 台使核岛排气和疏水系统集气管处于负压(4 kPa)，经放射活性监测合格、碘过滤后，在烟囱中排放。含氧废气处理系统是连续运行的。

11.5　固体废物处理系统

11.5.1　固体废物的来源

根据需处理的固体废物的特点，将其分为四类，即：废树脂、浓缩液、废过滤器滤芯和其他固体废物。其来源分别如下。

1. 废离子交换树脂

废离子交换树脂来自于那些设置了离子交换器的系统，比如化学与容积控制系统，反应堆与乏燃料水池净化与冷却系统，硼回收系统，废液处理系统和蒸汽发生器排污系统等。

2. 浓缩液

它们来自废液处理系统的蒸发器、硼回收系统的蒸发器和热车间疏水系统的化学废水。

3. 废过滤器滤芯

废过滤器滤芯来自设置了过滤器的系统，如化学与容积控制系统，反应堆与乏燃料水池净化与冷却系统，硼回收系统，废液处理系统和蒸汽发生器排污系统。

4. 其他固体废物

这些固体废物的处理量较大。它们又细分为三种：

(1)可压缩废物(纸、塑料用品、抹布和手套等)需放入塑料袋，用压实机压入金属桶内；

(2)低放射性固体废物(金属块、小工具和金属管等)需放在金属桶内，不压缩；

(3)放射性强的固体废物(接触剂量率≥2 mSv/h)需放入混凝土桶内固化。

固体废物处理系统收集机组产生的放射性固体废物，对其暂时贮存，进行可能的放射性衰变，压实可压缩的固体废物，以及将放射性固体废物固化在混凝土桶内或压实在金属桶内。

表 11-2 列出了一个典型电功率 1000 MWe 级压水堆核电厂每年固体废物的种类、数量和放射水平。

这些固体废物可分为可燃性与不可燃性两类。按《放射防护规定》，凡比活度大于 3.7×10^3 Bq/kg 的固体废物，都应按放射性固体废物处理。

表 11 - 2　1000 MWe 压水堆核电厂固体废物

废物种类	预计产量(两台机组)
废树脂 低放的 中放的 高放的	 18 m³/a 16 m³/a 10 m³/a
蒸发器残液	50 m³/a
去污淤渣	3 m³/a
废过滤器芯	每年 40 个
其他固体废物 (压实后)	280 m³/a 1400 桶

11.5.2　放射性固体废物的处理

处理固体废物的方法有贮藏法、压缩法、锻烧法、固化法以及装桶贮存等，各种方法的特点见表 11 - 3。

放射性固体废物处理系统(图 11 - 9)设置于核辅助厂房混凝土间内，它收集各种固态废物，经压实或装桶，而后贮存或运送出厂。

表 11 - 3　固体废物的处理

方法	基本工艺	优缺点
贮藏法	在核电厂内建造贮藏库，将固体废物贮存其中	处理费用比其他方法低廉
压缩法	把可压缩的固体废物装入桶、罐容器，用压力机压缩减容	只限于可压缩的固体废物(如纸、破布、尼龙等)
锻烧法	用锻烧炉进行可燃固体废物的处理	减容比其他处理方法大，但是设施费用和运行费用高，还必须同时进行放射性废气处理
固化法	在水泥、沥青中掺进废物，装在桶、罐容器中搅拌混合固化	用于树脂、淤渣、浓缩废液的处置
桶贮存法	把固体废物封装在用钢筋混凝土做内壳体的桶、罐等容器中	适于封装用过的放射性同位素和其他高放固体废物

几种主要放射性固体废物的具体处理方法如下：

(1)废树脂的处理。各种离子交换器的废树脂由水力送入贮存箱，贮存箱中充有氮气，底部通过一台定量箱排出树脂入桶，除盐水通过喷射器后送往核岛排气和疏排水系统。

(2)废残液的处理。来自硼回收系统和废液处理系统的各种浓缩废液先排入除气贮存箱中，贮存箱配有加热和蒸汽喷淋装置，维持 50 ℃左右的温度，以防止硼酸出现结晶，浓缩废液通过定量箱，靠重力排入桶中。

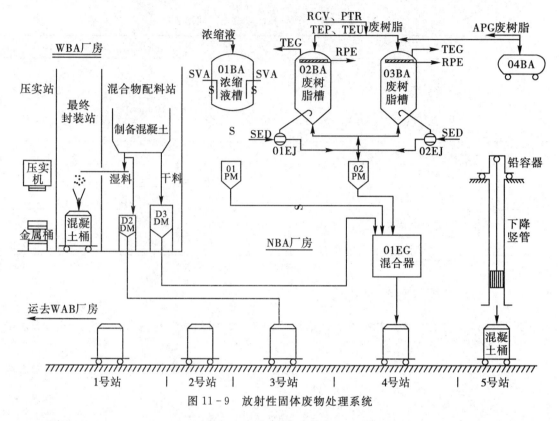

图 11-9　放射性固体废物处理系统

（3）过滤器的处理。过滤器滤芯装在铅罐内，运送到辅助厂房，然后从输送筒架的管道中直接降落进桶，所有操作是远距离进行的。

（4）压实和装桶。在工作站内，使可压缩废物压实，并有 4 个料仓供应水泥、石灰、砾石等填料，用可移动的叶式搅拌器和振动台，保证固体废物-混凝土（或水泥）的混合和墩实后，放置顶盖。在现场至少贮存一个月，然后运送至核电厂固体废物存贮库。

习　　题

基础练习题

1. 简述核电厂排出物的分类及各类排出物的来源。
2. 简述各种废液的收集方式。
3. 简述硼回收系统的功能与工艺流程。
4. 简述废液处理系统的功能与工艺流程。
5. 简述废气处理系统的功能与工艺流程。
6. 简述废固处理系统的功能与工艺流程。

第 12 章

压水堆核电厂发电机及其辅助系统

发电机及其辅助系统主要由发电机、励磁机及其水、氢冷却、供应系统和输电系统等组成。

12.1 发电机

核电厂的发电机，除其转速随汽轮机有全速与半速（即两极或四极）之区别外，其他方面与现代大功率火力发电厂的发电机基本相同。

发电机由定子和转子构成，随着单机容量的增大，定子和转子的尺寸也相应增加。发电机的单机容量主要受转子及护环锻件的尺寸和机械性能的限制。

12.1.1 同步发电机工作原理

图 12-1 是三相同步发电机工作原理的示意图。图中静止的部分称为定子，旋转的部分称为转子。在一般的同步发电机中，旋转的部分是磁极。转子上有绕组，当转子绕组通入直流电后便可激起磁场，其极性如图中 N-S 所示，R_1、R_2 代表转子绕组，Φ_0 为转子磁极产生

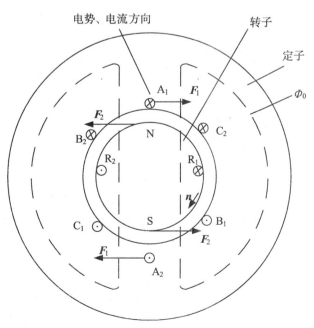

图 12-1 发电机原理示意图

的磁通。定子上有许多槽，槽内安置导体，即定子绕组，图中以 A_1-A_2、B_1-B_2、C_1-C_2 代表定子的 A、B、C 三相绕组。三相绕组沿定子铁芯内圆各相隔 120°电角度（电角度是机械角度乘以极对数）安放。当发电机转子被原动机（汽轮机或水轮机）带动旋转起来之后，转子磁场是旋转的，其转向如箭头 n 所示。定子绕组切割磁通就会感应出电势，电势的大小与转子的转速以及磁通密度的大小有关。由于在设计和制造发电机时有意安排尽量使磁通密度的大小沿磁极极面的周向分布接近正弦波形，所以感应出来的电势也按正弦规律变化。转子不停地旋转，磁场的磁力线被三相定子绕组切割，于是就在三相绕组中感应出三相交流电来，如图 12-2 所示。

根据右手定则可确定出感应电势的方向是自 A_1 进去从 A_2 出来，此时若在外部加上有功负载，则电流方向与电势方向相同。这个电流在转子磁场里要受到力的作用，力的方向用左手定则来确定，对 A_1 来讲是向右，对 A_2 来讲是相左，如图 12-1 中 F_1 所示。这样就形成一个力矩，使定子按顺时针方向旋转，但是定子是不能转动的，于是根据作用与反作用的原理，相当于转子被加上一个反力矩，如图 12-1 中 F_2 所示。这个反力矩将使转子作逆时针方向转动，因此发电机正常运行时原动机的主力矩克服阻力矩处于平衡状态而保持速不变，把机械功率转化为电功率。

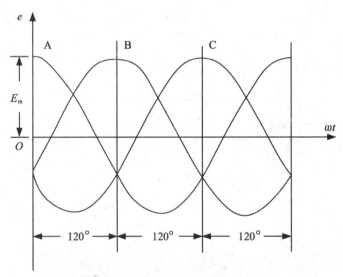

图 12-2 三相电势波形

当有功电流流过定子绕组时，定子绕组也产生一个磁场。所以发电机运行时，在气隙里有两个磁场，一个是转子绕组流过励磁电流产生的转子磁场，一个是定子三相绕组流过对称的三相交流电流时合成产生的定子磁场，它们都是旋转的，所以都叫旋转磁场。当定子和转子磁场以相同的方向、相同的速度旋转时就叫同步。定子旋转磁场的转速和发出来的交流电的频率保持严格不变的关系，可以用下式来表示：

$$n=\frac{60f}{P}$$

式中，n 为转速，r/min；f 为频率，Hz；P 为极对数；60 是频率（Hz）与转速（r/min）的单位引起的差值。我国交流电的频率是 50 Hz（工频），对于只有 1 对磁极的汽轮发电机来说转速 n 应该是 3000 r/min；对于半速（1500 r/min）机组来说就应该采用 2 对磁极的发电机。

12.1.2 转子

图 12-3 为用于 1000 MWe 级核电厂的发电机本体。发电机总体结构见图 12-4。转子用合金钢整体锻造而成，重 99 t，总长为 14210 mm，转子线圈部分长 7124 mm，中心截面直径 1275 mm。在转子的圆周上开了 32 个线槽，转子线圈镶入这 32 个线槽内，另有 10 个空槽配重，从而形成一对 N-S 磁极。在线圈槽的两端各装有循环氢气用的风扇叶轮，氢气用作冷却剂，由风扇把转子和定子之间的热氢气抽出，送入冷却器。从冷却器出来的冷氢分成两路，一路穿过转子线圈冷却之后回到转子与定子的缝隙间，另一路穿过定子铁芯，起冷却作用之后回到转子与定子的间隙中，再由风扇把热氢气送回冷却器。

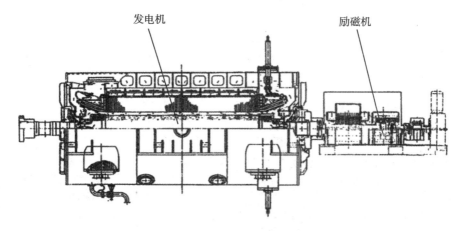

图 12-3　1000 MWe 压水堆核电厂发电机本体

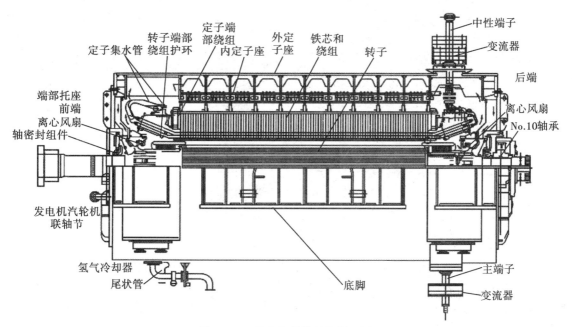

图 12-4　发电机总体结构剖面图

12.1.3 定子

发电机的定子分为外定子和内定子。外定子包括框架、冷却器、轴承、氢密封装置、发电机出线端子等，重 193 t，它起着固定内定子的作用。内定子由许多框架和凸片组成，它包括铁芯架、铁芯线圈、冷却水集流管和波纹连接管等，重 308 t，用螺栓与外定子固定。

定子铁芯由冷轧硅钢片组成，用硅钢片既可以提高磁性又可以减少涡流损耗。定子线圈则是由若干束线棒组成的线圈，定子铁芯由氢气冷却，而定子线圈由矩形铜管内的去离子水进行冷却。

12.2 发电机定子线圈冷却水系统

12.2.1 系统功能

发电机定子线圈冷却水系统的功能是通过一个闭合的低电导率水的循环回路，带走核电厂带负荷运行时发电机定子线圈内的热量。如图 12-5 所示。

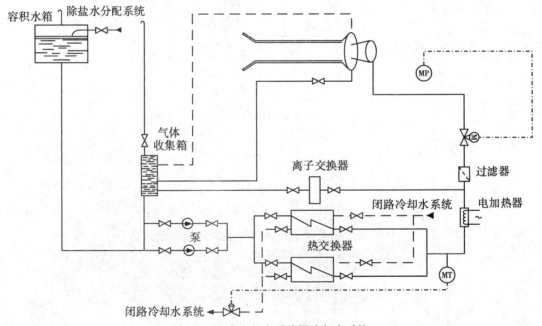

图 12-5　发电机定子线圈冷却水系统

12.2.2 系统的描述

发电机定子线圈冷却水系统是由容积控制箱、水泵、热交换器电加热器、过滤器、离子交换器、气体收集容器以及有关的阀门与管道组成，见图 12-5。容积控制水箱保证整个系统始终满水，并为两台水泵的入口提供一定的压头，同时当水温变化时，起容积补偿的作用。该水箱由核岛除盐水分配系统补水，补水可由水箱液位通过浮子自动控制。两台水泵，一台工作，一台备用。系统中电加热器在停机时投入运行，以自动维持发电机定子线圈冷却水系统的水温，从而避免定子线圈受潮。当定子线圈受潮时，电加热器亦可用于干燥定子线圈。气体收集箱是为收集和排放泄漏到水中的氢气而设置的。

12.2.3　系统的运行

核电厂正常运行时，发电机定子线圈冷却系统实现以下的控制：

（1）调节由常规岛闭路冷却水系统提供的冷却水的流量，以控制定子线圈入口的冷却水温，避免定子内温度变化，使定子线棒与铁芯之间产生的相对变形（热膨胀）减少；

（2）汽轮发电机组停机后，投入电加热器，以控制定子线圈水温，避免因受潮而损坏；

（3）定子线圈冷却水压力由电动调节阀控制，它应始终小于氢气压力，以防止冷却水漏到发电机内；

（4）当水的电导率大于 1.8 $\mu S/cm$ 时，手动投入离子交换器，以降低水的电导率。

12.3　发电机氢气供应、冷却系统

12.3.1　系统功能

核电厂正常运行时，发电机氢气供应系统应保证发电机内氢气压力，监测氢气纯度和干燥氢气，保证发电机工作在允许的限值内。

发电机氢气冷却系统是利用常规岛闭路冷却水系统的水来冷却发电机内循环的氢气以及励磁机内循环的空气。本系统还利用设置在发电机及励磁机内的热电偶，对发电机和励磁机的温度进行连续的监测。

12.3.2　系统的描述

发电机氢气供应系统主要由氢、二氧化碳及压缩空气供应管道及手动阀门等组成，如图 12-6 所示。

发电机启动时，本系统通过中间介质二氧化碳来排除发电机内的空气而充入氢气；相反，在发电机停机检修前，由本系统用二氧化碳扫除发电机内的氢气而充入空气。

为了保证充气和排气的安全，系统采用两个可拆卸的刚性 U 形接头来连接气源及管道，一个 U 形管用于氢气供应，另一个 U 形管（具有不同半径）用于二氧化碳的供应。系统设有氢气及二氧化碳取样管道，配备有温度及纯度分析仪，设有定子线圈冷却水泄漏监测和报警装置及气体干燥器，还设置了紧急排气盘。

从图 12-6 所示发电机氢气供应系统原理图上可看出，系统的排空气充氢气流程如下：把两个可拆卸移动的 U 形管接在氢气和二氧化碳气源管上，然后向系统充入二氧化碳，在压差作用下，发电机内空气通过相应的管道从系统内排空。根据取样和监测分析，确认空气已排完时，打开压力调节阀向发电机充氢，同样，在压差作用下，发电机内的二氧化碳从系统向大气排放而排空。根据取样和监测分析，二氧化碳已排完，且发电机内氢气压力、湿度和纯度均符合运行要求时，充氢过程结束。否则，要用干燥器对氢气进行处理，正常运行时，氢是依靠其压差维持循环的。

若发电机要停机检修，排出氢气充入空气的流程是：先把氢气源供应管的 U 形接管拆

装到压缩空气供应管道上，然后向系统充二氧化碳。这时，在压差作用下，发电机内的氢气由相应的管道向大气排放，根据取样和监测分析，氢已排完时，二氧化碳供应管的 U 形接管也拆装到空气管线上，当两个 U 形接管同时接上空气管线，即可向发电机内充入空气，二氧化碳在压差作用下向大气排放。

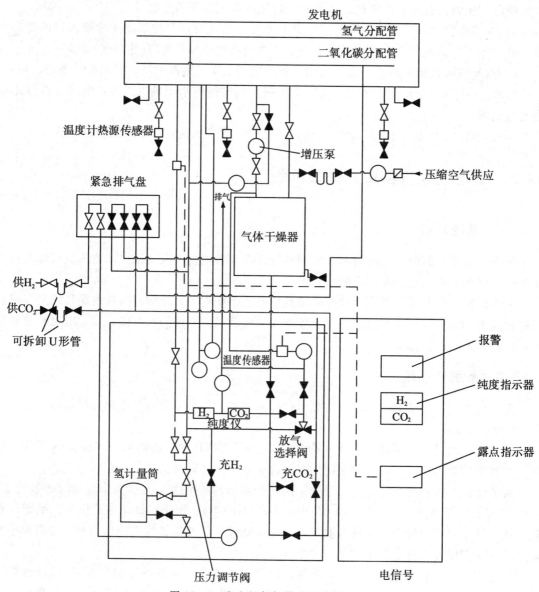

图 12-6 发电机氢气供应系统原理图

为防止意外事故而危及发电机安全，本系统设有紧急排气盘，通过它可迅速向发电机内充二氧化碳，使氢气迅速排空，避免爆炸。

发电机氢气冷却系统有 4 台氢气冷却器，每台容量为 25%，分别安装在发电机两端，如图 12-7 所示。冷却器为管式热交换器，垂直地布置在发电机的上部，氢气靠发电机转子两端的两台离心式风机驱动，由常规岛闭路冷却水系统提供冷却。励磁机空气冷却器有 4

台，每台容量为 50％，分别安装在励磁机的两侧。正常运行时两侧各有一台冷却器投入运行，另一台备用。冷却器为管式热交换器，空气靠励磁机电枢转动时的鼓风作用而循环，也由常规岛闭路冷却水系统提供冷却。

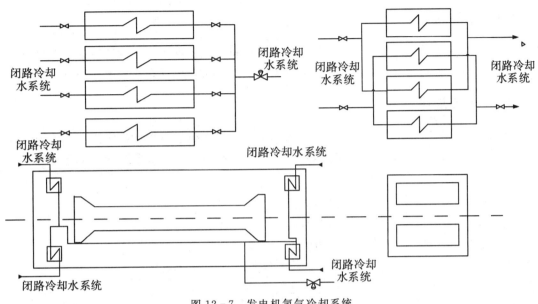

图 12-7　发电机氢气冷却系统

12.3.3　系统的运行

在正常运行时，发电机氢气供应系统由制氢和分配系统供给氢气，由气体贮存和分配系统供给二氧化碳，由压缩空气分配系统供给空气。氢气压力由氢计量计维持在 0.6 MPa 左右，不足时由压力调节阀向发电机内补充氢气。氢气纯度应大于等于 98％，其报警值为 95％，如氢气纯度下降，应打开主通风隔离阀，把不纯气体排放出去，被排放部分气体将由氢气供应管线自动补给，直到发电机内氢气压力达到规定值为止。发电机内氢气露点温度范围从 0 ℃到 3 ℃，其报警值为 5 ℃到 10 ℃。如氢气露点温度达到报警值时，可手动打开主通风隔离阀，使潮湿气体排出，充进干燥的氢气，从而降低露点温度。

发电机正常运行时，发电机氢气冷却系统的 4 台氢气冷却器全部投入运行，无备用。如果发电机有一台氢气冷却器因故障退出运行，发电机输出功率应减至满负荷的 70％；如果有两台氢气冷却器退出运行，而不在发电机同一侧时，输出功率需减至满负荷的 65％；如果发电机的同一侧有两台氢气冷却器退出运行，则输出功率应减为零，不能带功率运行。

运行时，如发电机氢气冷却系统所有冷却器出口氢气温度都逐渐升高，这可能是调节阀工作不正常，应进一步打开调节阀以降低氢气温度，另一种可能原因是氢气供应系统故障。如氢气压力过低，应通过增加氢气压力或减负荷以降低氢气温度。如果四个氢气冷却器的氢气温度都迅速升高，这是由于所有氢气冷却器失去了闭路冷却水系统的冷却水。这种情况下，发电机维持最大连续输出功率的时间只允许为 90 s，冷却器氢气进口温度定值是 90 ℃，超出时将导致发电机跳闸。

12.4 发电机励磁和电压调节系统

12.4.1 系统功能

发电机励磁和电压调节系统的功能是保证发电机的励磁建立转子旋转磁场，发电机并网前用以调节同步所需的空载电压，发电机并网后用以调节与电网交换的无功功率。

12.4.2 系统描述

发电机励磁和电压调节系统主要由主励磁机、副励磁机、可控硅整流桥、自动励磁调节器、电流互感器、电压互感器、二极管整流桥等部件组成，其系统简图如图 12-8 所示。

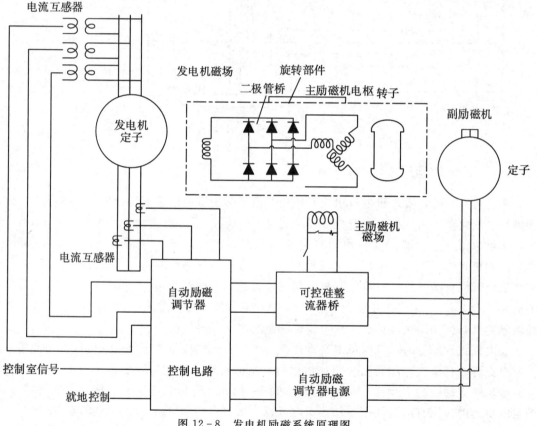

图 12-8 发电机励磁系统原理图

本系统的工作原理是：当发电机以 3000 r/min 的同步转速旋转时，发电机定子绕组三相接成星形（Y 形），转子绕组由励磁系统供给励磁电流（直流）。转子旋转时，旋转磁场切割定子绕组，并在其中感应出电势。当发电机并网后向电网输出功率时，有电流通过定子绕组，产生感应磁场，这个磁场与空载时的转子磁场相比在空间上有所偏离，它们相应的感应电势在时间上也不同相。在感性负载条件下，负载后的感应电势将滞后于空载感应电势，其间的相位差称为内角。当发电机发出电感性无功功率时，定子电流滞后于定子电压，电枢反应为去磁反应，即定子磁场对转子磁场起阻碍作用，使发电机的感应电势减小。为维持发电机感应电势，必须增加励磁电流和电机中的磁场，此时发电机为过励运行。当发电机发出容性无功功率时（即容性负载条件下），定子电流超前于定子电压，电枢反应为增磁作用，即定子磁场对转子磁场起推动作用，使发电机感应电势增强，为此须减小励磁电流，此时发电机为欠励运行。由此可见，改变励磁电流的大小，可以改变发电机向电网输送的无功功率。

发电机并列运行时，其频率取决于电网的频率。若汽轮机加速或减速，发电机将出现一个相反的力矩，使汽轮发电机组转速维持同步转速，即保持稳定运行。发电机能否稳定运行取决于其内角。当内角超过 $\pi/2$ 时机组就会失步而不稳定，失步的极限取决于励磁电流的大小。为使发电机不失去稳定，其励磁电流须不低于某一最小临界值；为了避免转子绕组过热，励磁电流还有一个最大限制值。

12.4.3　系统运行

1. 自动励磁调节器

在发电机励磁和电压调节系统正常运行时，由两路励磁同时运行，各担负 50％ 负荷。当其中一路（如 A 路）发生故障，则另一路（B 路）继续运行，担负全部励磁；如两路自动励磁都发生故障，则第二路故障后，自动转换到手动励磁控制，由操纵员在主控室完成调节。

2. 转子测量和监测系统

正常运行时，转子测量和监测系统对主发电机转子的电气参数进行连续监测。这些主要参数是：主发电机励磁电流、电压以及转子线圈温度、整流器组件载流导线的探测线圈的输出、轴接地的电流与电压等。

3. 主发电机定子线圈端部支撑的振动测量

正常运行时，由安装在发电机每一端部的支撑上的三个加速度仪表组件，对定子线圈端部支撑的振动幅值进行不定期测量。

4. 主发电机定子线圈电流传感器

正常运行时，电流传感器用于对定子线圈每相中每个平行电路的电流变化率进行连续监测。

12.5　发电机和输电保护系统

12.5.1　系统功能

发电机和输电保护系统的主要作用是探测和限制电厂内部和外部的故障，采取必要措施切断隔离故障点，以限制故障可能造成的损失，保护机组及输电设施的可用性。

12.5.2　系统的描述和运行

发电机和输电保护系统主要由若干种不同类型的继电器组成，具有足够的灵敏度与可靠性，保护动作迅速，当发生如表 12-1 所列的来源于电厂内部或外部的故障时，对机组及输电设施加以保护。

表 12 - 1　发电机和输电保护系统的保护。

来源于电厂内部故障	来源于电厂外部故障
定子、转子、发电机与变压器间连接的接地、变压器绕组与 6.6 kV 母线连接的接地	电网的单相或多相短路、低电压或过电压电流不平衡
发电机相间短路	过负荷
发电机失磁	频率降低或升高
电压调节器故障	失步

　　为限止发电机定子两相间短路故障，设有差动保护装置，其工作原理如图 12 - 9 所示。正常情况下，线路中电流为 I，流过两电流互感器 CT_1、CT_2，由于发电机定子每相输入和输出电流相等，两个电流互感器性能一样，感应的电流 i_1、i_2 大小相等，极性也一致，流过差动继电器的电流为零，差动继电器不动作。当两电流互感器之间发生故障，或有相间短路、绕组与铁芯之间绝缘逐渐损坏等故障时，这时 $i_1 \neq i_2$，继电器动作引起保护动作，发电机跳闸。差动装置也同样适用于变压器内部的相间故障保护。

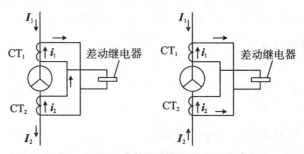

图 12 - 9　差动保护装置

12.6　厂用电系统

12.6.1　系统概述

　　压水堆核电厂发出的电能除供给厂用电外，绝大部分经主变压器升压送往电网。压水堆核电厂的厂用电率一般为 (4～5)%，比同容量火电厂低。但核电厂厂用电有很高的要求，在外电源失电和一回路失水事故同时发生的情况下，要能确保压水堆安全停闭。为此，在厂用电设计中必须遵循核电厂的安全准则，即系统和设备要具有多重性和分散性，而各系统之间又应具有独立性。

　　核电厂必须有两个独立的外电源(图 12 - 10)：

　　(1)主要电源是主电网(400 kV 或 500 kV)，通过降压变压器(3 线圈式，即有两个二次绕组)分两段供电；

　　(2)主电网故障时，由辅助电网(220 V 或 6.6 kV)通过辅助变压器(3 线圈式，或两台)供电，它能在 1.5～3 s 内投入；

（3）两段工程安全保护母线，它们分别接有应急柴油发电机，在失去外电源，又停堆时，它们可以自启动并连接到厂用电网，以满足压水堆安全停运时对电源的最低限度的需要。

如图 12-10 所示，核电厂的工程安全保护装置有 A、B 两套，双重保险，其主要辅助设备都由两路互相独立的电源供电。当一路电源故障时，另一路电源可投入，在正常情况下，母线是由汽轮发电机组经过降压变压器直接供电，或者在发电机停机时，由外电源供电。在失去外电源的事故情况下，由柴油发电机供电。非主要辅助设备通过连接于降压变压器上的母线供电或者通过辅助变压器供电。

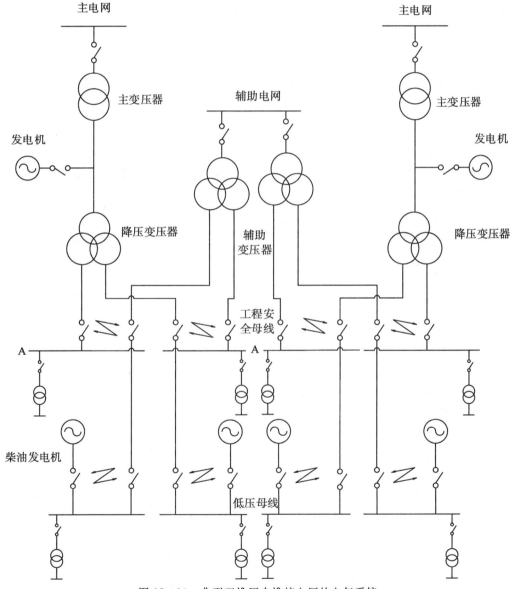

图 12-10　典型双堆压水堆核电厂的电气系统

12.6.2　厂用电负荷分类

压水堆核电厂厂用电设备主要是水泵、风机、电动阀门、蓄电池、照明设备等。根据其重要程度大致可分为以下三种类型。

1. 正常运行负荷(第一类负荷)

机组工作时必须投入运行的负荷称为正常运行负荷,这类负荷是与机组同时启停的,主要有:一回路主泵、二回路的凝结水泵、循环水泵等,它们是厂用电的主要负荷,耗电量约占厂用电的60%以上,第一类负荷由机组普通电源供电。

2. 永久性负荷(第二类负荷)

永久性负荷不论机组运行或停运,要求必须保证送电,否则,会对生产造成极大影响。这类负荷有水处理车间的设备、空压机设备等,第二类负荷由机组常备电源供电。

3. 安全负荷(第三类负荷)

安全负荷是要求必须连续、永远供电的设备。这类设备中有的是一直在运行的,如核测量系统、保护系统等;有的设备在需要或事故情况下启动,如安全注射泵,安全壳喷淋泵等。这类负荷一旦断电,即使是短时间的间断,就有可能造成设备的损害,甚至危及核安全。

安全负荷的配电盘由机组常备电源供电,每一段母线均有100%的安全负荷容量。为了保证两段母线的可靠性,在全厂断电时,由应急电源两段母线所配备的柴油发电机组供电。

12.6.3　电源分类

厂用电电源根据用电性质可分为交流电源与直流电源。

1. 交流电源

压水堆核电厂的交流电源通常分为高压交流电源与低压交流电源。

高压交流电源一般为6.0～10.0 kV。图12-10的电气系统选用6.6 kV,供给耗电功率在160 kW以上的大型设备,如冷却剂泵、凝结水泵、循环水泵、高、低压安全注射泵等,以及380 V电源变压器。

低压交流电源一般为0.23～0.4 kV。由两条正常工作母线和两条工程安全母线,分别经变压器降压而得到。380 V电源,供给消耗电功率在160 kW以下的设备,如充电器等;220 V电源,供照明、核测量仪表和保护设备等。

另外,为了保证对重要测量仪表和电厂计算机设备的供电不受外电源的干扰,能稳定可靠地工作,专门设置了交流机组(由整流后的直流220 V或125 V变为交流220 V或380 V)。

2. 直流电源

为供应全厂信号系统、仪表、继电器组、事故照明等重要设备的用电,设有高压和低压两种直流电源,正常时由交流电经整流后供电。每种电压有两套独立的蓄电池组,可以单独地向负载供电一小时,直流电源通常分为以下四个等级:

(1)230 V直流电源,称为动力电源,主要为汽机润滑、顶轴和盘车系统、发电机密封油系统直流泵提供动力源,还为其他应急直流电机、事故照明和逆变器等动力设备供电。

(2)125 V 直流电源，称为操作电源，作为一些设备的操作控制电源，如开关电磁线圈、逆变器等的工作电源。

(3)48 V 直流电源，称为控制电源，主要作为远距离控制和保护等电源。

(4)30 V 直流电源，称为仪表电源，主要作为仪表和放大器等设备的电源。

12.6.4　供电方式

厂用电供电方式，大致可分为以下 4 种。

1. 发电机供电方式

在这种供电方式下，发电机产生的电能一方面通过主变压器向电网送电，另一方面通过厂用变压器向厂内负荷送电，正常运行情况下一般采用此种供电方式。电网故障时，发电机通过厂用变压器仅供厂用电。

2. 主电网供电方式

当机组故障或检修停机期间，发电机不发电，由主电网反供厂用电，即厂用电由主电网通过主变压器和厂用变压器倒送电。

3. 辅助电网供电方式

当机组故障或停运时，发电机不发电，若主电网又不可用，这时厂用电可切换到辅助电网供电方式。这时，停供正常运行负荷，仅供厂用电的重要负荷及应急负荷。

4. 柴油机供电方式

当机组故障或停运期间，主电网发生故障且辅助电网也不可用时，厂内重要负荷及应急负荷便由柴油发电机组供电，这种供电方式属于应急供电方式，遇到的概率很小。每一台机组的两个应急配电盘各备有一台额定功率为 6700 kW 的柴油发电机组，它们可在 10 s 内自启动带负荷运行，需 40 s 才能实现带全负荷运行。

习　　题

基础练习题

1. 简述核电厂发电机的主要结构。

2. 简要说明核电厂发电机冷却方式。

3. 简述发电机定子冷却水、密封油、冷却用氢气三者之间压力的关系，为什么三者之间压力要保证这种关系？

4. 发电机氢气供应系统的主要功能是什么？为什么采用 CO_2 作为中间置换气体？

5. 按图说明发电机励磁系统的组成及工作原理。

6. 为保证机组安全运行，核电厂设计了哪些电源？

7. 简要说明发电机启动、停运和正常运行时厂用电设备供电情况。

拓展题

通过查询资料，说明福岛核电厂事故后，核电厂设计在电源多样性方面做的改进。

附录一 我国典型压水堆核电厂的功率和一回路参数

核电厂	核电厂电功率/MWe	环路数	单环路流量/(m³/h)	堆芯组件个数	冷却剂泵数及单泵额定功率/kW	蒸汽发生器台数及单台换热面积/m²	稳压器体积/m³
秦山一期	300	2	16100	121	2/4500	2/3077	35
CNP600（秦山二期）	600	2	24290	121	2/6390	2/5630	36
M310（大亚湾）	984	3	23790	157	3/6490	3/5429	39.7
M310改进（福清一期）	1089	3	23790	157	3/7500	3/5429	39.7
CPR1000（岭澳二期）	1087	3	23790	157	3/6500	3/5429	39.7
VVER（田湾）	1000	4	22000	163	4/5100热态	4/6115	79
华龙一号（福清5,6号）	1161	3	23790	177	3/5650	3/6494	51
AP1000（三门）	1250	2	34000	157	4/5220	2/11477	59.5
EPR（台山）	1750	4	28315	241	4/8680	4/缺	75

附录二

大型压水堆核电厂蒸汽发生器设计参数

核电厂	秦山一期	CNP600 (秦山二期)	M310 (大亚湾)	M310 改进 (福清一期)	CPR1000 (岭澳二期)	VVER (田湾)	华龙一号 (福清 5,6 号)	AP1000 (三门)	EPR (台山)
型式	立式 U 形管 自然循环 SG	立式 U 形管 自然循环 SG	立式 U 形管 自然循环 SG	立式 U 形管 自然循环 SG	立式 U 形管 自然循环 SG	卧式 U 形管 自然循环 SG	立式 U 形管 自然循环 SG	立式 U 形管 自然循环 SG	立式 U 形 管自然循 环 SG
一次侧设计 压力/MPa	17.2	17.2	17.23	17.23	17.23	17.64	17.23	17.13	17.5
一次侧运行 压力/MPa	15.2	15.5	15.5	15.5	15.5	15.7±0.3	15.5	15.5	15.5
一次侧设计 温度/℃	350	343	343	343	343	350	343	343.3	351
一次侧进口 温度/℃	311	327.2	327	327.6	327.6	321±5	327.8	321	329.9
一次侧出口 温度/℃	283	292.6	293	292.3	292.4	291^{+2}_{-5}	292.1	281	295

续表

核电厂	秦山一期	CNP600（秦山二期）	M310（大亚湾）	M310改进（福清一期）	CPR1000（岭澳二期）	VVER（田湾）	华龙一号（福清5,6号）	AP1000（三门）	EPR（台山）
二次侧设计压力/MPa	7.6	8.6	8.6	8.6	8.6	7.84	8.6	8.17	10
二次侧运行压力/MPa	5.54	6.71	6.89	6.81	6.89	6.28±0.10	6.8	5.61	7.7
二次侧设计温度/℃	320	316	343	316	343	300	316	315.6	311
二次侧进口温度/℃	220	230	226	226	226	220±5	226	226.7	230
蒸汽流量/kg/s	543	541.9	538.3	537.8	538.3	1470^{+100} t/h	566.33	943.7	650.4
传热管材料	Incoloy-800	Inconel-690	Inconel-690	Inconel-690	Inconel-690	12X18H10T的铬镍不锈钢	Inconel-690	Inconel-690	Inconel-690
传热管（外径×壁厚）/mm	22×1.2	19.05×1.09	19.05×1.09	—	19.05×1.09	16×1.5	—	φ17.48×1.02	缺
传热管数目	2977	4640	4474	4474	4474	10978	5835	10025	缺
传热面积/m²	3077	5630	5429	5429	5429	6115	6494	11477	缺
总高/m	17.248	20.864	20.848	—	20.7	长13840 mm 壳体直径4000 mm	21.050	22.454	缺

续表

核电厂	秦山一期	CNP600 (秦山二期)	M310 (大亚湾)	M310改进 (福清一期)	CPR1000 (岭澳二期)	VVER (田湾)	华龙一号 (福清5,6号)	AP1000 (三门)	EPR (台山)
管板厚度 /mm	735	585	缺	—	570	集流管形式,无管板	—	787	缺
上筒体外径 /m	3.974	4.448	4.484	4.484	4.484	卧式	4.59	5.334	缺
二次侧水位 /m	10.15	缺	—	15.9	—	2.4±0.05	—	—	15.69
二次侧水质量 /t	—	(流量率 1951 t/h) 192	—	—	—	125 m³ 总 181.5 m³ 额定	—	—	77
二次侧蒸汽质量 /t	—	—	—	—	—	—	—	—	5.4
空重 /t	—	338	329.5	—	329.5	—	≤365	—	缺
正常运行重量 /t	—	530	505	—	505	—	—	—	—

附录三

冷却剂泵的主要参数

核电厂	秦山一期	CNP600（秦山二期）	M310（大亚湾）	M310改进（福清）	CPR1000（岭澳二期）	VVER（田湾）	华龙一号（福清）	AP1000（三门）	EPR（台山）
设计流量/(m³/h)	16100	24290	23790	23790	23790	22000	23790	17886	28315
总扬程/m	75	91	97.2	97.2	97.2	0.588±0.3	95.5	111.3	102.2
泵入口温度/℃	289	293	293	293	293	291	293	281	295.4
一回路压力/MPa	15.2	15.5	15.5	15.5	15.5	15.3（入口）	15.5	15.5	15.5
转速/(r/min)	1488	1500	1485	1485	1485	750/1000（双速）	1500（同步）	1800	1500
功率消耗（热态）/kW	3150	6390	6490	7083	6490	5100（热态）	5650	—	5100－8000
功率消耗（冷态）/kW	4200	7945	8685	8333	8685	7100（冷态）	7591	—	6900－10850
电机电压/kV	6.6	6.0	6.6	6.6	6.6	6.3	6.6	6.9	10
机组总高度/m	9.33	8.152	8	—	8	查不到准确数据 约8.5	—	6.69	—
轴封系统	三级轴封	三级轴封	三级轴封	三级轴封	三级轴封	四级轴封	三级轴封	—	三级轴封

附录四

我国典型核电厂稳压器及卸压箱的设计数据

核电厂		秦山一期	CNP600（秦山二期）	M310（大亚湾）	M310改进（福清）	CPR1000（岭澳二期）	VVER（田湾）	华龙一号（福清）	AP1000（三门）	EPR（台山）
稳压器	设计压力/MPa	17.2	17.2	17.23	17.23	17.23	17.64	17.23	17.13	17.6
	设计温度/℃	370	360	368	360	368	350	360	360	362
	总容积（冷态）/m³	35	36	39.7	39.75	39.7	79	51	59.47	75
	全负荷时水容积/m³	17.5	21.6	25.18	16.37	25.18	55	31.00	—	40
	全负荷时汽容积/m³	17.5	14.4	15.15	23.96	15.15	24	20.67	—	35
	外部直径（最大）/m	2.356	2.342	2.35	2.372	2.35	—	2.88	2.29	2.82
	圆柱体部分的壁厚/m	0.128	0.115	0.108	0.108	0.108	非等厚平均约0.11	0.12	—	—
	总高度/m	11.956	12.103	13	12.846	13	12.07	13.763	15.42	13.9
	空重/t	89	81	79	—	79	—	105	—	150

续表

核电厂		秦山一期	CNP600 (秦山二期)	M310 (大亚湾)	M310改进 (福清)	CPR1000 (岭澳二期)	VVER (田湾)	华龙一号 (福清)	AP1000 (三门)	EPR (台山)
稳压器	运行压力/MPa	15.2	15.5	15.5	15.5	15.5	15.7	15.5	—	15.4
	运行温度/℃	352	345	345	345	345	346±2	345	—	345
	加热器数量/组	2	6	6	6	6	28	6	5	36
	总的加热量/kW	1350	1440	1440	1440	1440	2520	1872	1600	2592
	安全阀个数/个	2	3	3	3	3	3	3	—	3
	泄压阀个数/个	2	3	—	—	—	—	2	—	4
泄压箱	设计压力/MPa	0.69	0.8	0.8	0.8	0.8	1.68	内部:真空-2.1 外部:0.2	—	2.5
	设计温度/℃	170	170	170	170	170	—	220	—	224
	运行温度/℃	50-95	20-93	20-93	20-93	20-93	20-60	20-120	—	55
	最大运行温度/℃	95	93	93	93	93	60	120	—	150
	总容积/m³	32	37	37	37	37	30	45	—	40
	水容积(正常)/m³	24	25.5	23.5	25.5	23.5	20	31.5	—	31
	气容积(正常)/m³	8	11.5	11.5	11.5	11.5	10	13.5	—	9